黑果枸杞组培无性系的刺

（第一部）

王钦美　著

东北大学出版社
·沈　阳·

图书在版编目（CIP）数据

黑果枸杞组培无性系的刺．第一部 / 王钦美著．
沈阳：东北大学出版社，2024. 9. -- ISBN 978-7-5517-3590-2

Ⅰ．S567.1

中国国家版本馆 CIP 数据核字第 2024C6D113 号

出 版 者：东北大学出版社
地址：沈阳市和平区文化路三号巷 11 号
邮编：110819
电话：024-83683655（总编室）
024-83687331（营销部）
网址：http://press.neu.edu.cn
印 刷 者：抚顺光辉彩色广告印刷有限公司
发 行 者：东北大学出版社
幅面尺寸：185 mm × 260 mm
印　　张：10.75
字　　数：235 千字
出版时间：2024 年 9 月第 1 版
印刷时间：2024 年 9 月第 1 次印刷
策划编辑：曲　直
责任编辑：白松艳
责任校对：项　阳
封面设计：潘正一
责任出版：初　茗

ISBN 978-7-5517-3590-2　　　　定　价：59.00 元

前　言

黑果枸杞（*Lycium ruthenicum*）为茄科枸杞属灌木（Yang et al.，2022），其兼具抗旱、抗寒、耐盐碱、耐践踏等特性（黄俊哲 等，2017；Gao et al.，2021；Hu et al.，2021）。野生黑果枸杞多分布于干旱、盐碱、荒漠或半荒漠地区，具有防风固沙、防止水土流失和盐碱地改良等作用（Dai et al.，2019）。黑果枸杞果实含有还原性糖、多糖、花青素、原花青素等医疗保健成分（Qi et al.，2015；Wang et al.，2018a）。研究结果显示，其果实提取物具有抗氧化和保护神经（Chen et al.，2022），抗菌、抗疲劳和抗焦虑（Luo et al.，2021），抑制胰腺癌症细胞生长（Wang et al.，2021），减轻高脂肪饮食导致的肥胖、肝脏脂质（Tian et al.，2021），改善血脂异常、炎症、氧化应激和胰岛素抵抗（Tian et al.，2021），改善肠道微生物菌群（Yp et al.，2021），制作智能包装材料（Qin et al.，2021），开发生态友好的可视pH指示剂（Zhang et al.，2022）等作用。其果实成分在开发保健产品甚至帕金森综合征和其他神经退行性疾病的治疗剂方面具有很好的潜力（Hu et al.，2022），并有望用于治疗尼古丁成瘾（Luo et al.，2021）和2型糖尿病（Nisar et al.，2021）。综上，黑果枸杞是非常重要的生态经济树种，开发利用前景广阔。

植物刺类型多样，可分为枝刺（茎刺）、叶刺、皮刺、叶面刺、果实刺和叶缘刺等（武延生 等，2021）。野生黑果枸杞整株布满枝刺，枝刺起源于叶腋处的刺原基（Yang et al.，2022[1928-1929]；Zhang et al.，2020[2952]），有维管组织与茎相连，坚硬不易剥离（Yang et al.，2022）[1928-1929]。枝刺不但给造林者、管理者及采摘者造成极大困扰，而且降低了经济林的总体效益。枝刺是影响采果类经济树种的不利性状，其无刺或刺弱化类型更易做经济林栽培（黄铨 等，2004）。通过远缘杂交和调查，均未发现果实黑色且无刺（或刺弱化）的理想枸杞。培育无刺或刺弱化的黑果枸杞迫在眉睫。深入分子层面的枝刺研究，难度大且起步较晚（黄铨 等，2004；Zhang et al.，2020a；2021）。

我们的试验发现黑果枸杞种子萌发为种苗后，均会快速形成茎刺。但是，令人振奋的是，我们发现黑果枸杞的组培无性系在试管内时均无刺；将这些植株移栽盆内置于玻璃温室内，还会有部分植株长期维持无刺状态；而同一无性系的其他植株有刺（Li et al.，2023；Yang et al.，2022[1928-1929]）。同一无性系的有刺和无刺植株是珍贵且值得继续研究的材料。因此，我们课题组基于此材料开展了刺形态发育观察，锁定继续研究的取材部位。生理试验发现蔗糖促进该无性系枝刺发生，生长素IAA抑制该无性系枝刺发生。基于此，我们又继续探索了蔗糖促进枝刺发生和IAA抑制枝刺发生的相关基因及机理。然后，我们建立了黑果枸杞农杆菌介导的稳定遗传转化体系，通过转基因开展基因功能研究，以期培育出无刺或刺弱化黑果枸杞。本书详细介绍了以黑果枸杞茎、叶和未开放花朵为外植体的组织培养（组培），组培植株移栽及养护，组培植株刺表型及其发育观察，蔗糖促进黑果枸杞组培无性系枝刺发生的机理探索，生长素IAA抑制黑果枸杞组培无性系枝刺发生机理探索，基于稳定遗传转化研究*LrSUS*对黑果枸杞枝刺发生的影响这几部分内容。

王钦美

2024年4月3日

目 录

第1章 以黑果枸杞茎、叶为外植体的组培及其体细胞无性系变异

本章以黑果枸杞G，D无菌种苗的叶片和茎段为外植体，建立了高效微繁殖体系，并采用甲基化敏感扩增多态性（MSAP）方法对移栽前后的微繁殖植株进行了体细胞无性系变异（SV）分析。结果显示，叶片外植体在添加0.1 mg/L 6-BA+0.2 mg/L NAA的MS培养基中先形成愈伤组织再分化出不定芽；茎段外植体在添加0.1 mg/L 6-BA，无外源生长素的MS培养基中可形成丛生芽及愈伤组织，在相同培养基中愈伤组织再分化成不定芽；上述叶和茎外植体形成的三种芽均可在1/2 MS培养基中诱导生根，生根率可达59.47%～93.87%；愈伤组织、芽及根形成能力均受遗传背景的影响；移栽植株与移栽之前比，三类植株（分别来自叶愈伤、茎愈伤和茎叶腋）表观遗传趋异更加明显，故应该选用移栽驯化后的植株进行遗传保真性判断；移栽后茎外植体丛生芽和叶片不定芽形成的微繁殖植株保真度较高，适合优良品种的保存和繁殖；茎段不定芽形成的微繁殖植株的甲基化SV最高，适用于SV育种。本章研究为分子育种、SV育种、种质保存与繁殖提供了参考，也为进一步的理论研究提供了依据。

1.1 材料与方法

1.1.1 试验材料

于沈阳农业大学试验田采摘成熟的黑果枸杞种子，用75%（V/V）酒精处理30 s，0.1%（W/V）氯化汞溶液处理2 min。然后用无菌蒸馏水冲洗4次。将灭菌后的种子水平接种于121 ℃高压灭菌15 min的1/2 MS培养基中（MS干粉2.37 g/L+蔗糖20 g/L+琼脂4.5 g/L，pH=5.8），置于黑暗条件下培养直至种子萌发。通过这种方法获得黑果枸杞无菌种苗G和D，用于后续试验。注意G，D无菌种苗来自不同黑果枸杞植株种子，并且黑果枸杞自交不亲和（戴国礼，2013）[130]。因此，G，D无菌种苗遗传背景不同。

1.1.2 试验方法

1.1.2.1 黑果枸杞愈伤组织、不定芽及丛生芽的诱导

待得到的G，D无菌种苗长到10～20片叶时，将其完全展开的叶片用解剖刀垂

直叶脉切成长度为0.5 ~ 0.8 cm的叶外植体，将叶外植体分别接种到叶培养基（MS干粉4.74 g/L+蔗糖30 g/L+琼脂4.5 g/L+0.1 mg/L 6-BA+0.2 mg/L NAA，pH=5.8）中进行愈伤组织的诱导（图1–1）。将G，D系列无菌种苗中间部分的茎段去掉叶片，用剪刀将去叶茎段剪为0.3 ~ 0.5 cm长的具有2 ~ 3个叶腋的茎段作为茎外植体，将茎外植体接种到茎培养基（MS干粉4.74 g/L+蔗糖30 g/L+琼脂4.5 g/L+0.1 mg/L 6-BA，pH=5.8）中进行愈伤组织、不定芽及丛生芽的诱导。在黑果枸杞茎段愈伤组织、不定芽及丛生诱导过程中，茎外植体最下端的腋芽要接触到茎培养基（图1–1）。上述叶培养基和茎培养基为课题组前期研究中筛选出的最适宜叶外植体和茎外植体生长的培养基。G，D无菌种苗叶及茎外植体接种完成后的剩余部分保留或转接到1/2 MS培养基（MS干粉2.37 g/L+蔗糖20 g/L+琼脂4.5 g/L，pH=5.8）中作为后续试验的对照继续培养（图1–1）。以上所有培养基在接种之前均要在121 ℃条件下高压灭菌15 min。萌发后的无菌种苗、叶外植体及茎外植体在温度为（25 ± 2）℃，光照强度为48 μmol/(m^2·s^{-1})，12 h光照/12 h黑暗的光周期条件下培养。每隔45 d将材料继代培养到相同的培养基上，培养条件不变。

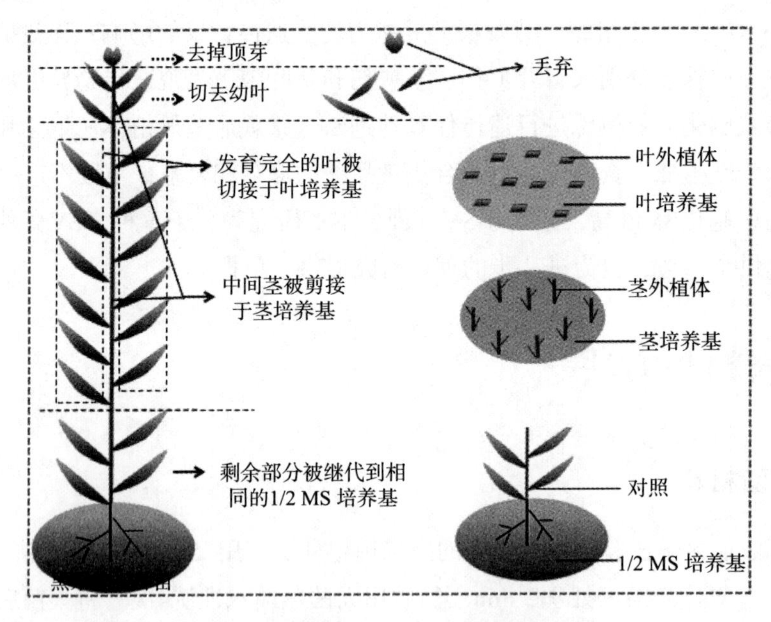

图1–1 黑果枸杞叶、茎外植体获得过程

1.1.2.2 黑果枸杞组培苗的生根培养及炼苗移栽

待经过诱导得到的不定芽及丛生芽长到2 cm高时，将不定芽及丛生芽剪下接种到121 ℃高压灭菌15 min的1/2 MS培养基（MS干粉2.37 g/L+蔗糖20 g/L+琼脂4.5 g/L，pH=5.8）中培养。生根培养过程中的培养条件与愈伤组织、不定芽及丛生芽的诱导条件相同。

将生根组培植株置于自然光下驯化至叶色浓绿且茎干粗壮。开瓶在自来水下将根部的培养基洗净后用0.33%（W/V）的多菌灵浸泡植株5 min。将植株移栽到含有腐殖质和泥炭藓（1∶1）的无菌基质（121 ℃灭菌60 min）中，带孔保鲜膜覆盖10 d左右去掉保鲜膜。移栽的组培苗起初置于温度为（25 ± 2）℃；光照强度为48 μmol/(m^2·s^{-1}）的养苗室内，恢复生长后逐渐过渡到日光温室内。

1.1.2.3　DNA提取

试验材料总体可以分为两大类：试管内未移栽材料和移栽之后材料。未移栽材料包括G系列供体植株（inGdonor），G系列叶外植体愈伤组织丛生芽长成的植株（inGleaf-$plant_{1-4}$），G系列茎外植体不定芽长成的植株（inGsteam-$plant_{1-4}$），G系列茎外植体愈伤组织丛生芽长成的植株（inGaxil-$plant_{1-3}$），D系列供体植株（inDdonor），D系列叶外植体愈伤组织丛生芽长成的植株（inDleaf-$plant_{1-4}$），D系列茎外植体不定芽长成的植株（inDsteam-$plant_{1-4}$），D系列茎外植体愈伤组织丛生芽长成的植株（inDaxil-$plant_{1-2}$）。取上述试管内植株完全展开的叶片用于提取总DNA和甲基化敏感的扩增片段长度多态性（MSAP）分析。上述瓶内植株移栽之后分别简称为exGdonor，exGleaf-$plant_{1-4}$，exGsteam-$plant_{1-4}$，exGaxil-$plant_{1-3}$，exDonor，exDleaf-$plant_{1-4}$，exDsteam-$plant_{1-4}$，exDaxil-$plant_{1-2}$（图1–2）。移栽植株完全恢复之后，取其新发枝条的完全展开的叶片用于总DNA提取和MSAP分析。

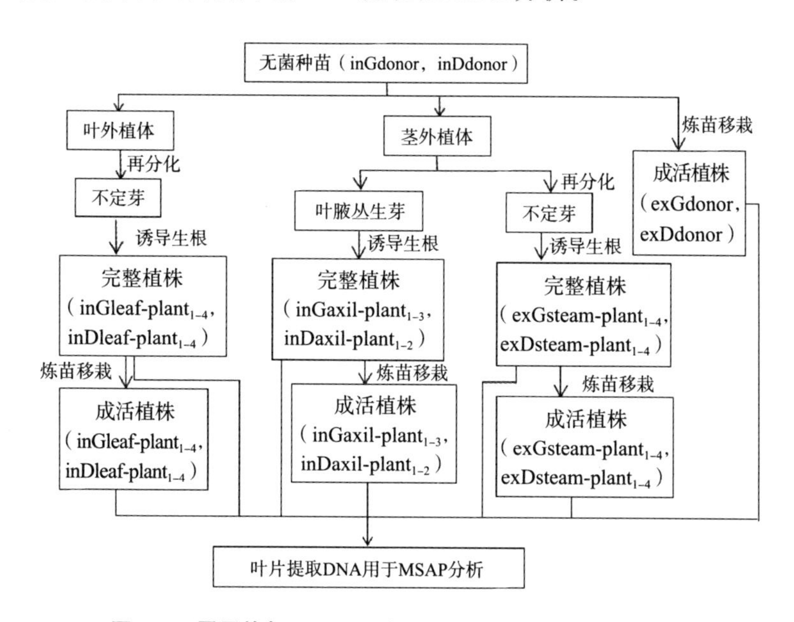

图1–2　黑果枸杞G，D系列用于MSAP分析材料获得过程

采用康为世纪生物科技有限公司生产的新型植物基因DNA提取试剂盒进行DNA的提取，具体操作步骤如下：

（1）每个样品取200 mg左右的材料，在研钵中加入液氮进行充分研磨；

（2）将研磨后的粉末收集到离心管中，加入400 μL Buffer LP1和6 μL RNasaA（10 mg/mL），涡旋震荡1 min，室温放置10 min，使其充分裂解；

（3）加入130 μL Buffer LP2，混匀，涡旋震荡1 min；

（4）12 000 r/min离心5 min，将上清移至新的离心管中；

（5）加入1.5倍体积的Buffer LP3（使用前加入无水乙醇），充分混匀；

（6）将上一步所得到的溶液和沉淀全部加入已装入收集管的吸附柱中，12 000 r/min离心1 min，倒掉收集管中的废液，将吸附柱重新放回收集管中；

（7）向吸附柱中加入500 μL Buffer GW（使用前加入无水乙醇），12 000 r/min离心1 min，倒掉收集管中的废液，将吸附柱重新放回收集管中；

（8）重复上一步骤；

（9）12 000 r/min离心2 min，倒掉收集管中的废液。将吸附柱置于室温数分钟，以达到彻底晾干；

（10）将吸附柱放到一个新的离心管中，向吸附膜的中间部位悬空滴加50 μL灭菌水，室温放置5 min，12 000 r/min离心1 min，收集DNA溶液。

采用琼脂糖凝胶电泳及微量核酸蛋白测定仪测定DNA浓度、纯度和完整性。−20 ℃保存，以备后续使用。

1.1.2.4 MSAP分析

将提取的质量合格的DNA用于MSAP分析。每个样品取100 ng DNA用于后续试验。MSAP中使用的接头、引物及荧光标记（*Eco*RⅠ+3引物的5′端）如表1–1所示，均由苏州金唯智生物科技有限公司合成。参照了Kour等（2009）的方法进行酶切和连接，MSAP的预扩增反应体系与我们之前的报道相同（Wang et al.，2012）[1285]，毛细管电泳参照我们之前的方法进行（Wang et al.，2016）[170–171]。

表1–1 用于MSAP分析的引物

引物对（荧光标记）	*Eco*RⅠ+3碱基引物（5′到3′）	*Hpa*Ⅱ/*Msp*Ⅰ+3碱基引物（5′到3′）
A4（FAM）	GACTGCGTACCAATTCAAC	ATCATGAGTCCTGCTCGGTTC
B4（TAMARA）	GACTGCGTACCAATTCAAG	ATCATGAGTCCTGCTCGGTTC
B5（TAMARA）	GACTGCGTACCAATTCAAG	ATCATGAGTCCTGCTCGGTTG
D1（HEX）	GACTGCGTACCAATTCACT	ATCATGAGTCCTGCTCGGTCT
D4（HEX）	GACTGCGTACCAATTCACT	ATCATGAGTCCTGCTCGGTTC
D5（HEX）	GACTGCGTACCAATTCACT	ATCATGAGTCCTGCTCGGTTG
F4（FAM）	GACTGCGTACCAATTCACG	ATCATGAGTCCTGCTCGGTTC
F6（FAM）	GACTGCGTACCAATTCACG	ATCATGAGTCCTGCTCGGTTA
G5（FAM）	GACTGCGTACCAATTCAGC	ATCATGAGTCCTGCTCGGTTG
G8（FAM）	GACTGCGTACCAATTCAGC	ATCATGAGTCCTGCTCGGTGT
H2（FAM）	GACTGCGTACCAATTCAGG	ATCATGAGTCCTGCTCGGTCG
H4（FAM）	GACTGCGTACCAATTCAGG	ATCATGAGTCCTGCTCGGTTC
H5（FAM）	GACTGCGTACCAATTCAGG	ATCATGAGTCCTGCTCGGTTG
H6（FAM）	GACTGCGTACCAATTCAGG	ATCATGAGTCCTGCTCGGTTA

1.1.3　数据分析

用Microsoft Excel软件计算出愈率、不定芽诱导率、从生芽诱导率及生根率。用SPSS 22.0软件中的配对样本T检验分析出愈率、不定芽诱导率、从生芽诱导率及生根率的差异显著性。各类比率计算公式如下：

出愈率=愈伤数/总外植体数 × 100%

不定芽诱导率=具不定芽愈伤数/愈伤总数 × 100%

从生芽诱导率=产生丛生芽茎外植体数/茎外植体总数 × 100%

生根率=生根的芽数/测试的总芽数 × 100%

使用SPSS 22.0软件对本研究中MSAP数据进行统计分析。甲基化水平和位点特异性的超甲基化与低甲基化采用配对样本T检验进行统计分析。D系列和G系列样本间的胞嘧啶（CCGG）甲基化水平和位点特异性MSAP差异采用独立样本T检验和One-way ANOVA中的LSD法进行分析（Wang et al.，2016）[171]。独立样本T检验用于比较同一微繁殖植株移栽前后的甲基化体细胞无性系变异（MSV）。并用Gene Marker V2.2.0软件导出MSAP结果为二进制矩阵，将不存在条带记为0，存在条带记为1。使用MVSP 3.22软件对MSAP分析得到的二进制数据进行UPGMA聚类分析（López et al.，2010）。特异性MSAP位点确定方法如下：

（1）所有单态性条带或在一个或一个以上样本中被Gene Marker V2.2.0标记为“Suspected”的MSAP位点均被排除（Bonin et al.，2004）；

（2）用Microsoft Excel软件将数据从二进制转换成四进制（00→0，01→1，10→2，11→3）；

（3）确定供体及微繁殖植株特异性MSAP位点（Bonin et al.，2004）。

1.2　结果与分析

1.2.1　黑果枸杞愈伤组织、不定芽及丛生芽的诱导

1.2.1.1　叶外植体愈伤组织及不定芽的诱导

在叶培养基中，两种供体植株（inGdonor和inDdonor）的叶外植体可产生愈伤组织，并且在相同培养基中继续产生不定芽［图1–3（A）］。在叶片培养基上培养30 d后，两种供体植株的叶外植体愈伤组织诱导率基本一致；但是，inGdonor供体植株叶外植体的愈伤组织的不定芽诱导率显著低于inDdonor供体植株（表1–2）。供体植株G和D来自不同的母本植株，黑果枸杞自交不亲和（戴国礼，2013）[130]，因此G与D应该具有不同的遗传背景。因此推测不定芽产生能力与遗传背景有关。在叶培养基上培养60 d后，愈伤组织产生的不定芽可长到2 ~ 3 cm［图1–3（B）］，可用于后续生根培养。

（A）—叶片外植体（黑色箭头）产生的愈伤组织（圆圈内）和不定芽（白色箭头）；（B）—叶愈伤组织产生的不定芽；（C）—叶外植体来源的生根苗；（D）—茎外植体腋芽产生的丛生芽和其横切面上愈伤组织（黑色箭头）；（E）—茎外植体结节样愈伤（箭头）放大图；（F）（G）—茎外植体结节样愈伤组织上产生不定芽［（F）图中箭头］；（H）—单块茎外植体形成的芽丛；（I）—茎外植体产生的生根植株；图中标尺为1 cm

图1-3 黑果枸杞叶及茎的微繁殖体系

表1-2 遗传背景对黑果枸杞愈伤组织、不定芽、丛生芽及生根诱导的影响

供体植株	D供体（inDdonor）	G供体（inGdonor）
叶外植体出愈率/%	99.21 ± 0.79^{a}	100.00 ± 0^{a}
叶外植体不定芽诱导率/%	86.26 ± 8.98^{a}	30.11 ± 8.45^{b}
茎外植体丛生芽诱导率/%	96.67 ± 3.33^{a}	86.41 ± 2.29^{b}
茎外植体不定芽诱导率/%	71.90 ± 4.54^{a}	47.07 ± 3.80^{b}
叶外植体生根率/%	59.47 ± 1.58^{b}	88.02 ± 1.85^{a}
茎外植体生根率/%	81.43 ± 2.18^{b}	93.87 ± 0.17^{a}

注：标有不同字母的同一行数据之间差异显著（$P<0.05$）。

1.2.1.2 茎外植体愈伤组织、不定芽及丛生芽的诱导

在添加0.1 mg/L 6-BA，不添加生长素的茎培养基上，两种供体植株的茎外植体不仅在腋芽处生成丛生芽，而且在培养基内部的茎段底部产生愈伤组织团［图1-3（D）（E）］。在相同的茎培养基上，愈伤组织团上很快再生出不定芽［图1-3（F）（G）（H）］。茎外植体培养30 d后，inDdonor供体植株长出的丛生芽和茎外植体愈伤组织上的不定芽诱导率显著高于inGdonor供体植株（表1-2）。这表明黑果枸杞茎外植体丛生芽及不定芽的产生也受到遗传背景的影响。

1.2.1.3　生根培养及炼苗移栽

叶外植体产生的不定芽，茎外植体产生的丛生芽和不定芽在接种到不添加任何植物生长调节剂（PGR）的1/2 MS培养基中40 d后，生根率可达到59.47%～93.87%［表1–2，图1–3（C）（I）］。同一供体植株的茎外植体产生的芽的生根率显著高于叶外植体；而且，G系列的茎外植体芽的生根率显著高于D系列（表1–2）。也就是说，黑果枸杞的外植体类型及遗传背景都会对芽的生根能力产生影响。黑果枸杞组培植株移栽驯化的成活率为95.65%。

1.2.2　MSAP分析

1.2.2.1　MSAP引物筛选

参照我们前期的研究方法（Wang et al.，2012）[1285]，筛选出14对适合黑果枸杞的引物组合（表1–1）。14对引物均在D系列植株及G系列植株中形成了多态性条带，在D系列植株中共获得了1 751条条带（表1–3），G系列植株中共获得了1 743条条带（表1–4）。在D系列植株获得的1 751个条带中，有1 458个（83.27%）为多态性条带，而G系列植株多态性条带的概率为86.69%。

表1–3　基于MSAP分析（14对引物）的黑果枸杞D系列植株胞嘧啶甲基化水平

供体及再生植株	总条带数	未甲基化CCGG位点/%	甲基化CCGG位点			
			内侧甲基化CG/%	外侧甲基化CNG/%	内外均甲基化CG&CNG/%	总计/%
inDdonor	1 751	759.00(43.35)	397.00(22.67)	163.00(9.31)	432.00(24.67)	992.00(56.65)
inDaxil-plants	1 751	784.00(44.77)^{a}	235.50(13.45)^{b}	179.00(10.22)^{bc**}	552.50(31.55)^{ab*}	967.00(55.23)^{a}
inDsteam-plants	1 751	756.25(43.19)^{a}	278.50(15.19)^{b**}	163.50(9.34)^{c}	552.75(31.57)^{a**}	994.75(56.81)^{a}
inDleaf-plants	1 751	767.25(43.82)^{a}	289.75(16.55)^{ab*}	163.25(9.32)^{c}	530.75(30.31)^{ab*}	983.75(56.18)^{a}
平均值	1 751	765.55(43.72)	285.55(16.31)	166.18(9.49)	533.73(30.48)	985.45(56.28)
exDdonor	1 751	788.00(45.00)	287.00(16.39)	242.00(13.82)	434.00(24.79)	963.00(55.00)
exDaxil-plants	1 751	780.50(44.57)^{a}	318.50(18.19)^{ab}	215.50(12.31)^{ab}	436.50(24.93)^{c}	970.50(55.43)^{a}
exDsteam-plants	1 751	756.75(43.22)^{a}	350.75(20.03)^{a}	189.50(10.82)^{bc*}	454.00(25.93)^{c}	994.25(56.78)^{a}
exDleaf-plants	1 751	770.25(43.99)^{a}	290.75(16.60)^{ab}	235.75(13.46)^{a}	454.00(25.94)^{c}	980.75(56.01)^{a}
平均值	1 751	768.82(43.91)	317.27(18.12)	215.82(12.33)	449.09(25.65)	982.18(56.09)

注：*表示与对照植株（inDondor和exDordor）差异显著（P<0.05）；**表示与对照植株（inDordor和exDordor）差异极显著（P<0.01）；标有不同字母的同一列数据之间差异显著（P<0.05，LSD）。

1.2.2.2 移栽前后供体植株和微繁殖植株胞嘧啶甲基化水平分析

对移栽前后供体植株和微繁殖植株CCGG位点胞嘧啶甲基化水平分析发现，移栽前的供体植株及微繁殖植株甲基化水平为53.64%～56.81%，移栽后为53.24%～58.55%（表1–3，表1–4）。此外，与移栽后植株相比，G，D微繁殖植株移栽前的平均胞嘧啶甲基化水平变化（CG）均降低（表1–3，表1–4）。与供体植株相比，从茎愈伤组织中获得的所有微繁殖植株，可检测到三种胞嘧啶甲基化水平变化（CG，CNG和CG&CNG），并且显示出两种类型的显著变化（表1–3，表1–4）。然而，移栽后的茎愈伤组织微繁殖植株与其移栽后的供体植株相比，只存在一种显著变化（表1–3，表1–4）。并且，从G，D系列茎愈伤组织中得到的微繁殖植株移栽前后甲基化变化水平的类型不同（表1–3，表1–4）。这表明移栽驯化后原本显著的甲基化水平变化变得不再显著，原本不显著的甲基化变化变得显著。与inDdonor相比，试管内D叶外植体微繁殖植株的CG以及CG&CNG的水平变化均显著；但移栽驯化后变得不显著（表1–3）。然而，G系列叶外植体微繁殖植株移栽后的CG&CNG水平变化仍旧显著（表1–4）。与供体植株相比，移栽前的D系列茎外植体腋芽处产生微繁殖植株的CNG和CG&CNG水平均具有显著变化（表1–3）。这些结果表明，移栽后黑果枸杞微繁植株的甲基化水平变异以降低为主，但是也有升高。

表1–4 基于MSAP分析（14对引物）的黑果枸杞G系列植株胞嘧啶甲基化水平

供体及再生植株	总条带数	未甲基化CCGG位点 /%	甲基化CCGG位点			
			内侧甲基化CG/%	外侧甲基化CNG/%	内外均甲基化CG&CNG/%	总计/%
inGdonor	1 743	808.00 (46.36)	212.00 (12.16)	275.00(15.78)	448.00(25.70)	935.00(53.64)
inGaxil-plants	1 743	788.00 (45.21)^{abc}	274.33 (15.74)^{b}	247.33(14.19)^{a}	433.33(24.86)^{ab}	955.00(54.79)^{ab}
inGsteam-plants	1 743	764.25 (43.85)^{abc*}	253.25 (14.53)^{b**}	222.00(12.74)^{a}	503.50(28.89)^{a*}	978.75(56.15)^{ab*}
inGleaf-plants	1 743	803.50 (46.10)^{ab}	259.00 (14.86)^{b**}	255.00(14.63)^{a*}	425.50(24.41)^{ab}	939.50(53.90)^{b}
平均值	1 743	786.92 (45.15)	257.00 (14.74)	243.75(13.98)	455.33(26.12)	956.08(54.85)
exGdonor	1 743	791.00 (45.38)	291.00 (16.70)	283.00(16.24)	378.00(21.69)	952.00(54.62)
exGaxil-plants	1 743	815.00 (46.76)^{a}	266.00 (15.26)^{b}	242.33(13.90)^{a}	419.67(24.08)^{ab}	928.00(53.24)^{b}
exGsteam-plants	1 743	722.50 (41.45)^{c}	361.25 (20.73)^{a}	217.25(12.46)^{a*}	442.00(25.36)^{ab}	1 020.50(58.55)^{a}
exGleaf-plants	1 743	763.57 (43.82)^{abc}	345.75 (19.84)^{a*}	219.75(12.61)^{a*}	413.75(23.74)^{b}	979.25(56.18)^{ab}
平均值	1 743	765.08 (43.89)	326.42 (18.73)	229.83(13.19)	421.67(24.19)	977.92(56.11)

注：*表示与对照植株（inGdonor和exGdonor）差异显著（$P<0.05$）；**表示与对照植株（inGdonor和exGdonor）差异极显著（$P<0.01$）；标有不同字母的同一列数据之间差异显著（$P<0.05$，LSD）。

1.2.2.3　移栽前后黑果枸杞植株的位点特异性甲基化改变

与试管内供体植株相比，叶及茎外植体诱导出的三种类型的微繁殖植株（试管内）的各类位点特异性甲基化变化在0.01水平上均具有统计学意义（表1–5）。这三种类型微繁殖植株在离体培养过程中，位点特异性DNA甲基化变异存在一定差异。茎愈伤组织诱导的不定芽得到的微繁殖植株中内侧低甲基化（CG Hypo）、内外低甲基化（Both Hypo）及总体甲基化变化（Total Hyper+Total Hypo）均最低，而叶愈伤组织诱导的不定芽得到的微繁殖植株的各类甲基化变化均最高（表1–5）。综上所述，根据总体位点特异性甲基化变化水平，黑果枸杞试管内微繁殖植株从低到高的排列顺序依次为：茎愈伤组织诱导的微繁殖植株、茎外植体丛生芽得到的微繁殖植株和叶愈伤组织诱导的微繁殖植株；试管内各类微繁殖植株的内侧超甲基化（CG Hyper）>内侧低甲基化（CG Hypo），外侧超甲基化（CNG Hyper）>外侧低甲基化（CNG Hypo），总体超甲基化（Total Hyper）>总体低甲基化（Total Hypo）（表1–5）。

表1–5　与供体植株相比，移栽前叶愈伤组织、茎愈伤组织和丛生芽微繁殖植株的胞嘧啶甲基化模式的变化

供体植株与再生植株比较	甲基化模式（频率/%）								
	CG Hyper	CG Hypo	CNG Hyper	CNG Hypo	Both Hyper	Both Hypo	Total Hyper	Total Hypo	合计
inDaxil-plants vs. inDdonor	3.28	4.31	17.30	10.19	1.46	1.77	22.04	16.28	38.32
inGaxil-plants vs. inGdonor	8.53	6.64	8.53	9.05	1.57	1.36	18.63	17.04	35.67
平均值	5.91[a**]	5.47[ab**]	12.92[a**]	9.62[a**]	1.51[a**]	1.56[a**]	20.34[a**]	16.66[a**]	36.99[ab**]
inDsteam-plants vs. inDdonor	4.51	4.43	16.30	10.71	1.67	0.99	22.49	16.12	38.61
inGsteam-plants vs. inGdonor	10.01	4.93	10.01	5.85	1.33	1.08	21.36	11.86	33.22
平均值	7.26[a**]	4.68[b**]	13.16[a**]	8.28[a**]	1.50[a**]	1.03[b**]	21.92[a**]	13.99[b**]	35.91[b**]
inDleaf-plants vs. inDdonor	4.83	5.44	15.72	11.28	2.30	1.63	22.84	18.35	41.19
inGleaf-plants vs. inGdonor	9.62	8.78	9.62	7.44	1.48	1.59	20.73	17.81	38.54
平均值	7.23[a**]	7.11[a**]	12.67[a**]	9.36[a**]	1.89[a**]	1.61[a**]	21.78[a**]	18.08[a**]	39.87[a**]

注：*表示与对照植株（inDdonor和inGdonor）差异显著（$P<0.05$）；**表示与对照植株（inDdonor和inGdonor）差异极显著（$P<0.01$）；标有不同字母的同一列数据之间差异显著（$P<0.05$，LSD）。

移栽后的三种类型的微繁殖植株与移栽后的供体植株相比，所有模式的位点特异性甲基化变化均具有统计学意义，其中移栽后的茎外植体丛生芽微繁殖植株的Both Hyper和Both Hypo在0.05水平上有显著差异，其余各类位点特异性甲基化差异在0.01水平上差异显著（表1–6）。移栽后的茎愈伤组织形成的微繁殖植株CG Hyper发生率显著高于移栽后的茎外植体丛生芽微繁殖植株；然而，CG Hypo发生率则相反（表1–6）。与移栽后的其他两种类型微繁殖植株相比，移栽后的茎愈伤组织形成的微繁殖植株位点特异性甲基化变化水平最高，但无统计学意义。与移栽之前类似，移栽后三类微繁殖植株的超甲基化变异水平均高于低甲基化变异水平（CG Hyper＞CG Hypo，CNG Hyper＜CNG Hypo，Both Hyper＞Both Hypo，Total Hyper＞Total Hypo）。

表1–6　与移栽后供体植株相比，移栽后叶愈伤组织、茎愈伤组织和丛生芽得来植株的胞嘧啶甲基化模式的变化

供体植株与再生植株比较	甲基化模式（频率/%）								
	CG Hyper	CG Hypo	CNG Hyper	CNG Hypo	Both Hyper	Both Hypo	Total Hyper	Total Hypo	合计
exDaxil-plants vs. exDdonor	9.17	7.62	6.23	7.20	1.17	1.17	16.56	15.99	32.55
exGaxil-plants vs. exGdonor	7.48	8.19	6.04	6.39	2.31	1.28	15.83	15.85	31.69
平均值	8.32^{b**}	7.90^{a**}	6.13^{a**}	6.79^{a**}	1.74^{a*}	1.23^{a*}	16.20^{a**}	15.92^{a**}	32.12^{a**}
exDsteam-plants vs. exDdonor	10.14	6.05	6.05	7.70	1.36	1.11	17.55	14.86	32.41
exGsteam-plants vs. exGdonor	11.98	6.47	6.74	7.20	2.71	1.43	21.43	15.10	36.53
平均值	11.06^{a**}	6.26^{b**}	6.40^{a**}	7.45^{a**}	2.03^{a**}	1.27^{a**}	19.49^{a**}	14.98^{a**}	34.47^{a**}
exDleaf-plants vs. exDdonor	9.51	8.35	6.30	5.60	1.03	0.87	16.83	14.82	31.65
exGleaf-plants vs. exGdonor	9.67	6.88	6.04	7.07	2.18	1.25	17.89	15.20	33.09
平均值	9.59^{ab**}	7.62^{ab**}	6.17^{a**}	6.33^{a**}	1.60^{a**}	1.06^{a**}	17.36^{a**}	15.01^{a**}	32.37^{a**}

注：*表示与对照植株（exDdonor和exGdonor）差异显著（$P<0.05$）；**表示与对照植株（exDdonor和exGdonor）差异极显著（$P<0.01$）；标有不同字母的同一列数据之间差异显著（$P<0.05$，LSD）。

根据表1–5和表1–6的数据，我们得出结论：在移栽驯化后，三种类型的微繁殖植株中CCGG位点的内侧胞嘧啶MSV（CG Hypo和CG Hyper）增加，而外侧胞嘧啶MSV减少（表1–7）。此外，经移栽驯化后，叶及茎愈伤组织中CG Hyper水平均显著增加（$P<0.01$）（表1–7）；三种类型的微繁殖植株的CNG Hyper水平均显著降低（$P<0.01$）（表1–7）。在茎外植体丛生芽微繁殖植株中存在一种显著的甲基化模式变化，而在叶及茎愈伤组织形成的微繁殖植株中存在两种显著的甲基化模式变化（表1–7），这表明两种类型愈伤组织形成的微繁殖植株的MSV在响应环境变化时表现出最剧烈的变化，而茎外植体丛生芽微繁殖植株的MSV变化最小。移栽驯化后，无论是甲基化水平变异还是位点特异性的MSV，都没有表现出简单的降低趋势，但以降低趋势为主，亦有升高存在。

表1-7　移栽驯化后茎外植体腋芽、茎愈伤组织及叶愈伤组织得来植株与其移栽之前的位点特异性MSV比较

模式	腋芽得来植株	茎愈伤组织得来植株	叶愈伤组织得来植株
CG Hyper	↑	$↑^{**}$	$↑^{**}$
CG Hypo	↑	↑	↑
CNG Hyper	$↓^{**}$	$↓^{**}$	$↓^{**}$
CNG Hypo	↓	↓	↓

注：↑表示增加；↓表示减少；**表示在0.01水平上有显著性差异（独立样本T检验）。

不同类型微繁殖植株叶片与相对应的移栽驯化后的植株叶片的位点特异性甲基化变化模式具有统计学意义。然而，两个供体植株移栽前后的位点特异性甲基化变化（44.24%）最为显著（表1–8），表明供体植株和微繁殖植株对驯化反应不一致。在这三种类型微繁殖植株中，茎愈伤组织得来植株的CNG Hypo和总体甲基化变化水平最高（表1–8）。这可以解释为什么移栽之后，茎愈伤组织植株的原本显著的甲基化水平改变变得不再显著，而原本不显著的改变却变得显著了（表1–3，表1–4）。

表1-8　黑果枸杞微繁殖植株移栽前后胞嘧啶甲基化模式变化

移栽驯化前后的植株对比	甲基化模式发生率/%								
	CG Hyper	CG Hypo	CNG Hyper	CNG Hypo	Both Hyper	Both Hypo	Total Hyper	Total Hypo	合计
exDdonor vs. inDdonor	5.98	12.28	12.95	9.89	2.19	1.46	21.12	23.64	44.76
exGdonor vs. inGdonor	11.96	10.90	7.31	9.37	1.46	2.72	20.73	22.99	43.72
平均值	8.97	11.59^{*}	10.13	9.63^{ab*}	1.83	2.09	20.93^{**}	23.32^{**}	44.24^{**}
exDaxil-plant$_1$ vs. inDaxil-plant$_1$	8.08	9.90	6.67	10.67	0.77	2.60	15.52	23.17	38.69
exDaxil-plant$_2$ vs. inDaxil-plant$_2$	8.57	9.65	4.61	9.43	1.51	1.80	14.69	20.88	35.57
exGaxil-plant$_1$ vs. inGaxil-plant$_1$	8.88	10.16	8.08	10.63	1.62	1.28	18.57	22.07	40.64
exGaxil-plant$_2$ vs. inGaxil-plant$_2$	7.99	10.55	9.37	10.42	2.95	2.69	20.31	23.66	43.97
exGaxil-plant$_3$ vs. inGaxil-plant$_3$	7.24	9.08	9.16	8.87	1.28	1.49	17.67	19.45	37.12
平均值	8.15^{**}	9.87^{**}	7.58^{**}	10.00^{ab**}	1.63^{*}	1.97^{**}	17.35^{**}	21.85^{**}	39.20^{**}
exDsteam-plant$_1$ vs. inDsteam-plant$_1$	6.44	7.00	9.45	16.45	1.33	1.26	17.21	24.70	41.91
exDsteam-plant$_2$ vs. inDsteam-plant$_2$	7.45	8.31	8.52	10.67	1.79	3.01	17.77	21.99	39.76
exDsteam-plant$_3$ vs. inDsteam-plant$_3$	5.69	10.20	7.65	11.59	0.73	1.82	14.07	23.62	37.69

表1-8（续）

移栽驯化前后的植株对比	甲基化模式发生率/%								
	CG Hyper	CG Hypo	CNG Hyper	CNG Hypo	Both Hyper	Both Hypo	Total Hyper	Total Hypo	合计
exDstem-plant$_4$ vs. inDstem-plant$_4$	7.93	8.65	5.33	8.29	1.22	1.87	14.48	18.80	33.28
exGstem-plant$_1$ vs. inGs-plant$_1$	9.14	7.38	8.68	16.97	1.50	3.79	19.32	28.13	47.45
exGstem-plant$_2$ vs. inGstem-plant$_2$	8.64	8.22	9.41	12.50	2.67	2.32	20.72	23.03	43.75
exGstem-plant$_3$ vs. inGstem-plant$_3$	10.91	7.78	9.38	12.29	3.78	1.89	24.07	21.96	46.03
exGstem-plant$_4$ vs. inGstem-plant$_4$	9.56	5.00	7.28	8.42	1.21	0.64	18.06	14.06	32.12
平均值	8.22**	7.82**	8.21**	12.15^{a**}	1.78**	2.08**	18.21**	22.04**	40.25**
exDleaf-plant$_1$ vs. inDleaf-plant$_1$	8.92	8.71	7.16	9.83	2.88	1.69	18.96	20.22	39.18
exDleaf-plant$_2$ vs. inDleaf-plant$_2$	7.76	13.63	7.13	9.92	2.66	4.40	17.54	27.95	45.49
exDleaf-plant$_3$ vs. inDleaf-plant$_3$	8.56	15.18	8.06	6.12	2.16	2.37	18.78	23.67	42.45
exDleaf-plant$_4$ vs. inDleaf-plant$_4$	7.39	9.64	9.92	9.03	1.71	3.49	19.02	22.16	41.18
exGleaf-plant$_1$ vs. inGleaf-plant$_1$	9.52	7.76	8.44	10.07	1.36	0.88	19.32	18.71	38.03
exGleaf-plant$_2$ vs. inGleaf-plant$_2$	12.85	6.06	7.94	7.47	1.35	0.74	22.14	14.27	36.41
exGleaf-plant$_3$ vs. inGleaf-plant$_3$	10.31	5.80	8.73	9.38	1.15	1.36	20.19	16.54	36.73
exGleaf-plant$_4$ vs. inGleaf-plant$_4$	8.48	5.06	8.67	13.53	1.18	3.02	18.33	21.62	39.95
平均值	9.22**	8.98**	8.26**	9.42^{b**}	1.81**	2.24**	19.29**	20.64**	39.93**

注：*表示独立样本T检验在0.05水平差异显著；**表示独立样本T检验在0.01水平差异极显著。

1.2.2.4　D和G组内植株的表观趋异

根据MSAP数据对D系列植株进行聚类分析，结果表明：①移栽驯化前后的茎外植体微繁殖植株分别被聚为独立的两类；②叶外植体的微繁殖植株全部聚类为另一类；③所有微繁殖植株与供体植株的趋异程度均大于与其他微繁殖植株的趋异程度；④移栽驯化后，叶愈伤组织的微繁殖植株优先与供体植株聚集为一类［图1-4（A）］。主成分分析进一步验证了聚类分析的结果［图1-4（B）］。上述①~③表明，移栽前植株的MSV不是完全随机发生的，而是在三种类型的微繁殖植株之间有一定的一致性。这与玉米组织培养诱导DNA甲基化一致性改变的发现类似（Stelpflug et al.，2014）。此外，上述③和④表明，移栽后更容易选择出保真度最高的微繁殖植株。

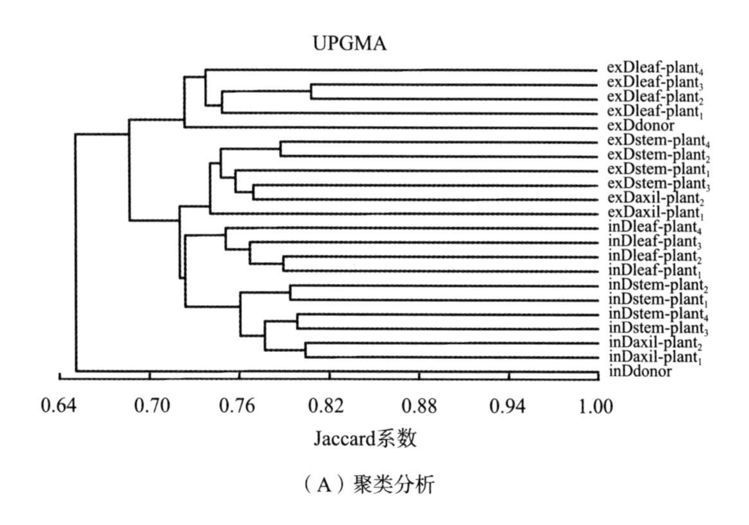

（A）聚类分析

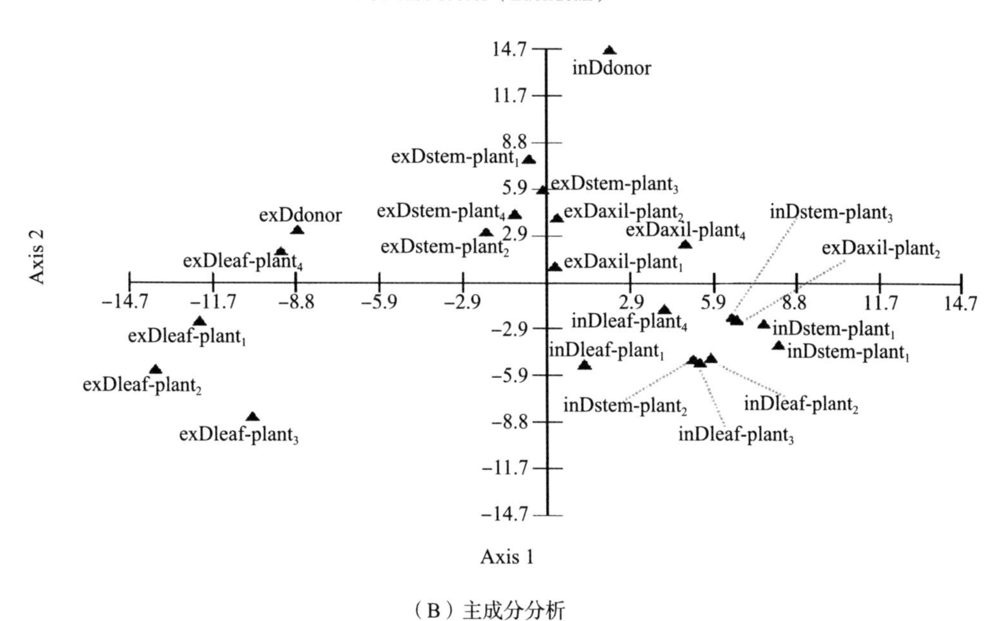

（B）主成分分析

图1–4　采用聚类分析和主成分分析（PCA）揭示D类群各类植株之间的相似性（基于MSAP数据）

G系列植株的聚类和PCA结果与D系列植株相似。但其移栽后植株中exGstem-plant$_4$与移栽前植株聚为一类；而移栽前植株inGaxil-plant$_3$与移栽驯化后植株聚为一类［图1–5（A）］。移栽之前很难断定哪种类型的微繁殖植株与供体植株更为接近。但经过移栽驯化后，茎愈伤组织微繁殖植株与供体植株的表观遗传差异显著高于茎外植体丛生芽和叶愈伤组织微繁殖植株，其中两种愈伤组织产生的微繁殖植株的表观遗传差异最大［图1–5（B）］。因此，在离体条件下选择保真度最高的微繁殖植株比较困难，但可在移栽驯化后对微繁殖植株进行选择。

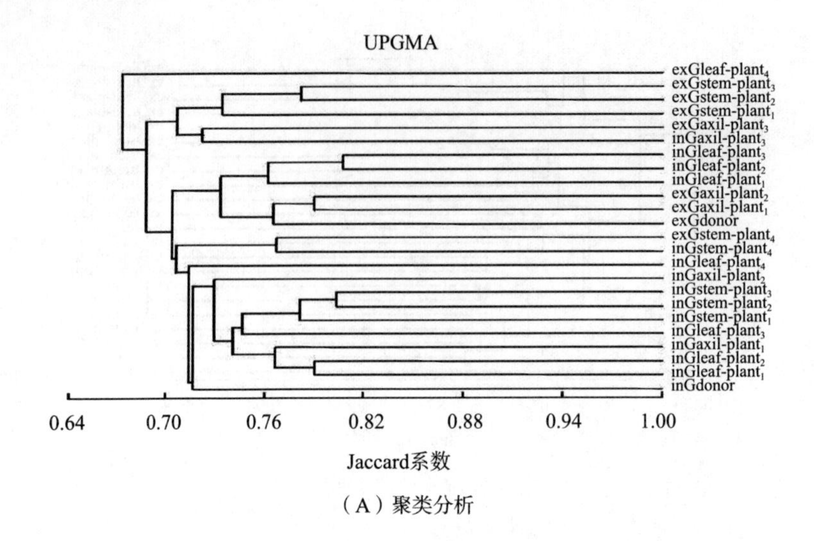

（A）聚类分析

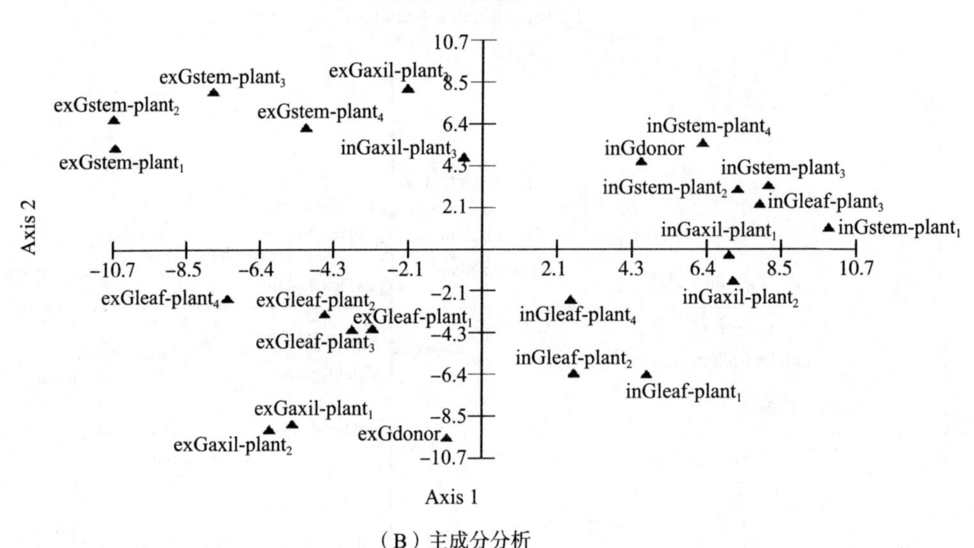

（B）主成分分析

图1-5　基于MSAP数据的聚类分析和主成分分析（PCA）揭示G类群各类植株之间的相似性

1.2.2.5　微繁殖植株特异性MSAP位点

与供体植株相比，在D系列植株和G系列植株中分别发现了14个和2个微繁殖植株特异性的MSAP位点（表1-9，表1-10），但这些特异性MSAP位点都没有传递给移栽驯化后的植株叶片。这表明黑果枸杞的一些主要MSV不能通过有丝分裂传递。在D系列的所有微繁殖植株中，H4-153位点均为“11”，在供体植株中为“01”（表1-9）。除inGaxil-plant$_3$（聚类特殊植株）外，G系列植株H4-153位点与D系列植株相同，说明H4-153位点的甲基化修饰在离体培养过程中通常被去除，该位点可视为MSV热点；由于并非所有的微繁殖植株都表现出相同的改变，所以H4-153位点的去甲基化并不是黑果枸杞离体繁殖的必要条件。然而，叶及茎愈伤组织诱导产生的微繁殖植株都表现出相同的变化。此外，大多数微繁殖植株的位点特异性MSAP位点仅在两个类群中的一个类群中观察到，这表明黑果枸杞的MSV依赖于遗传背景。同时，同一微繁殖植株进行移栽驯化前后的叶片间存在显著的位点特异性甲基化改变，但我们并没有发现移栽前或者移栽后植株特异性的MSAP位点。

表1–9　黑果枸杞D系列微繁殖植株（移栽前）特异性MSAP位点

引物对名称		A4	A4	A4	A4	A4	B4	G5	G5	G5	G5	G5	H4	H4	H4
扩增片段长度 /bp		52	68	102	103	146	140	189	190	202	203	204	153	207	239
inDdonor	*Eco*R Ⅰ / *Hpa* Ⅱ	0	0	0	0	0	0	0	1	1	0	0	0	1	0
	*Eco*R Ⅰ /*Msp* Ⅰ	1	1	1	1	1	1	1	0	0	1	0	1	0	1
inDaxil-plant$_{1-2}$ inDsteam-plant$_{1-4}$ inDleaf-plant$_{1-4}$	*Eco*R Ⅰ / *Hpa* Ⅱ	0	0	0	0	0	1	1	0	1	0	1	1	1	0
	*Eco*R Ⅰ / *Msp* Ⅰ	0	0	0	0	0	1	1	0	1	0	0	1	1	0

表1–10　黑果枸杞G系列微繁殖植株（移栽前）特异性MSAP位点

引物对名称		B4	G5
扩增片段长度 /bp		106	128
inGdonor	*Eco*R Ⅰ / *Hpa* Ⅱ	0	0
	*Eco*R Ⅰ / *Msp* Ⅰ	1	1
inGaxil-plant$_{1-3}$ inGsteam-plant$_{1-4}$ inGleaf-plant$_{1-4}$	*Eco*R Ⅰ / *Hpa* Ⅱ	1	1
	*Eco*R Ⅰ / *Msp* Ⅰ	1	1

1.3　讨论与结论

1.3.1　黑果枸杞微繁殖

由表1–2可知，两个黑果枸杞无性系G和D的叶外植体的出愈率、不定芽诱导率及生根率，茎外植体的不定芽诱导率、丛生芽诱导率及生根率均有显著差异。说明，黑果枸杞叶外植体的再分化和生根，茎外植体的脱分化、再分化、叶腋丛生芽发生均受遗传背景的影响（G与D遗传背景不同）。

黑果枸杞茎和叶形成愈伤组织后，不需要改变培养基外源生长素和细胞分裂素的比例，愈伤组织便可迅速再分化形成不定芽。这与普遍认为的外植体在添加适宜浓度的外源生长素和细胞分裂素的培养基上诱导愈伤组织后，通过改变细胞分裂素与生长素比率，使培养基内细胞分裂素的浓度增加，来诱导不定芽的观点不同（Xu et al.，2012；Xu et al.，2014）。此外，本研究与诱导大花君子兰（*Clivia miniata*）（Wang et al.，2012）[1285]和油菜（*Brassica juncea* var.）（Guo et al.，2005）生根的研究结果相似，在不添加外源生长素的培养基中黑果枸杞不定芽及丛生芽可以生根，但与之前大多数研究人员认为的适当外源生长素可以促进组培苗生根的观点不同（Xu et al.，

2012a）。在植物愈伤组织的诱导和增殖过程中，外源生长素起着关键作用，而外源细胞分裂素起协调作用（Xu et al.，2012a；Duan et al.，2016）。例如，拟南芥习惯化（habituation）愈伤组织的增殖依赖于外源生长素而不是细胞分裂素（Pischke et al.，2006）；从未分化的形成层分生组织细胞中诱导愈伤组织需要外源生长素-氨氯吡啶酸（auxin-picloram）及IAA（Lee et al.，2010）。而本研究在不添加外源生长素的培养基中，黑果枸杞的茎外植体可以产生愈伤组织，即黑果枸杞在离体培养过程中表现出异常的生长素需求：黑果枸杞茎外植体在不添加外源生长素的培养基中不仅能产生愈伤组织，还能迅速生根。

有研究发现，在拟南芥中，愈伤组织是类似根分生组织的一组细胞，而愈伤组织的诱导过程类似于诱导侧根的过程（Che et al.，2007；He et al.，2012；Ramzy et al.，2009； Sugimoto et al.，2010）。因此，叶外植体形成愈伤组织不是脱分化而应被视为转分化过程（Xu et al.，2014；Sugimoto et al.，2011）。并且本研究中的黑果枸杞根及茎愈伤组织可能都起源于茎中的维管组织形成层细胞（Barbier et al.，2015；Correa et al.，2012；Greenwood et al.，2011）。因此，基于上述研究结果，我们认为茎段底部在培养基内形成愈伤组织的过程与诱导黑果枸杞生根过程相似。也就是说，不含外源生长素的茎愈伤组织诱导过程与不含外源生长素的根的诱导过程一致。外源生长素是其他植物（Xu et al.，2014）愈伤组织诱导和增殖的重要调节因子，但对本研究的黑果枸杞茎外植体来说不是。因此，一种新的愈伤组织诱导和增殖机制可能存在于黑果枸杞甚至其他植物中。此外，最近的研究表明，植物对糖的需求（非生长素）是顶端优势的第一调节因子（Barbier et al.，2015b；Mason et al.，2014）。此外，植物需要足够的糖作为信号和能源物质来满足植物的发育（Mason et al.，2014；Wingler，2018）。本研究中，在含有40 g/L的蔗糖，不添加外源生长素的培养基中茎段底部形成愈伤组织［图1-3（D）］，所以我们推测，蔗糖可能是黑果枸杞茎愈伤组织诱导和增殖过程中的关键调节因子，但还需要更多研究来验证我们的推测。

1.3.2 DNA甲基化变异与位点特异性MSAP

在本研究中，黑果枸杞微繁殖植株叶片的总体胞嘧啶甲基化水平分别为53.64%~56.81%，移栽驯化后为53.24%~58.55%。黑果枸杞甲基化水平与大花君子兰（Wang et al.，2012）[1288]甲基化水平相近，并且高于其他物种（Cokus et al.，2008；Fu et al.，2012；Gao et al.，2010；Guo et al.，2005；Li et al.，2011；Rathore et al.，2016）。然而，黑果枸杞的CG甲基化水平显著低于二倍体大花君子兰（Wang et al.，2012）[1288]和四倍体棉花（Keyte et al.，2006）。

主成分分析结果显示，移栽前D系列微繁殖植株叶片与相应的移栽驯化后的植株叶片相比完全分离。这一结果与之前Kitimu等（2015）对木薯（*Manihot esculenta*）的研究结果相似，该研究结果表明，5个木薯品种的再生植株与试验田中植株的枝条之间存在明显的分离。而本研究中比较的是移栽驯化前后的同一植株的叶片，因此，我们认为在不同环境下生长的黑果枸杞的基因组可塑性更强。

我们起初认为移栽驯化后的植株新发的叶片中只存在可遗传的MSV，由于很多MSV经过移栽驯化后不能传递到新发的叶片中，所以，经过移栽驯化后，MSV应减少。然而本研究的结果却表明，移栽驯化后的黑果枸杞微繁殖植株的甲基化水平有降低也有升高，但以降低为主。即移栽之后黑果枸杞的甲基化水平SV和位点特异性MSV都没有简单降低，这可能是因为：①微繁殖植株及供体植株移栽驯化后的DNA甲基化水平发生显著变化；②黑果枸杞的微繁殖植株和供体植株对移栽驯化反应不同（表1–8）。因此，一些位点特异性MSV，例如CG Hyper水平，在移栽驯化后显著升高。

SV对长期种质保存不利（Cichorz et al.，2018），但可以在植物育种中用于品系改良（Bhojwani et al.，2013；Evans，1989）。本研究中，移栽之后三种类型的微繁殖植株之间的表观趋异程度更高。因此，在移栽前很难筛选出高保真的微繁殖植株，而在移栽驯化后更容易（图1–4，图1–5）。因此，我们认为诱导茎外植体形成丛生芽是一种适合黑果枸杞优良种质保存和繁殖的方法；茎愈伤组织产生的SV也可用于SV育种；茎外植体还可用于研究糖在脱分化过程中的调节机制；而以黑果枸杞叶为外植体，既可用于种质的保存和繁殖，又适用于遗传转化。本研究还发现了1个黑果枸杞微繁殖植株特异性MSV热点。该热点表明在组织培养过程中，黑果枸杞基因组的某些区域始终表现出DNA去甲基化，这与水稻和玉米的研究结果相似：经过组织培养后，DNA去甲基化比DNA超甲基化更常见（Stelpflug et al.，2014；Stroud et al.，2013）。因此，该热点可用于研究黑果枸杞SV的表观遗传机制。

1.3.3　结论

本研究建立了一种新的以黑果枸杞叶及茎为外植体的离体快速繁殖体系。黑果枸杞茎外植体脱分化和再分化、诱导茎外植体腋芽处形成丛生芽、叶愈伤组织再分化和生根都受到遗传背景的影响。茎外植体间接器官发生途径的最适培养基为添加40 g/L的蔗糖，不添加生长素的MS培养基。这表明，蔗糖可能是黑果枸杞茎外植体愈伤组织诱导和增殖过程中的关键调控因子。我们通过MSAP分析发现了一个MSV热点，为揭示SV的表观遗传机制提供了重要线索。MSAP分析结果表明，移栽驯化后DNA CCGG位点的外侧胞嘧啶类甲基化SV降低，而内侧胞嘧啶类甲基化SV升高；叶愈伤组织、茎愈伤组织和茎外植体腋芽得来三种类型的微繁殖植株，移栽驯化后表观遗传趋异更明显，适用于筛选高保真的微繁殖植株。以黑果枸杞茎外植体丛生芽和叶片愈伤组织得来的微繁殖植株保真度较高，适合优良种质保存和繁殖。此外，黑果枸杞叶外植体也可用作遗传转化的材料。茎愈伤组织的微繁殖植株的MSV最高，可用于SV育种和研究糖在脱分化过程中的调节机制。上述发现不仅为分子育种、SV育种、种质保存与繁殖提供了参考，也为进一步的理论研究提供了依据。

第2章　以黑果枸杞未开放花朵为外植体的组培及玻璃化去除

本章研究以黑果枸杞完全伸展的未开放的绿色花朵为外植体建立再生体系，发现外植体在含有0.3 mg·L^{-1} 6-BA+0.1 mg·L^{-1} NAA的MS培养基上的脱分化和再分化效果最好。但是，所有芽丛均严重玻璃化。采用“饥饿干燥结合$AgNO_3$”法成功解除了组培芽丛的玻璃化，发现饥饿干燥结合30 μmol/L的$AgNO_3$处理解除玻璃化效果最好，玻璃化去除率为69.86%。在此基础上，我们采用高通量转录组测序（RNA-Seq）、代谢组分析、显微观察及生理测定等方法探索“饥饿干燥结合$AgNO_3$”法去除玻璃化的机理，主要研究发现如下：

RNA-Seq显示玻璃化和解除玻璃化叶片被聚为两个不同的大类，玻璃化叶片和解除玻璃化叶片之间的DEG为5 684个（CK vs. RH）或4 184个（DCK vs. RH）。实时荧光定量PCR（qRT-PCR）分析证明RNA-Seq结果的可靠性。玻璃化叶片与解除玻璃化叶片之间的共有DEG显著富集在核糖体、植物激素信号转导等KEGG通路，且核糖体路径的上调基因均为叶绿体核糖体蛋白基因。与玻璃化材料相比，解除玻璃化材料的卟啉和叶绿素代谢、光合作用、淀粉和蔗糖代谢以及光合作用–天线蛋白KEGG通路被极显著上调。其中，光合作用–天线蛋白KEGG路径中的13个基因均为上调基因，其表达产物为光捕获叶绿素蛋白复合物（LHC）。

植物激素代谢组以及差异分析显示，解除玻璃化和玻璃化叶片之间共有18种显著差异代谢物（SRM）。这18种SRM是生长素、脱落酸、细胞分裂素、茉莉酸、水杨酸和独角金内酯类代谢物，主要富集在次级代谢产物的生物合成、代谢通路和植物激素信号转导等KEGG通路。富集在植物激素信号转导KEGG路径的细胞分裂素类的tZ、茉莉酸类的JA和JA-Ile在解除玻璃化材料中下调，脱落酸和水杨酸在解除玻璃化材料中上调。浸提法结合激光共聚焦显微镜（CLSM）分析显示解除玻璃化叶片的叶绿素a，b及a/b均显著高于玻璃化叶片；透射电子显微镜（TEM）观察发现与玻璃化材料相比，解除玻璃化材料的叶绿体形态、基粒和基质片层明显恢复。考马斯亮蓝测定显示，与玻璃化叶片相比，解除玻璃化叶片的可溶性蛋白含量（m/m）提高了68.58%。另外，在解除玻璃化材料中，核糖体KEGG通路中上调的DEG（叶绿体核糖体蛋白）和下调的DEG（细胞质核糖体蛋白）与可溶性蛋白含量呈显著相关

（$P<0.05$，$P<0.01$）。

上述研究结果以及生理指标和关键DEGs的相关性分析证明，饥饿干燥结合$AgNO_3$处理可能通过减少水分吸收，增加水分消耗，上调叶绿体核糖体蛋白（核基因）的表达，恢复叶绿体基粒和基质的片层结构，提高叶绿素合成和降低叶绿素代谢，提高LHC表达，提升叶绿素a，b含量（m/m），上调脱落酸和水杨酸及其信号转导，下调细胞分裂素和茉莉酸及其信号转导，上调光合作用KEGG路径，上调淀粉和蔗糖代谢KEGG路径来去除黑果枸杞组培芽丛的玻璃化。基于此，我们初步建立了饥饿干燥结合$AgNO_3$法去除黑果枸杞组培芽丛玻璃化的假说。本章研究为黑果枸杞优株的种质保存、无性繁殖、推广和分子育种奠定基础，也为其他物种玻璃化的控制提供线索。本章研究的技术路线见图2-1。

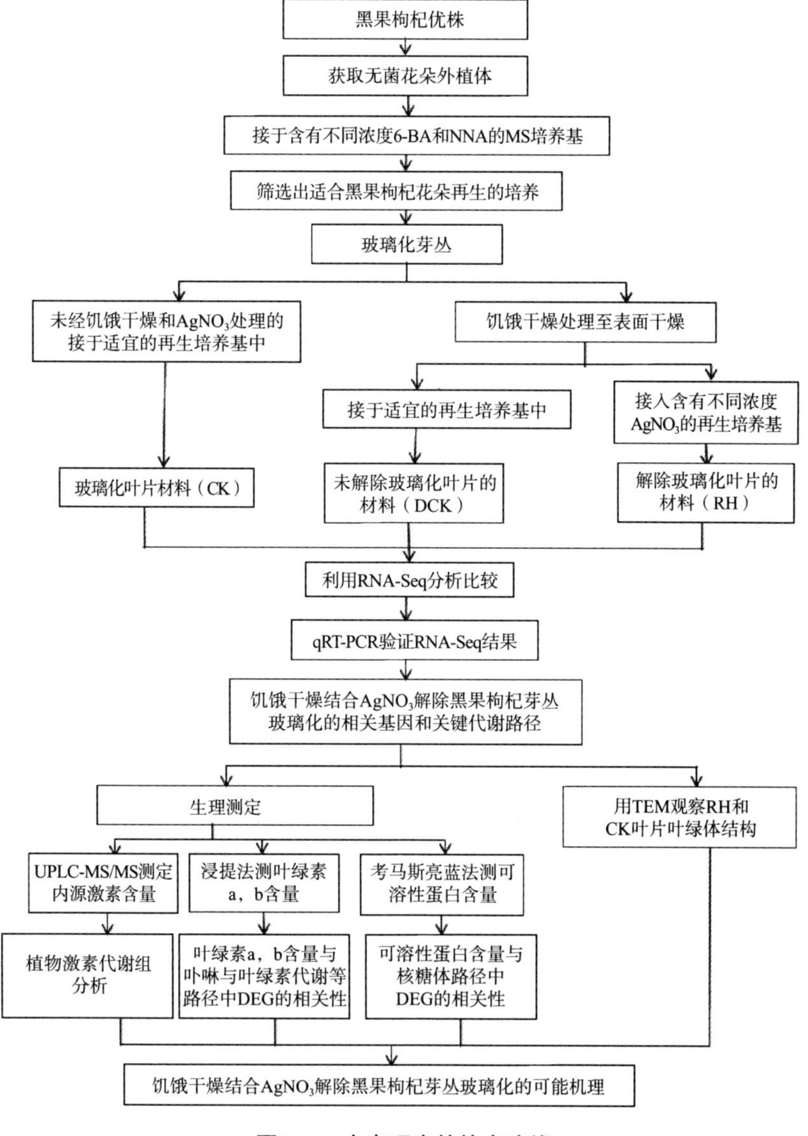

图2-1　本章研究的技术路线

2.1 材料与方法

2.1.1 试验材料

选取辽宁省彰武县现代农业示范园的3年生成年黑果枸杞（*Lycium ruthenicum*）优株，取其完全伸展的未开放的健康绿色花朵为外植体材料。

2.1.2 无菌材料的获取

选取黑果枸杞生长状态良好的花朵，用洗衣粉水浸泡清洗10～15 min，再用流动的清水冲洗30 min。在超净台中，用75%（V/V）的酒精清洗浸泡45 s，再用0.1%（W/V）的氯化汞（$HgCl_2$）浸泡杀菌4～6 min，其间不断摇晃，使花朵与$HgCl_2$充分接触。最后用无菌水冲洗3～6次，获得无菌的试验材料。

2.1.3 外植体诱导脱分化和再分化

将获得的无菌材料用无菌手术刀沿着花朵子房上部横向切开，去除花药，将花冠纵切3～4块，子房切成两块作为外植体。将外植体接入pH值为5.8且添加不同浓度PGR组合的再生培养基中诱导脱分化和再分化，再生培养基为含0.6%（W/V）琼脂和3%（W/V）蔗糖的MS（Murashige et al.，1962）培养基。培养基添加6-BA浓度分别为0.1，0.2，0.3，0.4 $mg \cdot L^{-1}$；添加的NAA浓度分别为0.05，0.1，0.2 $mg \cdot L^{-1}$。接种一个月后，花朵外植体逐渐形成愈伤和再生芽丛；接种50 d时统计不同培养基上花朵外植体死亡率、脱分化率、再分化率以及玻璃化情况。

2.1.4 饥饿干燥结合$AgNO_3$去除玻璃化

通过饥饿干燥结合$AgNO_3$的方法处理黑果枸杞玻璃化芽丛。将再生培养基中含玻璃化芽丛的愈伤组织置于无菌空瓶中进行饥饿干燥处理。每2 d观察并记录玻璃化芽丛的干燥状况，待芽丛呈干燥状态且仍保持活性状态时，将其接种于解除玻璃化的培养基。解除玻璃化的培养基为MS培养基，添加0.1 $g \cdot L^{-1}$ NAA，0.3 $g \cdot L^{-1}$ 6-BA和不同浓度$AgNO_3$（0，20，30，40，50，60 $\mu mol \cdot L^{-1}$）。没有经过干燥处理的玻璃化材料，作为对照直接移入再生培养基中（MS+0.1 $g \cdot L^{-1}$ NAA+0.3 $g \cdot L^{-1}$ 6-BA）。

2.1.5 RNA-Seq分析

2.1.5.1 RNA制备、文库构建、测序与组装

取3种状态的黑果枸杞组培植株叶片作为试验材料，分别是未经饥饿干燥和$AgNO_3$处理的玻璃化芽丛叶片（CK）、饥饿干燥后未解除玻璃化芽丛完全展开的叶片

（DCK）和饥饿干燥结合$AgNO_3$去除玻璃化芽丛完全展开的叶片（RH）。3种材料采集后迅速置于液氮中速冻后置于–80 ℃冰箱备用。每种材料设置3次生物学重复，样品送至北京百迈克生物科技有限公司进行RNA-Seq分析。

采用NEBNext®Ultra^{TM} Illumina®（NEB，USA）RNA提取试剂盒，按照制造商的说明提取黑果枸杞3种状态叶片的总RNA，用Ampre XP系统对PCR产物进行纯化，并用Agilent Bioanalyzer 2100系统评估文库质量。cDNA文库检测合格后，利用Illumina Hiseq高通量测序平台对其进行测序。利用Trinity（Grabherr et al.，2011）软件进行组装，将min_kmer_cov设置为2，所有其他参数默认设置。

2.1.5.2　功能注释与差异表达分析

使用Blastx（Bolger et al.，2014）将单基因分别注释到NR，KOG和Swissprot数据库（阈值$<e^{-5}$）。根据SwissProt的结果，将Swiss-Prot ID映射到GO条目，以获得单基因的GO注释。最后，将单基因注释到KEGG数据库（Langmead etal.，2012）以获得通路信息。FPKM（Bolger et al.，2014）和单基因计数均通过软件Bowtie2（Langmead et al.，2012）和eXpress（Trapnell et al.，2010）获得。通过eXpress软件获得每个样本中的单基因读取数。使用DESeq R软件包（Trapnell et al.，2010）的Estimate Size Factors函数对数据进行标准化，并使用nbinomTest函数计算差异比较的P-value和foldchange值。在差异基因表达分析之前，对于每个测序文库，使用EBSeq R软件包对两个样本进行差异表达分析。以调整后P值为标准，$P<0.05$且$|\log_2^{foldchange}|>2$被设置为显著差异表达的阈值。对表达显著差异Unigene（DEG）进行GO和KEGG（Grabher et al.，2011）富集分析，以判定差异基因主要参与哪些生物学功能或通路。DEG的GO富集分析通过topGO R软件包的Kolmogorov-Smirnov测试，本研究将KS<0.05的定义为显著富集的GO条目。使用KOBAS（Mao et al.，2005）软件计算KEGG通路中DEG的富集程度，选取$P<0.05$的通路为显著富集的KEGG通路，并选取被上调DEGs富集且$P<0.01$的通路为显著上调的KEGG通路。利用HMMER（Grabher et al.，2011）软件比对Pfam数据库来进行Unigene的功能分析。

2.1.6　qRT-PCR

本研究采用qRT-PCR验证RNA-Seq结果的准确性。qRT-PCR的材料、生物学重复和RNA提纯均与上述RNA-Seq相同。通过琼脂糖凝胶电泳和ScanDrop 100检测总RNA，以确保其完整性和浓度。按照制造商的说明，使用TUREscript 1st Stand cDNA合成试剂盒（Aidlab）合成第一条cDNA链。按原表述随机选择9个核糖体、卟啉和叶绿素代谢以及植物激素信号转导KEGG路径中的高表达DEGs进行qRT-PCR分析（表2–1）。按照我们之前的方法（Wang et al.，2018b），选择在3种样本中表达恒定且无显著差异的甘油醛–3–磷酸脱氢酶基因（GAPDH）（c57400.graph_c0）作为内参基因（表2–1）。所有引物（表2–1）均使用引物Premier 6设计，并在BioMarker公司（中国北京）合成。

表2-1 用于qRT-PCR引物

KEGG通路	基因	基因缩写	基因注释	引物（5′到3′）	长度/bp
卟啉和叶绿素代谢	c60329.graph_c0	*GSAM*	叶绿体谷氨酸-1-半醛-2，1-氨基变位酶	F：TGCCACCATCTCCATAATATC R：GAATAACTCCTGATTTGACTACAC	98
	c59722.graph_c1	*POR*	原叶绿素还原酶样	F：AGGCATCTGAGCAACATA R：GATAAGGCAAGAAGCAAGAA	79
	c40047.graph_c0	*GluTR*	谷氨酰-tRNA还原酶1，叶绿体样	F：TGTATAATAATGATGCCACTC R：TTGACTACTTGCTTGACT	106
核糖体	c32638.graph_c0	*RPS20*	30S核糖体蛋白S20，叶绿体样	F：AGGTTAAGACTCGGATGA R：CGCAATCAACTTCTCAAC	100
	c53677.graph_c0	*RpL24*	50S核糖体蛋白L24，叶绿体	F：GGTAACATCACAAGCAATAG R：CAACAATCGCAATGAAGT	100
	c50727.graph_c2	*RpS5*	30S核糖体蛋白S5，叶绿体	F：ATGTTGGTGTTGGAGTTG R：GTCATAGGCACAGTAATAAGAT	97
	c28343.graph_c0	*RpL29*	50S核糖体蛋白L29，叶绿体	F：TTATTATCCACTGGGTTAGA R：TTCCAACTGATGTCTGAT	98
植物激素信号转导	c52381.graph_c0	*PR-1*	PR1蛋白前体	F：TTATTATCCACTGGGTTAGA R：TTCCAACTGATGTCTGAT	120
	c53664.graph_c0	*TIFY6 BX1*	蛋白TIFY 6B样亚型X1	F：GCTCCTCATTCAATACTT R：ATAGAAGATGGTCAGTTG	102
光合有机体碳固定	c57400.graph_c0	*GAPDH*（内参）	甘油醛-3-磷酸脱氢酶	F：TTCCTTCAGATTCCTCCTTCA R：TGATGTGTCCGTGGTTGA	92

使用SYBR Green Ⅰ进行qRT-PCR。以上述第一链cDNA为模板，按照SYBR®Green Supermix的说明进行试验。qRT-PCR条件为：95 ℃持续3 min；95 ℃持续10 s、60 ℃持续30 s（39个循环）。采用$2^{-\Delta\Delta Ct}$方法计算基因的相对表达水平（Li et al.，2022）。

2.1.7 透射电子显微镜观察

本研究的RNA-Seq分析显示黑果枸杞玻璃化的解除可能与叶绿体有关。因此，采用透射电子显微镜（TEM）对黑果枸杞玻璃化（CK）和去除玻璃化（RH）叶片的叶绿体进行比较观察。将黑果枸杞CK和RH叶片剪成碎片（1 mm×1 mm×2～3 mm），立即投入0.1 mol/L磷酸缓冲液配制0.25%（W/V）的戊二醛溶液中，并用注射器抽真空使碎片下沉。参照汪贵斌等（2008）的方法进行漂洗、梯度脱水、包埋、浸透、聚合，再用LEICA EM UC7型超薄切片机进行切片（切片厚度90 nm），经醋酸双氧铀染色30 min和柠檬酸铅染色15 min后，在日立HT7700型透射电子显微镜下观察并拍照。

2.1.8　激光共聚焦显微镜观测及叶绿素含量测定

本研究的RNA-Seq分析显示黑果枸杞玻璃化的解除可能也与叶绿素有关。因此，采用激光共聚焦显微镜（CLSM）和浸提两种方法对玻璃化叶片（CK）和解除玻璃化叶片（RH）进行叶绿素含量的间接和直接测定。使用Wang（2016）的方法对CK和RH进行CLSM观察，红色荧光强度代表叶绿素单位面积荧光强度。用牟晓玲（2004）的浸提法对两种材料的叶绿素进行测定，将吸光光度通过Arnon公式计算得到叶绿素a和叶绿素b的含量。

2.1.9　植物激素代谢组分析

植物激素信号转导KEGG路径被本研究的玻璃化（CK）和解除玻璃化（RH）叶片之间的DEG显著富集。因此，采用植物激素代谢组分析比较黑果枸杞CK和RH叶片。参照Li（2016）和Floková（2014）等方法对CK和RH叶片进行处理：取出-80 ℃保存的材料，用研磨仪研磨（30 Hz，1 min）至粉末状；称取50 mg研磨后的样本，分别加入10 μL浓度为100 ng/mL的内标混合溶液，1 mL甲醇/水/甲酸（15∶4∶1，V/V/V）提取剂，混匀；涡旋10 min，于4 ℃，12 000 r/min条件下，离心5 min，取上清液至新的离心管中进行浓缩；涡旋10 min，于4 ℃，12 000 r/min条件下，离心5 min，取上清液至新的离心管中进行浓缩；浓缩后用100 μL 80%甲醇/水溶液复溶，过0.22 μm滤膜，置于进样瓶中，用于超高效液相色谱串联质谱（UPLC-MS/MS）分析测定生长素类（L-色氨酸、色胺、吲哚-3-乙腈）、细胞分裂素类（异戊烯腺嘌呤核苷、二氢玉米素、6-苄基氨基-7-BETA-D-吡喃葡萄糖基嘌呤、6-苄基腺苷、反式玉米素、异戊烯腺嘌呤-9-葡糖苷）、茉莉酸类（12-氧-植物二烯酸、茉莉酸、茉莉酸甲酯、茉莉酸-异亮氨酸、茉莉酸-苯丙氨酸）、水杨酸类（水杨酸、水杨酸-2-O-β-葡萄糖苷）和独角金内酯类（5-脱氧独脚金醇）等各类植物激素含量。

参照前人的研究（Ming et al.，2018），本研究采用的液相条件主要参数如下：

色谱柱：Waters ACQUITY UPLC HSS T3 C18柱（1.8 μm，100 mm × 2.1 mm i.d.）；

流动相：A—超纯水（含0.04%乙酸），B—乙腈（含0.04%乙酸）；

梯度洗脱程序：0 min A/B为95∶5（V/V），1.0 min A/B为95∶5（V/V），8.0 min为5∶95（V/V），9.0 min为5∶95（V/V），9.1 min为95∶5（V/V），12.0 min为95∶5（V/V）；流速0.35 mL/min；柱温40 ℃；进样量2 μL。

参照前人的报道（Šimura et al.，2018），本研究采用的质谱条件主要参数如下：

电喷雾离子源（Electrospray Ionization，ESI）温度550 ℃，正离子模式下质谱电

压5500 V，负离子模式下质谱电压-4500 V，气帘气（Curtain Gas，CUR）0.241 Mpa；在Q-Trap 6500+中，每个离子对是根据优化的去簇电压（declustering potential，DP）和碰撞能（collision energy，CE）进行扫描检测。

本研究将同时满足以下两项条件的筛选为差异代谢物：①Fold Change≥2和Fold_Change≤0.5；②$P<1$，且在不同组间存在统计学上的差异显著性。

2.1.10 总可溶性蛋白的测定

核糖体KEGG路径被黑果枸杞玻璃化和解除玻璃化叶片之间的DEG显著富集。并且，核糖体是蛋白合成的场所。因此，采用考马斯亮蓝法（Bradford，1976）测定黑果枸杞玻璃化（CK）和解除玻璃化（RH）叶片的总可溶性蛋白含量（m/m）。取考马斯亮蓝（G-250）10 mg 溶于5 mL 95%（V/V）乙醇中，加入10 mL 85%（W/V）磷酸，用蒸馏水稀释至100 mL，过滤后备用；用蒸馏水将2. 12 g KH_2PO_4和5. 56 g K_2HPO_4分别溶解，混合后定容至200 mL，配成0. 2 mol·L^{-1} pH 7. 0的磷酸缓冲液（PBS）。

取黑果枸杞CK和RH叶片0.1 g，用少量石英砂和1 mL PBS研磨提取，研磨后经两步离心（12 kg离心6 min和26.9 kg离心16 min），取其上清液即为蛋白提取液。将0.1 mL蛋白提取液和5 mL考马斯亮蓝试剂混合，2 min后测定在595 nm处吸光值。每个样品做6个重复，将其吸光值分别代入标准曲线方程，求出样品蛋白质浓度。然后代入下式计算植物材料蛋白质含量：样品蛋白质含量=（样品蛋白质浓度×提取液的总体积）/样品鲜重。

2.1.11 数据统计分析

采用Excel 2010统计整理脱分化率（形成愈伤的外植体数/总外植体数×100%）、再分化率（出芽的外植体数/形成愈伤的外植体数×100%）、再生率（脱分化率×再分化率）、玻璃化解除率（解除玻璃化芽个数/处理的芽总数×100%）等基础数据；用SPSS 20.0对脱分化率、再分化率、再生率、玻璃化解除率进行单因素方差分析（LSD，$P<0.05$）。用SPSS 20.0进行独立样本T检验（$P<0.05$），比较叶绿素荧光值、叶绿素a和叶绿素b含量、叶绿素a/b比值和总可溶性蛋白含量。同时，利用SPSS 20.0软件分析叶绿素a、叶绿素b、总可溶性蛋白含量与相应基因表达的皮尔逊相关关系（$P<0.05$和$P<0.01$）。

2.2 结果与分析

2.2.1 不同PGR组合对脱分化和再分化的影响

以黑果枸杞优株未开放花朵为外植体在不同PGR组合下诱导脱分化和再分化。发现脱分化率最高为84.06%，再分化率最高为94.24%，再生率最高为79.21%（表2–2）。不同PGR对黑果枸杞花朵外植体脱分化的影响存在显著差异（表2–2）。在6-BA浓度为0.1 mg·L^{-1}或0.3 mg·L^{-1}时，随着NAA浓度的升高，花朵外植体脱分化率和愈伤组织再分化率均先上升后下降；在NAA浓度固定的情况下，随着6-BA浓度的增高，脱分化率亦呈现先升高后下降的趋势。当培养基添加NAA 0.1 mg·L^{-1}和6-BA 0.3 mg·L^{-1}时黑果枸杞花朵的脱分化率最高（84.06%），此时再分化率为94.24%。从整体再生率来看，最适合花朵再生的PGR组合是0.3 mg·L^{-1} 6-BA和0.1 mg·L^{-1} NAA。但是在试验中我们也发现，随着培养的继续，所有芽体均表现为玻璃化。

表2–2　不同浓度PGR对黑果枸杞花朵为外植体的脱分化和愈伤组织再分化的影响

PGR浓度处理/（mg·L^{-1}）		脱分化率/%	再分化率/%	再生率/%
6-BA	NAA			
0.1	0.05	47.87 ± 0.96^{d}	66.20 ± 1.39^{de}	31.73 ± 1.25^{ef}
0.1	0.10	68.60 ± 0.90^{b}	72.39 ± 1.66^{cd}	49.67 ± 1.41^{c}
0.1	0.20	37.55 ± 2.44^{e}	76.22 ± 2.11^{bc}	28.48 ± 1.12^{f}
0.2	0.05	70.08 ± 1.05^{b}	61.92 ± 4.07^{ef}	43.47 ± 3.23^{cd}
0.2	0.10	72.31 ± 2.19^{b}	81.48 ± 0.97^{b}	58.90 ± 1.73^{b}
0.2	0.20	70.10 ± 1.32^{b}	62.95 ± 2.03^{e}	44.20 ± 2.07^{cd}
0.3	0.05	76.73 ± 2.84^{ab}	49.32 ± 2.84^{g}	37.67 ± 1.67^{de}
0.3	0.10	84.06 ± 0.54^{a}	94.24 ± 1.50^{a}	79.21 ± 0.97^{a}
0.3	0.20	68.64 ± 3.23^{b}	57.37 ± 1.64^{efg}	39.31 ± 1.41^{de}
0.4	0.05	57.94 ± 2.73^{c}	29.54 ± 1.45^{h}	17.20 ± 1.50^{g}
0.4	0.10	54.56 ± 1.54^{cd}	53.82 ± 1.46^{fg}	29.37 ± 1.50^{f}
0.4	0.20	39.23 ± 1.27^{e}	48.78 ± 0.98^{g}	19.19 ± 0.92^{g}

注：表中数据为三次重复实验的平均值 ± 标准误，没有标注相同字母的同一列数据之间差异显著（$P<0.05$）。

2.2.2　饥饿干燥结合$AgNO_3$处理去除芽丛玻璃化

未做干燥处理的材料，接种于未添加$AgNO_3$的培养基，30 d后发现玻璃化未得到缓解［图2–2（A）］。饥饿干燥处理也能在一定程度上解除黑果枸杞组培芽丛玻璃化，但解除玻璃化率不高（20.6%）（图2–3）。经过饥饿干燥处理的材料转接到含有30 μmol·L^{-1} $AgNO_3$的培养基中玻璃化解除率最高［图2–2（B）］，且解除玻璃化的材料能够正常生根［图2–2（C）］。尽管单独饥饿干燥也可使少量（20.6%）玻璃化芽恢复正常，但是尚未发现整个愈伤所有芽丛同时解除玻璃化的现象，且在不添加$AgNO_3$的培养基上，去除玻璃化的材料会再次玻璃化。饥饿干燥结合培养基添加30 μmol·L^{-1} $AgNO_3$对解除玻璃化的效果最好（69.86%），整块愈伤的所有芽丛均可以去除玻璃化，且随着培养的进行不会再次表现为玻璃化。故本研究要进一步探索饥饿干燥结合$AgNO_3$处理解除黑果枸杞芽丛玻璃化的机理。

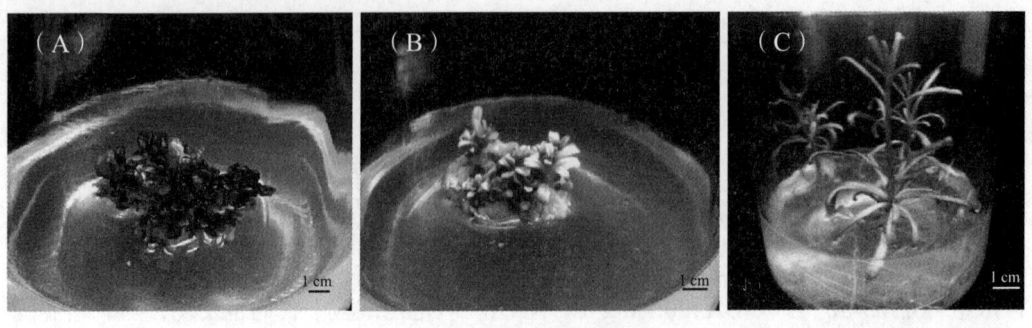

（A）玻璃化芽丛　　（B）解除玻璃化的芽丛　　（C）解除玻璃化芽体正常生根

图2-2　以黑果枸杞未开放花朵为外植体的再生和解除玻璃化

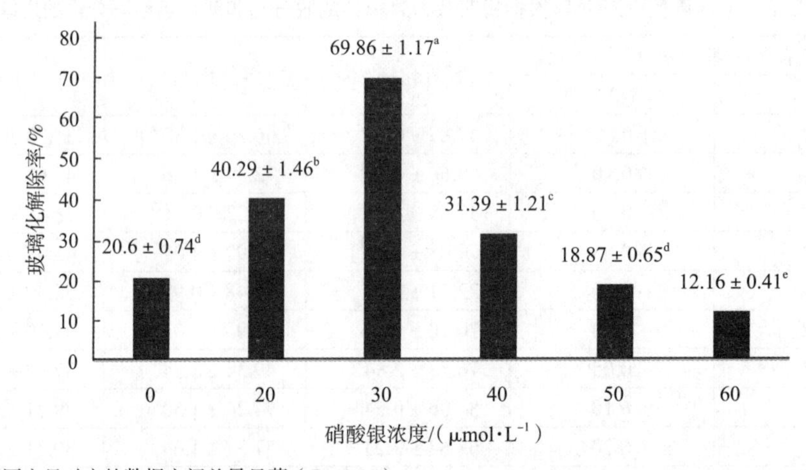

注：不同字母对应的数据之间差异显著（$P<0.05$）。

图2-3　饥饿干燥结合$AgNO_3$对黑果枸杞再生芽玻璃化解除的影响

2.2.3　RNA-Seq分析

2.2.3.1　建库及组装结果

本研究采用CK，DCK和RH为试验材料，执行3次生物学重复，共制备了9个cDNA文库，并对其进行测序分析。测序总共获得60.72 Gb的Clean Data。每个样品的Clean Data均达到5.98 Gb，Q30值和GC分别达到92.49%和42.00%以上（表2–3）。利用Trinity（Grabherr et al.，2011）软件对测序所得的数据进行合并组装，共获得了98 553个单基因（Unigene）。在所有获得的单基因中，长度在1 kb以上的有19 613条，单基因的平均长度为772.95 bp（表2–4）。此外，377 532个转录本（Transcript）及其N50的平均长度为1 839.89 bp和2 841 bp（表2–4），这比之前报道的更长（Chen et al.，2015）。

2.2.3.2　单基因功能注释

请按原表述本研究RNA-Seq得到的36 187个单基因（36.72%）在8个数据库中的至少一个中被注释（表2–5）。注释到NR数据库的单基因最多（34 658个），占总数的35.17%（表2–5）；注释到Pfam和Swissprot数据库的单基因分别有19 401和19 666个，是所有被注释到的数据库中最接近的（表2–5）；注释到COG数据库的最少（9 529个），占总单基因9.67%（表2–5）；单基因总注释率为36.72%。从黑果枸杞转录组中获得的单基因在NR数据库中的注释结果显示，与马铃薯（*Solanum tuberosum*）的同源序列最多（5 511），占注释到NR数据库中单基因的15.50%，排在前十的其余物种也均为茄科植物（表2–6）。

表2–3　黑果枸杞9个样品的RNA-Seq数据评估

样品	读取数	碱基数	GC含量	%≥Q30
CK_1	22 519 888	6 729 173 346	44.08%	93.12%
CK_2	20 005 117	5 979 779 278	43.40%	92.49%
CK_3	21 916 088	6 549 005 900	43.41%	93.16%
DCK_1	24 665 637	7 391 815 944	43.01%	93.37%
DCK_2	24 246 873	7 255 458 526	43.51%	92.63%
DCK_3	22 474 978	6 723 714 716	42.77%	93.52%
RH_1	22 055 789	6 598 735 088	43.22%	93.24%
RH_2	22 977 843	6 885 482 870	43.34%	93.47%
RH_3	22 051 473	6 610 426 002	43.32%	94.64%

注：下标数字1，2，3代表3次生物学重复。

表2–4　黑果枸杞9个样品的转录本和单基因序列长度分布

长度范围	转录本（Transcript）	单基因（Unigene）
200 ~ 300	46 259（12.25%）	36 868（37.41%）
300 ~ 500	40 425（10.71%）	24 389（24.75%）
500 ~ 1 000	56 289（14.91%）	17 683（17.94%）
1 000 ~ 2 000	89 471（23.70%）	10 103（10.25%）
≥2 000	145 088（38.43%）	9 510（9.65%）
总数	377 532	98 553
总长度	694 619 211	76 176 119
N50长度	2 841	1 490
平均长度	1 839.89	772.95

表2–5　黑果枸杞单基因序列在8个数据库的注释情况

注释数据库	注释基因	300≤长度<1 000	长度≥1 000
COG	9 529（9.67%）	1 260（1.28%）	5 458（5.54%）
GO	18 925（19.20%）	4 832（4.90%）	10 146（10.29%）
KEGG	10 363（10.52%）	2 635（2.67%）	5 678（5.76%）
KOG	16 532（16.77%）	4 265（4.33%）	9 137（9.27%）
Pfam	19 401（19.69%）	4 131（4.19%）	12 033（12.21%）
Swissprot	19 666（19.95%）	5 229（5.31%）	11 313（11.48%）
eggNOG	29 846（30.28%）	8 380（8.50%）	14 699（14.91%）
NR	34 658（35.17%）	10 995（11.16%）	15 821（16.05%）
All	36 187（36.72%）	11 134（11.30%）	15 861（16.10%）

表2-6　单基因注释到NR数据库中的物种分布

物种种类	同源序列	百分比/%
马铃薯（*Solanum tuberosum*）	5 511	15.50
野生烟草（*Nicotiana attenuata*）	5 156	14.48
墨西哥辣椒（*Capsicum annuum*）	3 315	9.16
烟草（*Nicotiana tabacum*）	2 801	7.68
绒毛烟草（*Nicotiana tomentosiformis*）	2 660	7.27
林烟草（*Nicotiana sylvestris*）	2 540	6.93
野生番茄（*Solanum pennellii*）	2 082	5.61
番茄（*Solanum lycopersicum*）	1 662	4.40
辣椒（*Capsicum baccatum*）	1 643	4.34
黄灯笼辣椒（*Capsicum chinense*）	1 353	3.50
其他物种	7 464	21.14

2.2.3.3　差异表达分析

（1）黑果枸杞三种样品间的相关性分析。

评估生物学重复的可靠性是分析RNA-Seq数据的关键步骤。基于9个样本的基因表达数据的r^2显示，所有样本均聚为两组，一组为玻璃化（CK_1 ~ CK_3和DCK_1 ~ DCK_3）样本，另一组为去除玻璃化（RH_1 ~ RH_3）样本（图2-4）。这表明：①本研究中的生物学重复可靠；②单纯饥饿干燥对叶片的基因表达影响不大；③玻璃化（CK_1 ~ CK_3和DCK_1 ~ DCK_3）和去除玻璃化（RH_1 ~ RH_3）叶片的基因表达差异更为明显。

（2）差异表达基因（DEG）统计。

表2-7显示，CK和DCK之间的DEG数量最低（125），CK和RH之间的DEG数量最高（5 684）。CK和DCK之间的DEG有26个在DCK上调，99个在DCK下调；RH和CK之间有2 785个DEG在RH中上调，有2 899个在RH中下调；与DCK相比，在RH中上调DEG（2 305）多于下调的DEG（1 879）。以上数据表明，处理越多基因表达差异越大。玻璃化（CK和DCK）和去除玻璃化叶片（RH）之间的DEGs显著高于DCK和CK之间的DEGs（表2-7），这与样品间的相关性分析结果一致（图2-4）。本研究将进一步分析玻璃化（CK和DCK）和去除玻璃化（RH）叶片之间的DEG。

表2-7　黑果枸杞RNA-Seq揭示的DEG

比较组DEG_Set	所有DEG数	上调DEG数	下调DEG数
DCK vs. CK	125	26	99
RH vs. CK	5 684	2 785	2 899
RH vs. DCK	4 184	2 305	1 879

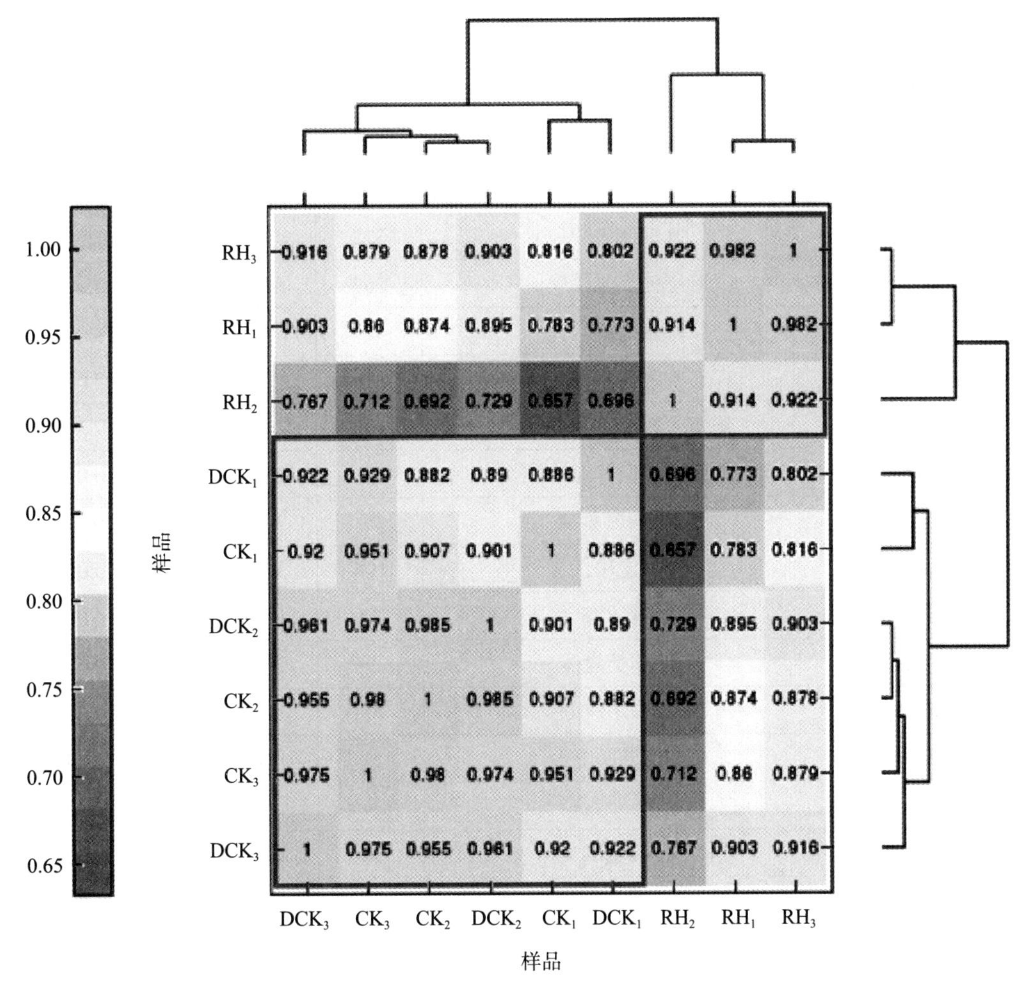

图2-4　黑果枸杞9个样品间基因表达量的相关性

（3）黑果枸杞DEGs的GO注释与分类。

GO数据库注释主要分为三类：生物过程、细胞成分和分子功能。CK和RH之间的5 684个DEGs中有168个（3.57%）生物过程的GO条目被显著富集；32个（3.68%）细胞组分的GO条目被显著富集（表2-8）；101个（4.33%）分子功能的GO条目被显著富集。同时，DCK和RH之间的4 184个DEGs中有164个（3.48%）生物过程的GO条目被显著富集，37个（4.26%）细胞成分的GO条目被显著富集（表2-9），分子功能的99个（4.24%）GO条目被显著富集。此外，玻璃化（CK和DCK）和解除玻璃化（RH）叶片之间DEGs共同显著富集在细胞成分中的13个GO条目；分子功能的8个GO条目；生物过程的13个GO条目（$P<0.01$）（表2-10）。值得注意的是，生物过程的翻译和光合作用、细胞成分的叶绿体包膜&基质和细胞质、大&小核糖体亚基和分子功能的核糖体结构成分显著富集（表2-10），这表明叶绿体和核糖体在黑果枸杞离体培养的玻璃化和解除玻璃化中发挥重要作用。

表2-8　黑果枸杞玻璃化（CK）与解除玻璃化（RH）叶片间DEG在细胞组分中显著富集的GO条目

GO.ID	GO条目	注释基因总数	显著富集	期望值	KS
GO：0005618	细胞壁	376	115	74.18	$2.00E^{-07}$
GO：0016021	膜的组成部分	5 266	1 064	1 038.86	$1.30E^{-06}$
GO：0009941	叶绿体包膜	322	100	63.52	$2.50E^{-06}$
GO：0009535	叶绿体类囊体膜	257	83	50.70	$4.80E^{-06}$
GO：0005576	胞外区	477	128	94.10	$8.00E^{-06}$
GO：0009570	叶绿体基质	376	111	74.18	$8.60E^{-06}$
GO：0022625	胞浆大核糖体亚单位	130	40	25.65	$7.30E^{-05}$
GO：0022627	胞质小核糖体亚单位	76	25	14.99	0.00057
GO：0009523	光系统Ⅱ	72	23	14.20	0.00149
GO：0031225	膜锚定构件	104	36	20.52	0.00256
GO：0031977	类囊体腔	28	14	5.52	0.00267
GO：0009534	叶绿体类囊体	296	99	58.39	0.00268
GO：0046658	质膜锚定成分	89	31	17.56	0.00306
GO：0005615	细胞外间隙	51	12	10.06	0.00415
GO：0009897	质膜外侧	8	2	1.58	0.00568
GO：0009522	光系统Ⅰ	78	18	15.39	0.00615
GO：0010598	NAD（P）H脱氢酶复合物（质体醌）	7	5	1.38	0.00656
GO：0005871	驱动蛋白复合体	46	19	9.07	0.00985
GO：0009654	光系统Ⅱ析氧复合体	27	12	5.33	0.01177
GO：0009579	类囊体	389	129	76.74	0.01900
GO：0048046	质外体	163	40	32.16	0.01961
GO：0009507	叶绿体	1 295	352	255.47	0.02158
GO：0000015	磷酸丙酮酸水合酶复合物	3	2	0.59	0.02393
GO：0005884	肌动蛋白丝	5	1	0.99	0.02562
GO：0005840	核糖体	458	120	90.35	0.02937
GO：0010287	质体小叶	65	18	12.82	0.03069
GO：0009986	细胞表面	15	6	2.96	0.03203
GO：0009505	植物型细胞壁	141	0	0.59	0.03550
GO：0042651	类囊体膜	279	37	27.82	0.04017
GO：0005742	线粒体外膜转位酶复合物	10	91	55.04	0.04550
GO：0005971	核糖核苷二磷酸还原酶复合物	5	0	0.59	0.04908
GO：0005887	质膜的组成成分	184	5	1.97	0.04978

表2-9　黑果枸杞玻璃化（DCK）与解除玻璃化叶片（RH）间DEG在细胞组分中显著富集GO条目

GO.ID	GO条目	注释基因总数	显著富集	期望值	KS
GO：0009535	叶绿体类囊体膜	257	89	39.27	$1.80E^{-12}$
GO：0009941	叶绿体包膜	322	98	49.20	$3.90E^{-11}$
GO：0009570	叶绿体基质	376	109	57.45	$1.50E^{-09}$
GO：0016021	膜的组成部分	5 266	827	804.57	$4.80E^{-06}$
GO：0009507	叶绿体	1 295	352	197.86	$5.30E^{-06}$
GO：0005576	胞外区	477	103	72.88	$1.10E^{-05}$
GO：0005618	细胞壁	376	87	57.45	$1.70E^{-05}$
GO：0009654	光系统Ⅱ析氧复合体	27	14	4.13	0.00024
GO：0031977	类囊体腔	28	14	4.28	0.00079
GO：0031225	膜锚定构件	104	24	15.89	0.00092
GO：0009522	光系统Ⅰ	78	19	11.92	0.00151
GO：0010598	NAD（P）H脱氢酶复合物	7	1	1.22	0.00412
GO：0005840	核糖体	458	5	1.07	0.00436
GO：0046658	质膜锚定成分	89	96	69.98	0.00473
GO：0009534	叶绿体类囊体	296	20	13.60	0.00568
GO：0005887	质膜的组成成分	184	103	45.22	0.00569
GO：0022625	胞浆大核糖体亚单位	130	41	28.11	0.00653
GO：0044421	胞外区部分	52	28	19.86	0.00830
GO：0009579	类囊体	389	11	7.94	0.00896
GO：0022627	胞质小核糖体亚单位	76	133	59.43	0.00952
GO：0010287	质体小叶	65	19	11.61	0.01018
GO：0009523	光系统Ⅱ	72	16	9.93	0.01050
GO：0009527	质体外膜	32	26	11.00	0.01146
GO：0005615	细胞外间隙	51	8	4.89	0.01301
GO：0009707	叶绿体外膜	30	10	7.79	0.01419
GO：0005884	肌动蛋白丝	5	8	4.58	0.01684
GO：0031969	叶绿体膜	72	1	0.76	0.02111
GO：0009783	光系统Ⅱ天线复合体	3	15	11.00	0.02195
GO：0031968	细胞器外膜	65	0	0.46	0.02325
GO：0042170	质体膜	79	11	9.93	0.02744
GO：0048046	质外体	163	16	12.07	0.02833
GO：0009538	光系统Ⅰ反应中心	17	32	24.90	0.03232
GO：0009532	质体基质	390	0	0.46	0.03295
GO：0019867	外膜	68	3	2.60	0.03307
GO：0009501	淀粉体	13	115	59.59	0.03425
GO：0044436	类囊体部分	309	11	10.39	0.04312
GO：0030286	动力蛋白复合体	8	6	1.99	0.04952

表2-10 黑果枸杞玻璃化（CK和DCK）和解除玻璃化（RH）叶片之间的DEGs共同显著富集（P<0.01）的GO条目

GO数据库	GO.ID	GO条目
生物过程	GO：0006412	翻译
	GO：0055114	氧化还原法
	GO：0055085	跨膜转运
	GO：0045490	果胶分解代谢过程
	GO：0010411	木葡聚糖代谢过程
	GO：0010951	内肽酶活性的负调控
	GO：0010207	光系统Ⅱ组件
	GO：0009733	对生长素的反应
	GO：0010206	光系统Ⅱ修复
	GO：0009664	植物型细胞壁组织
	GO：0043086	催化活性的负调节
	GO：0015979	光合作用
	GO：0048235	花粉精细胞分化
细胞组分	GO：0016021	膜的组成部分
	GO：0009941	叶绿体包膜
	GO：0009535	叶绿体类囊体膜
	GO：0005576	胞外区
	GO：0009570	叶绿体基质
	GO：0022625	胞浆大核糖体亚单位
	GO：0022627	胞质小核糖体亚单位
	GO：0031225	膜锚定构件
	GO：0031977	类囊体腔
	GO：0009534	叶绿体类囊体
	GO：0046658	质膜锚定成分
	GO：0009522	光系统Ⅰ
	GO：0010598	NAD（P）H脱氢酶复合物（质体醌）
分子功能	GO：0003735	核糖体的结构成分
	GO：0016762	木葡糖：木葡糖基转移酶活性
	GO：0004553	水解酶活性，水解邻糖基化合物
	GO：0051213	双加氧酶活性
	GO：0005509	钙离子结合
	GO：0004601	过氧化物酶活性
	GO：0015035	蛋白质二硫化物氧化还原酶活性
	GO：0045330	天冬氨酸酯酶活性

（4）DEG显著富集的KEGG代谢通路。

玻璃化（CK和DCK）和解除玻璃化（RH）叶片之间的DEG显著富集在9个共有的KEGG代谢通路（$P<0.05$，表2–11）。9个共有KEGG代谢通路中的5个（核糖体、植物激素信号转导、卟啉和叶绿素代谢、淀粉和蔗糖代谢、苯丙烷类生物合成）在$P<0.01$水平显著富集。280个共有的DEG显著富集在这9个KEGG代谢通路，其中6～75个共有的DEG被显著富集在9个KEGG代谢通路之一。9条KEGG代谢通路中每种蛋白质的DEG在RH中上调（图2–5至图2–12中的深灰框）、下调（图2–5至图2–12中的浅灰框）或既有上调又有下调（图2–5至图2–12中的加粗框）。其中卟啉和叶绿素代谢（图2–11，图2–12）、淀粉和蔗糖代谢（图2–7）、光合作用（图2–6）以及光合作用–天线蛋白KEGG通路（图2–8）均被显著上调（表2–12）。值得注意的是，核糖体（图2–5）和植物激素信号转导（表2–13，图2–9，图2–10）KEGG代谢通路在RH中下调的DEG多于上调的DEG。然而，对于卟啉和叶绿素代谢（表2–14，图2–11，图2–12）、光合作用（表2–15，图2–6）以及淀粉和蔗糖代谢（表2–16，图2–7）KEGG通路，RH上调共有DEG显著多于下调的共有DEG。值得注意的是，光合作用和光合作用–天线蛋白KEGG通路上的DEG全部被上调（表2–12，图2–6，图2–8），这表明解除玻璃化叶片（RH）的光合作用将显著增强。卟啉和叶绿素代谢KEGG代谢通路中的DEG在RH中只有两个下调的（表2–14，图2–11，图2–12）：叶绿素酶–2基因和谷氨酸–tRNA连接酶（表2–14）。在RH中下调的叶绿素酶–2基因（c64893.graph_c0）催化叶绿素a和叶绿素b代谢的第一步（图2–11，图2–12），在RH中上调的叶绿素合酶基因（c48681.graph_c1）催化叶绿素a和叶绿素b合成的最后一步（图2–11，2–12）。这表明在解除玻璃化（RH）叶片中叶绿素a和叶绿素b的含量大概率会显著高于玻璃化（CK和DCK）叶片。另外，淀粉和蔗糖代谢KEGG通路的一个DEG（α–淀粉酶）在RH中被下调（表2–16，图2–7）。RH中的卟啉与叶绿素代谢、淀粉和蔗糖代谢、光合作用和光合作用–天线蛋白KEGG路径均被极显著上调（表2–12）。光合作用–天线蛋白KEGG路径中的13个DEG均为上调DEG，其表达产物为光捕获叶绿素蛋白复合物（LHC），其功能是结合叶绿素a和b（图2–8）。有趣的是，注释到核糖体KEGG代谢路径的在RH显著上调的DEG均为叶绿体核糖体蛋白（50S和30S）基因，显著下调的DEG均为细胞质核糖体蛋白（60S和40S）基因，而所有核糖体RNA基因的表达均无显著差异（图2–5）。

表2–11　黑果枸杞玻璃化（CK和DCK）和解除玻璃化（RH）叶片中DEG共同显著富集的KEGG代谢通路

Ko ID	通路	共有DEG	RH中上/下调或者两者均有	P-value（RH vs. CK/RH vs. DCK）
ko03010	核糖体	75	29，44，2	1.32E^{-06}，5.23E^{-06}
ko04075	植物激素信号转导	56	5，12，39	0.0008，0.0007
ko00860	卟啉和叶绿素代谢（Up）	16	14，2，0	0.0005，0.0002

表2-11（续）

Ko ID	通路	共有DEG	RH中上/下调或者两者均有	P-value（RH vs. CK/RH vs. DCK）
ko00195	光合作用（Up）	29	26，0，3	0.0106，$1.79E^{-05}$
ko00500	淀粉和蔗糖代谢（Up）	43	18，1，24	0.0025，0.0047
ko00940	苯丙烷类生物合成	34	1，3，30	0.0004，0.0027
ko00906	类胡萝卜素生物合成	11	5，2，4	0.0246，0.0448
ko00904	二萜生物合成	10	1，0，9	0.0172，0.0030
ko00945	二苯乙烯类、二芳基庚烷类和姜辣素生物合成	6	0，2，4	0.0345，0.0094

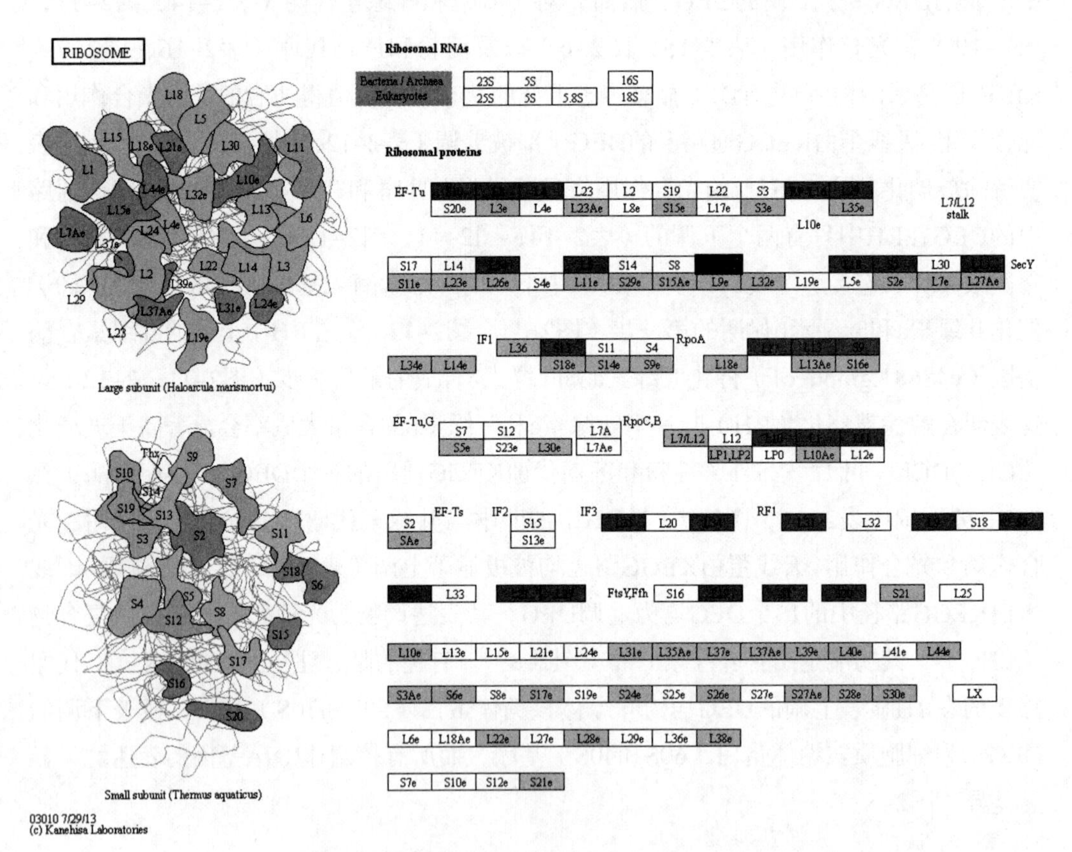

（A）未处理的玻璃化（CK）和解除玻璃化（RH）之间的DEG

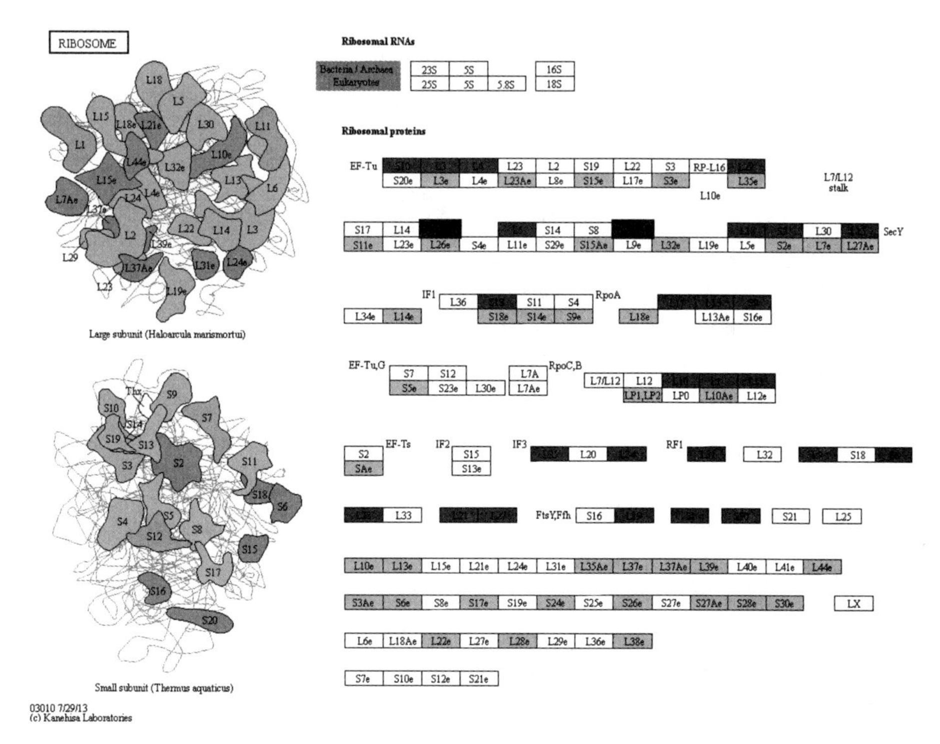

（B）处理的玻璃化（DCK）和解除玻璃化（RH）之间的DEG

注：深灰框表示在RH中上调的DEG；浅灰框表示在RH中下调的DEG；加粗框表示在RH中本基因对应的单基因既有上调也有下调。

图2–5　黑果枸杞注释到核糖体KEGG通路的DEG

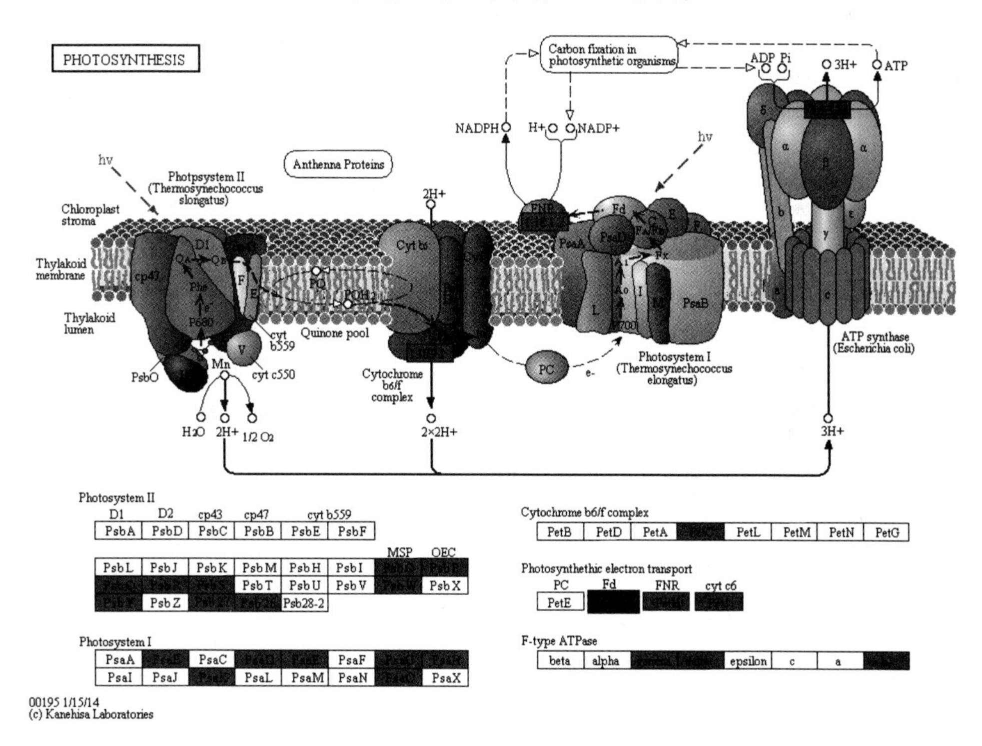

（A）玻璃化（CK）和解除玻璃化（RH）之间的DEG

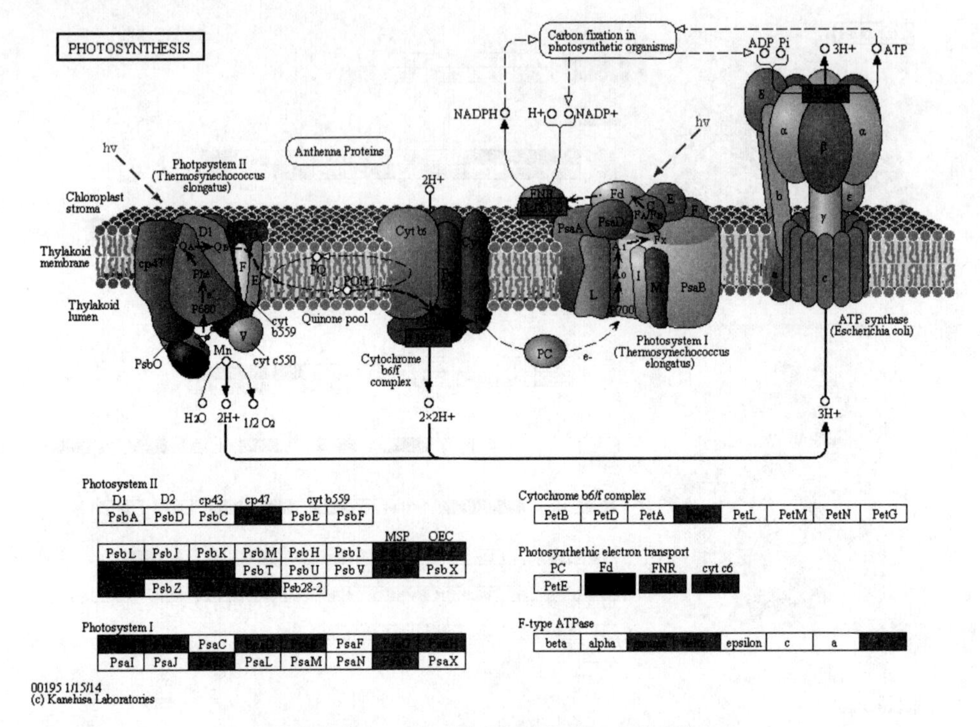

（B）玻璃化（DCK）和解除玻璃化（RH）之间的DEG

注：深灰框表示DEG在RH中上调；加粗框表示在RH中存在上调和下调的DEG。

图 2–6　黑果枸杞注释到光合作用KEGG通路的DEG

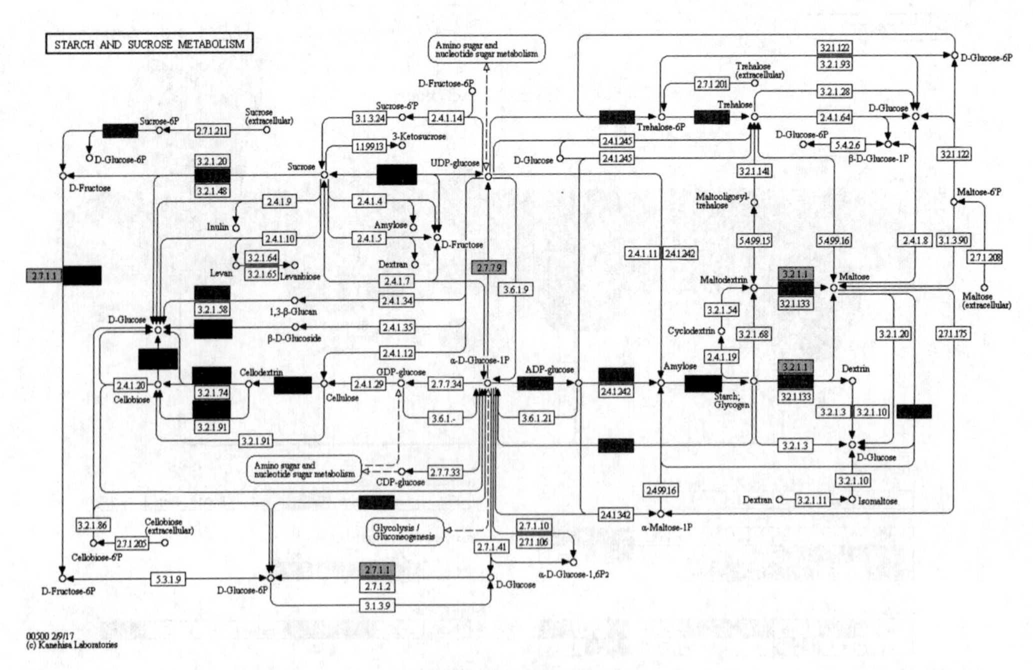

（A）RH和CK之间的DEGs

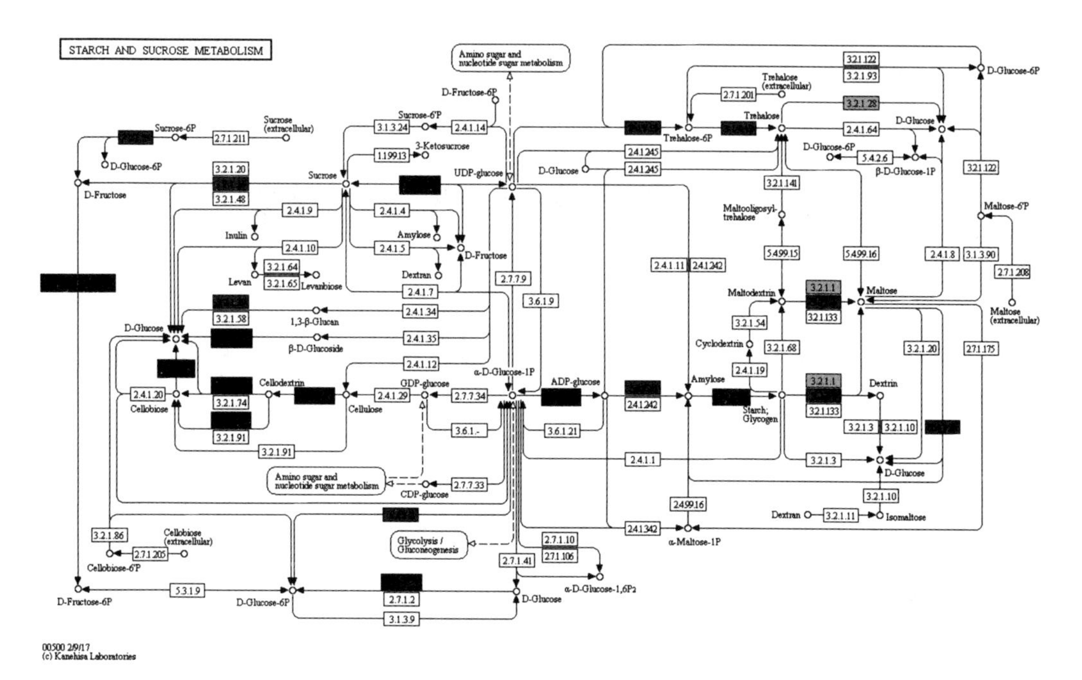

（B）RH和DCK之间的DEGs

注：深灰框的DEG在RH中上调；浅灰框的DEG在RH中下调；加粗框表示在RH中存在上调和下调的DEG。3.2.1.1—α-淀粉酶。

图2-7　黑果枸杞DEG注释到淀粉和蔗糖代谢KEGG代谢通路

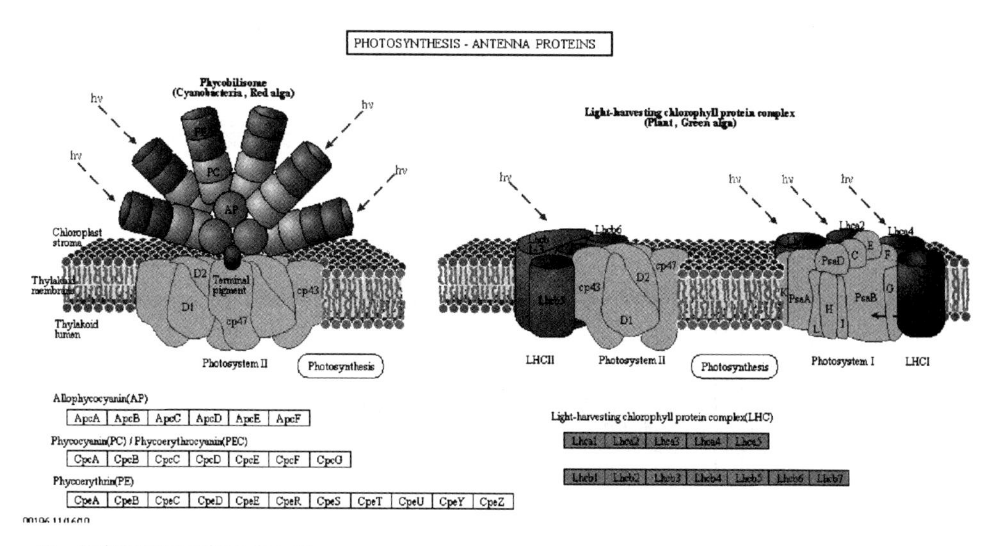

注：深灰框的DEG在RH中上调。

图 2-8　黑果枸杞RH中显著上调（与DCK和CK相比）的光合作用-天线蛋白KEGG通路

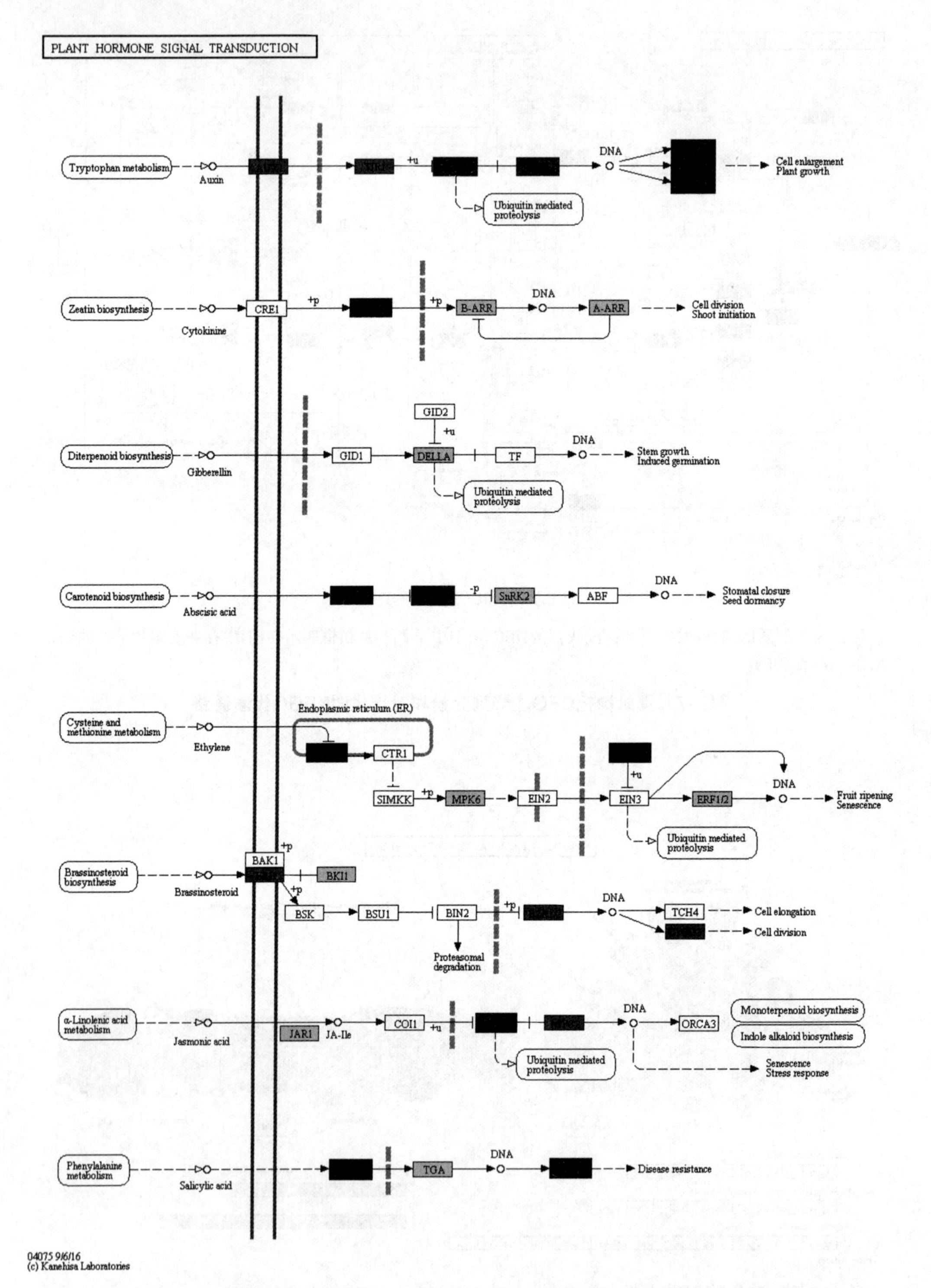

注：深灰框的DEG在RH中上调；浅灰框的DEG在RH中下调；加粗框表示在RH中存在上调和下调的DEGs。

图2-9　黑果枸杞注释到植物激素信号转导KEGG通路的DEG（RH vs. CK）

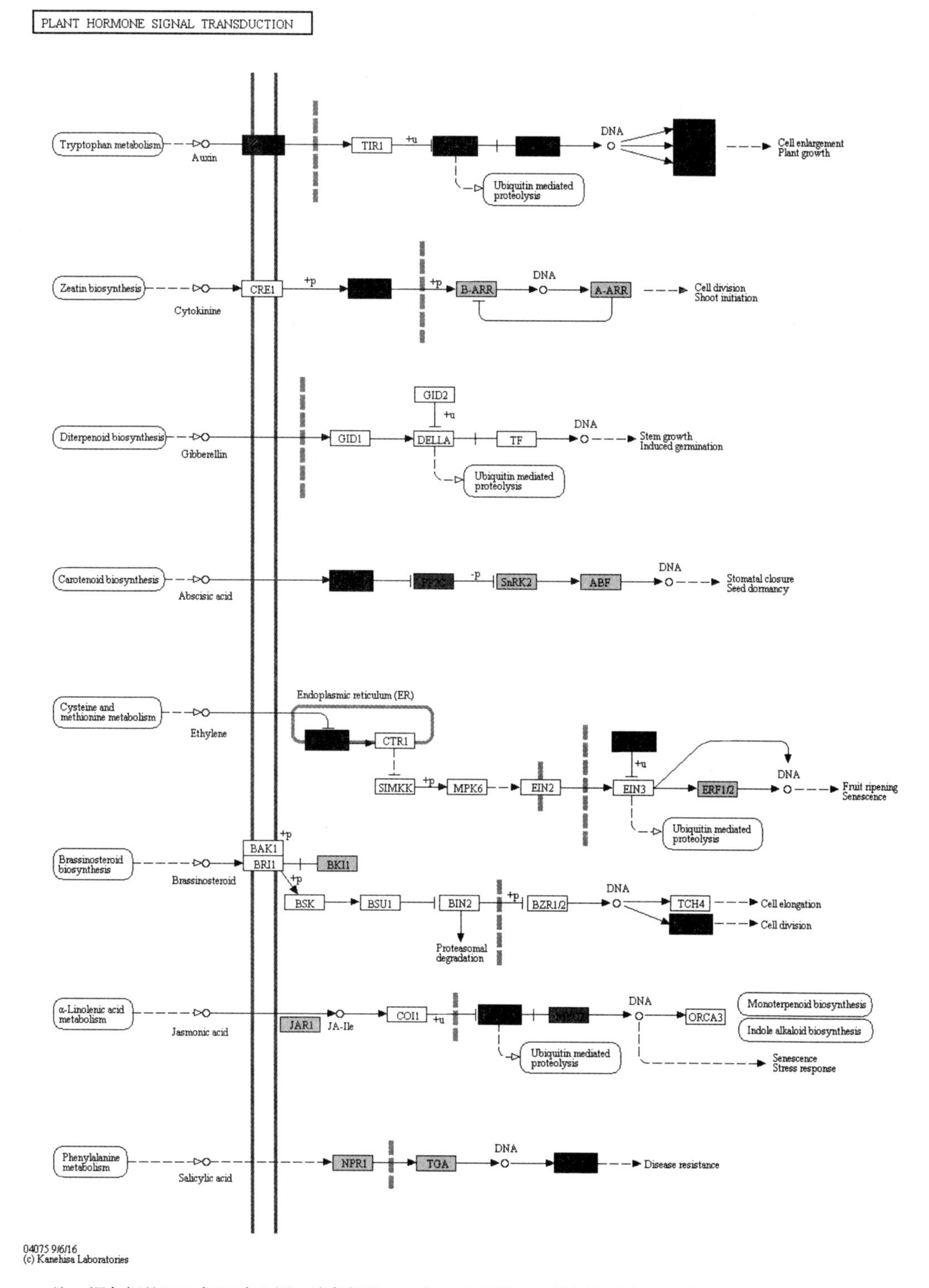

注：深灰框的DEG在RH中上调；浅灰框的DEG在RH中下调；加粗框表示在RH中存在上调和下调的DEG。

图2–10　黑果枸杞注释到植物激素信号转导KEGG通路的DEG（RH vs. DCK）

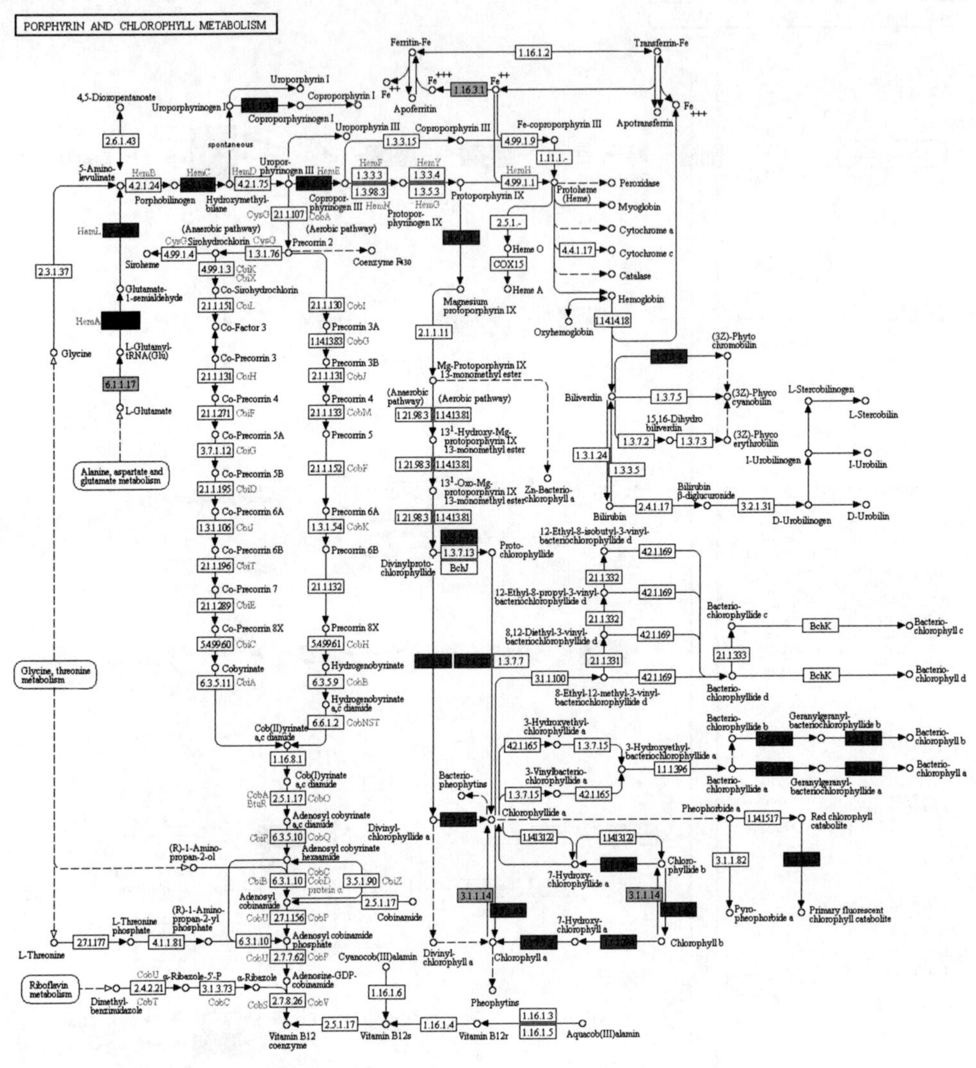

注：深灰框的DEG在RH中上调；浅灰框的DEG在RH中下调；加粗框表示在RH中存在上调和下调的DEG。6.1.1.17—谷氨酸-tRNA连接酶；3.1.1.14—叶绿素酶-2；2.5.1.62—叶绿素合酶。

图2-11　黑果枸杞注释到卟啉和叶绿素代谢KEGG通路的DEG（RH vs. CK）

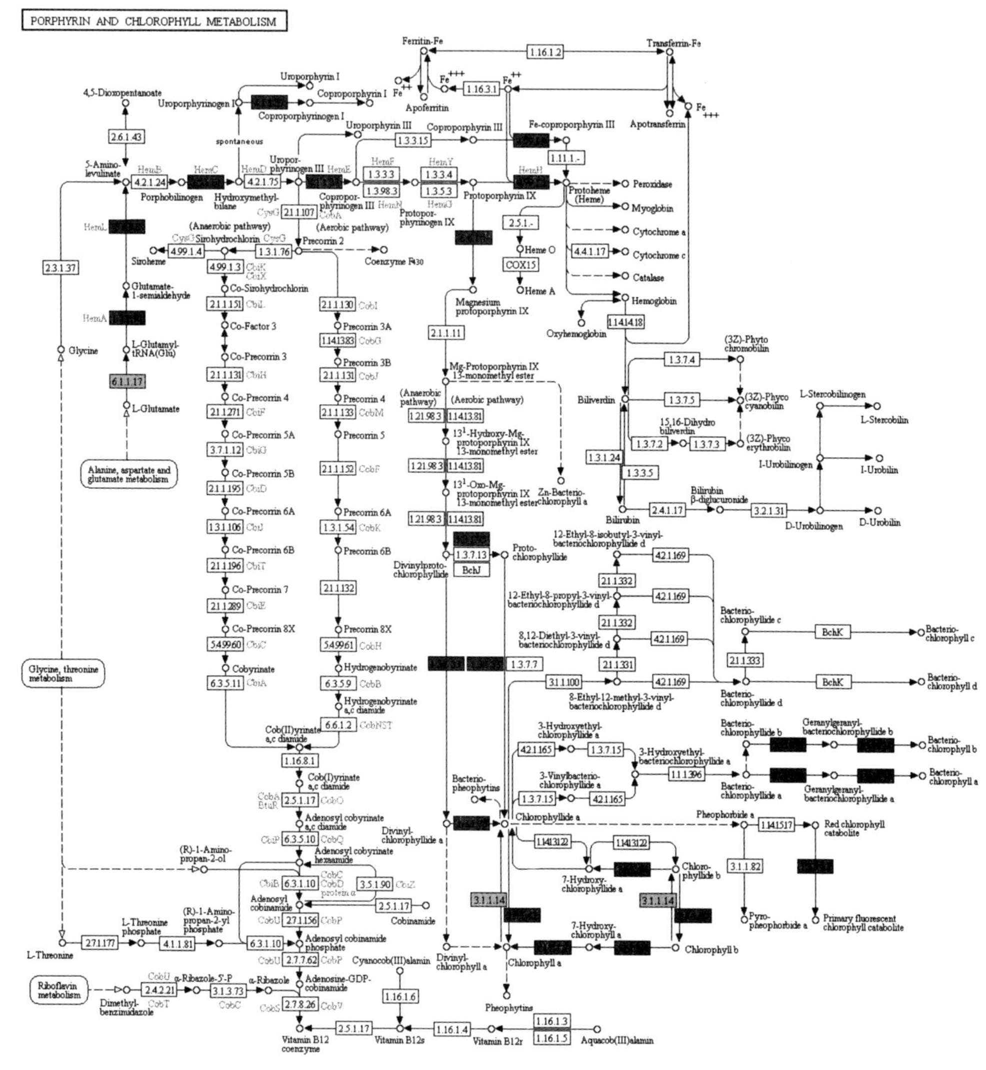

注：深灰框的DEG在RH中上调；浅灰框的DEG在RH中下调。6.1.1.17—谷氨酸-tRNA连接酶；3.1.1.14—叶绿素酶-2；2.5.1.62—叶绿素合酶。

图2-12　黑果枸杞注释到卟啉和叶绿素代谢KEGG通路的DEG（RH vs. DCK）

表2-12　黑果枸杞RH中4个显著上调（与CK和DCK相比，*P*<0.01）的KEGG通路

通路	Ko ID	在 RH上调基因	注释基因	P-value（RH vs. CK/RH vs. DCK）
卟啉和叶绿素代谢	ko00860	16/16	52	$5.90E^{-06}/2.26E^{-06}$
淀粉和蔗糖代谢	ko00500	42/34	252	$3.64E^{-05}/0.0026$
光合作用	ko00195	28/31	109	$1.46E^{-07}/3.46E^{-10}$
光合作用-天线蛋白	ko00196	13/13	48	$0.0002/9.08E^{-05}$

表2-13　黑果枸杞显著富集在植物激素信号转导KEGG通路的共有DEG

单基因	基因注释	在RH中上/下调	类型
c60800.graph_c3	Auxin transporter-like protein 4 生长素转运蛋白样蛋白4	上调	生长素
c58887.graph_c0	Small auxin-up protein 81 小生长素上调蛋白81	下调	生长素
c65917.graph_c0	Transcription factor MYC2 转录因子MYC2	上调	茉莉酸
c56283.graph_c0	Transcription factor MYC2-like 类似转录因子MYC2	上调	茉莉酸
c64323.graph_c0	茉莉酸酰胺合成酶　JAR1	下调	茉莉酸
c38321.graph_c0	D-type cyclin family 3 subgroup 3 D型细胞周期蛋白家族3亚群3	上调	油菜素甾醇
c28532.graph_c0	BRI1 kinase inhibitor 1 BRI1激酶抑制剂1	下调	油菜素甾醇
c59954.graph_c0	Histidine-containing phosphotransfer peotein 含组氨酸的磷酸转移蛋白	上调	细胞分裂素
c53730.graph_c0	Two-component response regulator ARR15 双组分响应调节器ARR15	下调	细胞分裂素
c63568.graph_c0	Two-component response regulator ORR24-like 类似双组分响应调节器ORR24	下调	细胞分裂素
c63644.graph_c0	Transcription factor TGA1 转录因子TGA1	下调	水杨酸
c53562.graph_c0	Transcription factor TGA2 转录因子TGA2	下调	水杨酸
c38968.graph_c0	Ethylene-responsive transcription factor 1 乙烯响应转录因子1	下调	乙烯
c42560.graph_c0	Ethylene-responsive transcription factor 1 乙烯响应转录因子1	下调	乙烯
c30407.graph_c0	Ethylene-responsive transcription factor 1 乙烯响应转录因子1	下调	乙烯
c44083.graph_c0	Serine/threonine-protein kinase SRK2 丝氨酸/苏氨酸蛋白激酶SRK2	下调	脱落酸
c63812.graph_c6	Serine/threonine-protein kinase SRK2 丝氨酸/苏氨酸蛋白激酶SRK2	下调	脱落酸

表2-14　黑果枸杞富集在卟啉与叶绿素代谢KEGG通路的共有DEG

单基因	基因注释	在RH中上/下调
c35090.graph_c0	Uroporphyrinogen decarboxylase，chloroplastic 叶绿体尿卟啉原脱羧酶	上调
c60979.graph_c0	Uroporphyrinogen decarboxylase，chloroplastic 叶绿体尿卟啉原脱羧酶	上调

表2-14（续）

单基因	基因注释	在RH中上/下调
c60329.graph_c0	Lutamate-1-semialdehyde 2，1-aminomutase，chloroplastic 叶绿体谷氨酸-1-半醛2，1-氨基变位酶	上调
c65200.graph_c0	Geranylgeranyl diphosphate reductase，chloroplastic 叶绿体香叶基二磷酸还原酶	上调
c47300.graph_c0	Red chlorophyll catabolite reductase，chloroplastic 叶绿体红色叶绿素分解代谢还原酶	上调
c48681.graph_c1	Chlorophyll synthase，chloroplastic 叶绿体叶绿素合酶	上调
c63944.graph_c2	7-hydroxymethyl chlorophyll a reductase，chloroplastic 叶绿体7-羟甲基叶绿素a还原酶	上调
c55720.graph_c0	Divinyl chlorophyllide a 8-vinyl-reductase，chloroplastic 叶绿体二乙烯基叶绿素-8-乙烯基还原酶	上调
c56466.graph_c1	Porphobilinogen deaminase，chloroplastic 叶绿体胆色素原脱氨酶	上调
c58109.graph_c0	Magnesium-chelatase subunit ChlI，chloroplastic 叶绿体镁螯合酶亚基Chl I	上调
c60462.graph_c0	Magnesium-chelatase subunit ChlH，chloroplastic 叶绿体镁螯合酶亚单位ChlH	上调
c60758.graph_c0	Magnesium-chelatase subunit ChlD，chloroplastic 叶绿体镁螯合酶亚单位ChlD	上调
c59722.graph_c1	Protochlorophyllide reductase 原叶绿素还原酶	上调
c40047.graph_c0	Glutamyl-tRNA reductase 1，chloroplastic 叶绿体谷氨酰-tRNA还原酶1	上调
c64893.graph_c0	Chlorophyllase-2，chloroplastic 叶绿体叶绿素酶-2	下调
c47420.graph_c0	Glutamyl-tRNA synthetase 谷氨酸-tRNA合成酶	下调

表2-15　黑果枸杞富集在光合作用KEGG通路的共有DEG

单基因	基因注释	在RH中上/下调
c54173.graph_c0	Cytochrome b6-f complex iron-sulfur subunit 细胞色素b6-f复合铁硫亚基	上调
c60814.graph_c2	Cytochrome b6-f complex iron-sulfur subunit 细胞色素b6-f复合铁硫亚基	上调
c63590.graph_c2	Ferredoxin--NADP$^+$ reductase 铁氧还蛋白NADP$^+$还原酶	上调
c64501.graph_c1	ATP synthase gamma chain，chloroplastic 叶绿体ATP合酶γ链	上调
c54853.graph_c0	ATP synthase delta chain，chloroplastic 叶绿体ATP合成酶δ链	上调

表2-15（续）

单基因	基因注释	在RH中上/下调
c58549.graph_c0	ATP synthase subunit b，chloroplastic 叶绿体ATP合酶亚基b	上调
c42984.graph_c0	Photosystem Ⅱ oxygen-evolving enhancer protein 3 光系统Ⅱ析氧增强子蛋白3	上调
c43328.graph_c0	Photosystem Ⅱ oxygen-evolving enhancer protein 3 光系统Ⅱ析氧增强子蛋白3	上调
c59188.graph_c0	Photosystem Ⅱ 10 kDa polypeptide，chloroplastic 叶绿体光系统Ⅱ10 kDa多肽	上调
c46286.graph_c0	Photosystem Ⅱ 22 kDa protein，chloroplastic 叶绿体光系统Ⅱ22 kDa蛋白	上调
c64370.graph_c5	Photosystem II oxygen-evolving enhancer protein 1 光系统II析氧增强子蛋白1	上调
c52177.graph_c0	Photosystem Ⅱ oxygen-evolving enhancer protein 2 光系统Ⅱ析氧增强子蛋白2	上调
c56461.graph_c0	Photosystem II oxygen-evolving enhancer protein 2 光系统II析氧增强子蛋白2	上调
c61876.graph_c2	Photosystem Ⅱ oxygen-evolving enhancer protein 2 光系统Ⅱ析氧增强子蛋白2	上调
c64370.graph_c5	Photosystem Ⅱ oxygen-evolving enhancer protein 1 光系统Ⅱ析氧增强子蛋白1	上调
c45202.graph_c0	Photosystem Ⅱ reaction center Psb28 protein 光系统Ⅱ反应中心Psb28蛋白	上调
c43594.graph_c0	Photosystem Ⅱ Psb27 protein 光系统Ⅱ Psb27蛋白	上调
c58893.graph_c1	Photosystem Ⅱ PsbY protein 光系统Ⅱ PsbY蛋白	上调
c63658.graph_c0	Photosystem Ⅰ P700 chlorophyll a apoprotein A2 光系统Ⅰ P700叶绿素a载脂蛋白A2	上调
c49612.graph_c2	Photosystem Ⅰ reaction center subunit psaK，chloroplastic 叶绿体光系统Ⅰ反应中心亚基psaK	上调
c51779.graph_c0	Photosystem Ⅰ subunit Ⅱ 光系统Ⅰ亚基Ⅱ	上调
c52077.graph_c0	Photosystem Ⅰ subunit Ⅳ 光系统Ⅰ亚基Ⅳ	上调
c45964.graph_c0	Photosystem Ⅰ subunit Ⅴ 光系统Ⅰ亚基Ⅴ	上调
c59832.graph_c0	Photosystem Ⅰ subunit Ⅵ 光系统Ⅰ亚基Ⅵ	上调
c60069.graph_c6	Photosystem Ⅰ subunit PsaO 光系统Ⅰ亚基PsaO	上调
c58056.graph_c0	Cytochrome c6，chloroplastic 叶绿体细胞色素c6	上调

表2-16　黑果枸杞富集在淀粉和蔗糖代谢KEGG代谢通路的共有DEG

单基因	基因注释	在RH中上/下调
c50900.graph_c0	Beta-fructofuranosidase β-呋喃果糖苷酶	上调
c55366.graph_c0	Beta-fructofuranosidase β-呋喃果糖苷酶	上调
c58271.graph_c0	Glucan endo-1，3-beta-glucosidase 5/6 葡聚糖内-1，3-β-葡萄糖苷酶5/6	上调
c54002.graph_c3	Glucan endo-1，3-beta-glucosidase 1/2/3 葡聚糖内-1，3-β-葡萄糖苷酶1/2/3	上调
c54928.graph_c0	Glucan endo-1，3-beta-glucosidase 1/2/3 葡聚糖内-1，3-β-葡萄糖苷酶1/2/3	上调
c59050.graph_c0	Glucan endo-1，3-beta-glucosidase 1/2/3 葡聚糖内-1，3-β-葡萄糖苷酶1/2/3	上调
c56479.graph_c0	Phosphoglucomutase 葡糖磷酸变位酶	上调
c57053.graph_c0	Trehalose 6-phosphate synthase/phosphatase 海藻糖-6-磷酸合成酶/磷酸酶	上调
c58578.graph_c0	trehalose 6-phosphate synthase/phosphatase 海藻糖-6-磷酸合成酶/磷酸酶	上调
c57689.graph_c0	Starch synthase 淀粉合酶	上调
c62615.graph_c1	Starch synthase 淀粉合酶	上调
c58820.graph_c1	Trehalose 6-phosphate phosphatase 海藻糖-6-磷酸磷酸酶	上调
c63860.graph_c0	Trehalose 6-phosphate phosphatase 海藻糖-6-磷酸磷酸酶	上调
c43643.graph_c0	Beta-amylase β-淀粉酶	上调
c54283.graph_c1	Beta-amylase β-淀粉酶	上调
c58237.graph_c0	Beta-amylase β-淀粉酶	上调
c59981.graph_c0	Beta-amylase β-淀粉酶	上调
c56881.graph_c0	4-alpha-glucanotransferase 4-α-葡聚糖转移酶	上调
c55327.graph_c0	Alpha-amylase α-淀粉酶	下调

2.2.4　qRT-PCR验证RNA-Seq结果可靠

qRT-PCR的结果表明，9个DEGs在玻璃化（CK和DCK）和解除玻璃化（RH）叶片中的表达与RNA-Seq中基因表达差异情况一致［图2-13（A）（B）］。这表明本研究的RNA-Seq试验结果准确可靠。

2.2.5　黑果枸杞解除玻璃化叶片叶绿体结构恢复

通过TEM观察发现，去除玻璃化叶片的细胞结构完整，长条形的叶绿体沿细胞边缘有序地排列［图2-14（A）］，叶绿体基粒和基质的类囊体片层清晰可见［图2-14（B）（C）］，且未观察到质壁分离及细胞膜破裂现象。而玻璃化叶片细胞的细胞膜和叶绿体结构明显改变。从图2-14（D）中可以看出玻璃化叶片的部分细胞叶绿体膨大聚集，充斥了整个细胞；部分叶绿体结构发生变化，呈少见的拱形［图2-14（E）］，叶绿体类囊体膜结构模糊不清［图2-14（F）］。有些玻璃化叶片的叶绿体膜消失，使叶绿体内部结构流出到细胞质中［图2-14（G）］；此外，发现玻璃化材料有些细胞的细胞膜破裂为碎片［图2-14（H）圈内］，部分细胞出现了严重的质壁分离［图2-14（I）箭头］。叶绿体是光合作用的场所，玻璃化材料叶绿体结构受到严重影响。推测黑果枸杞组培苗玻璃化导致叶绿体形态结构异常，影响组培苗光合作用，进而抑制黑果枸杞的生长发育。

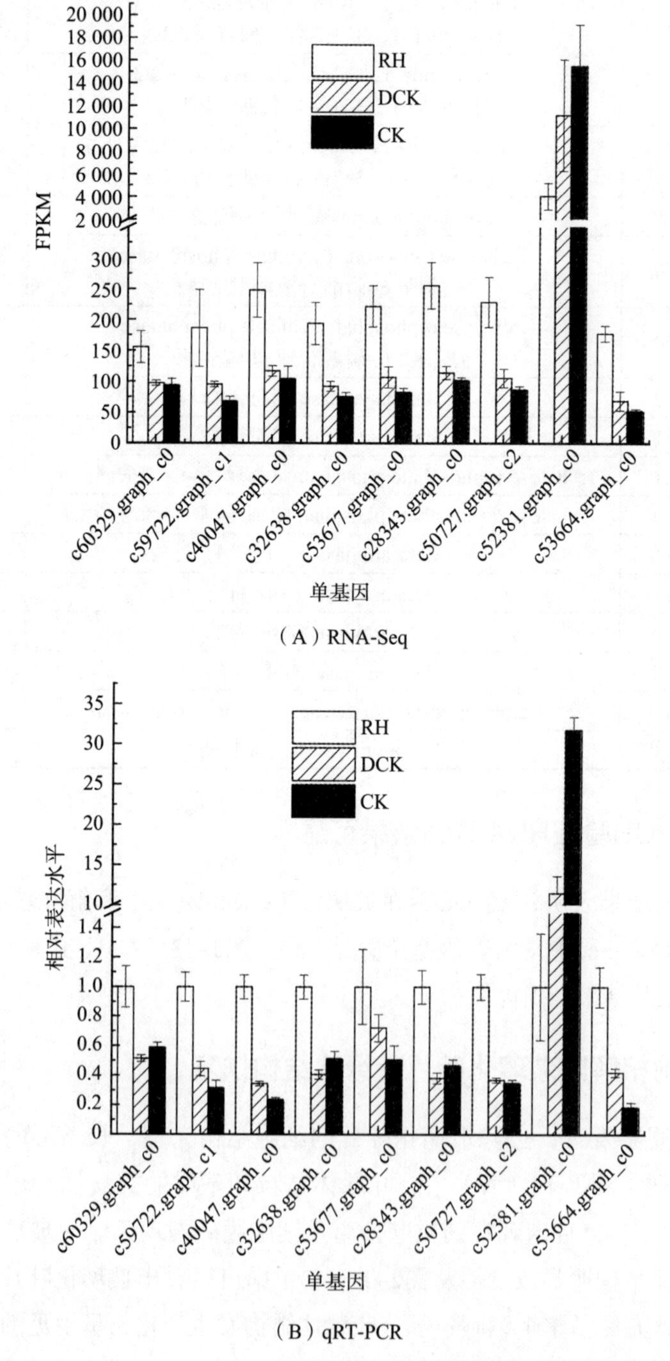

图2-13　RNA-Seq和qRT-PCR揭示9个DEG在黑果枸杞中的表达水平

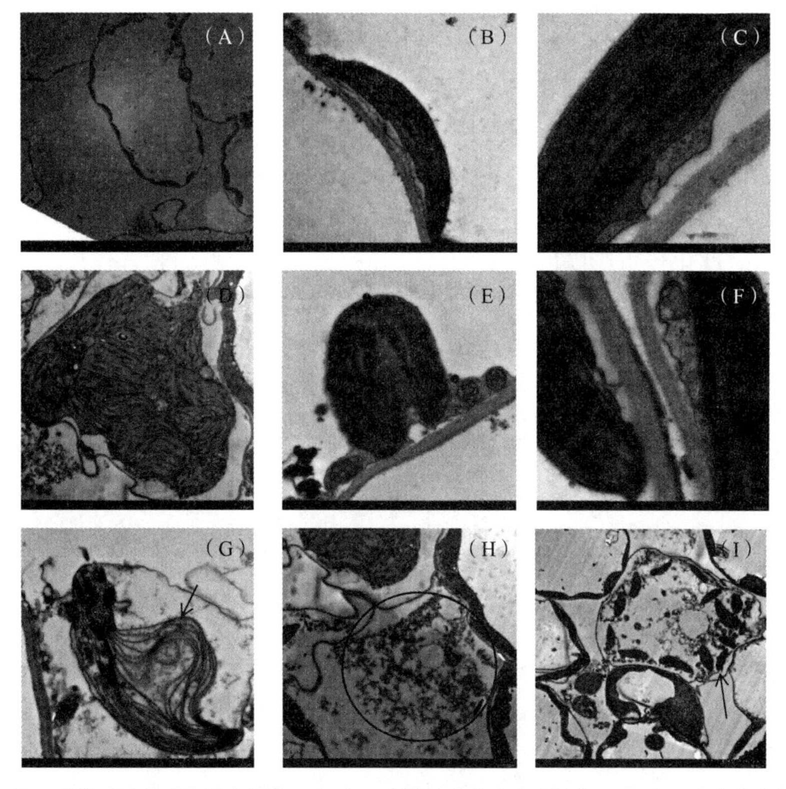

注：（A）—去除玻璃化叶片叶肉细胞；（B）—去除玻璃化叶片叶绿体；（C）—去除玻璃化叶片叶绿体片层结构；（D）—玻璃化叶片叶肉细胞叶绿体膨胀；（E）—玻璃化叶片叶绿体形态异常（对折）；（F）—玻璃化叶片叶绿体片层结构相对模糊［与（C）相比］；（G）—玻璃化叶片叶绿体膜消失（黑色箭头）；（H）—玻璃化叶片细胞膜破裂（圆圈内）；（I）—玻璃化叶片细胞质壁分离（箭头指示细胞膜与细胞壁间空隙）。

图2–14　玻璃化及去除玻璃化叶片透射电镜图

2.2.6　黑果枸杞解除玻璃化叶片叶绿素含量升高

通过CLSM观察发现黑果枸杞去除玻璃化叶片的叶绿素荧光强度［图2–15（A）~（C）］显著高于玻璃化叶片叶绿素荧光强度［图2–15（D）~（F）］，表2–17更加清晰地表示解除玻璃化叶片的红色荧光值显著高于玻璃化叶片。解除玻璃化（RH）苗叶片叶绿素a、叶绿素b及总叶绿素含量均显著高于玻璃化叶片（表2–18），且解除玻璃化材料叶绿素a的含量比叶绿素b的含量上升更加明显。解除玻璃化（RH）材料叶绿素a比玻璃化材料的提升了93.85%，叶绿素b含量增加了88.89%，叶绿素a和b总量增加了93.48%，而叶绿素a/b值比玻璃化叶片上升了62.81%，这与CLSM观察结果一致。注释到卟啉和叶绿素代谢KEGG通路中的RH的下调基因（c64893.graph_c0）与上调基因（c48681.graph_c1）分别参与叶绿素a和叶绿素b代谢的第一步和合成的最后一步。两个基因表达水平与叶绿素a，b含量的相关性分析显示叶绿素–2基因（c64893.graph_c0）的表达水平与叶绿素a，b含量均呈负相关（$P<0.05$），叶绿素合酶基因（c48681.graph_c1）的表达水平与叶绿素a，b呈极显著正相关（$P<0.01$，表2–18）；卟啉与叶

绿素代谢KEGG代谢通路中的上调DEG与叶绿素a，b均显著正相关（$P<0.05$或0.01，表2–19），两个下调基因与叶绿素a，b呈负相关，其中一个为显著负相关（$P<0.05$，表2–19）。光合作用–天线蛋白KEGG代谢通路的13个DEGs在RH中全部上调，这13个DEGs均是叶绿体的叶绿素a-b结合蛋白基因，且这13个DEGs表达水平均与叶绿素a，b含量呈显著正相关（$P<0.01$，表2–20）。根据叶绿素含量、荧光强度及相关性分析结果，我们推测玻璃化严重影响叶绿素的合成和积累，进而影响光合作用，导致黑果枸杞无法正常生长发育。

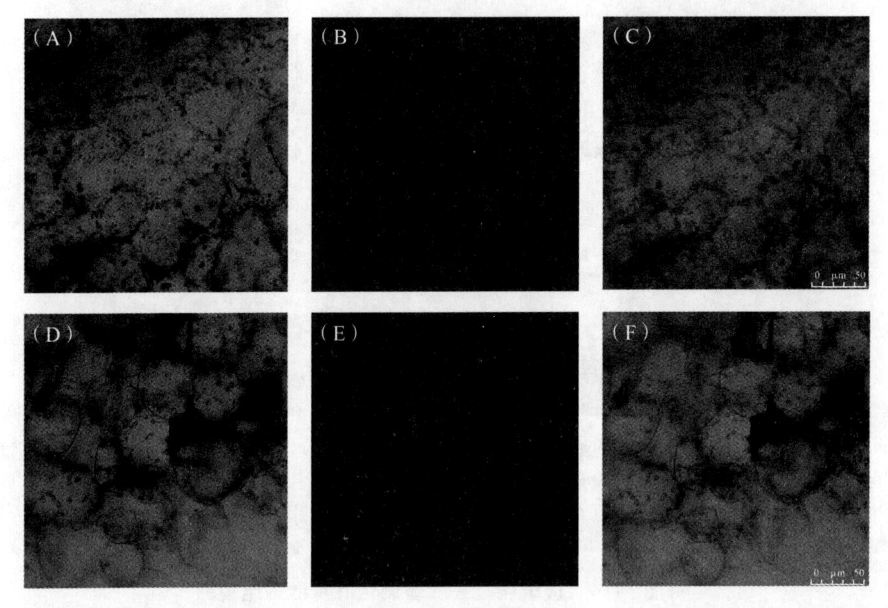

注：红色荧光强度反应叶绿素含量。（A）—可见光下去除玻璃化叶片（RH）切面图；（B）—激发光下去除玻璃化叶片（RH）切面图；（C）—（A）与（B）的融合图片；（D）—可见光下玻璃化叶片（CK）切面图；（E）—激发光下玻璃化叶片（CK）切面图；（F）—（D）与（E）的融合图片。

图2–15　玻璃化（CK）和去除玻璃化（RH）叶片的激光共聚焦显微镜观察图

表2–17　CLSM法显示的玻璃化（CK）和解除玻璃化（RH）叶片的红色荧光值

类型	RH	CK
最小值	9.00	9.00
最大值	121.00	57.00
平均值	51.33 ± 11.85^a	27.75 ± 4.44^b

注：平均值代表12个重复的平均值±标准误。上标a和b表示在0.05水平上存在显著差异。

表2–18　黑果枸杞玻璃化与去除玻璃化材料叶绿素含量

类型	叶绿素a /（$mg \cdot g^{-1}FW$）	叶绿素 b /（$mg \cdot g^{-1}FW$）	总叶绿素 /（$mg \cdot g^{-1}FW$）	叶绿素/（a:b）
$RH_1 \sim RH_3$	0.65 ± 0.02^a	0.27 ± 0.03^a	0.92 ± 0.03^a	2.36 ± 0.24^a
$CK_1 \sim CK_3$	0.04 ± 0.00^b	0.03 ± 0.01^b	0.07 ± 0.01^b	1.45 ± 0.36^b

注：表中数据为三次重复的平均值±标准误，标有不同字母的同一列数据之间差异显著（$P<0.05$）。

表2-19　黑果枸杞叶绿素a，b含量与卟啉和叶绿素代谢KEGG通路中共有DEGs表达水平的相关性

DEGs	皮尔逊相关系数（PCC）		在RH中上/下调
	Chl a	Chl b	
c35090.graph_c0	0.925**	0.968**	上调
c40047.graph_c0	0.941**	0.975**	上调
c47300.graph_c0	0.969**	0.932**	上调
c48681.graph_c1（chlorophyll synthase）	0.950**	0.980**	上调
c55720.graph_c0	0.944**	0.980**	上调
c56466.graph_c1	0.913*	0.950**	上调
c58109.graph_c0	0.922**	0.968**	上调
c59722.graph_c1	0.820*	0.883*	上调
c60329.graph_c0	0.899*	0.949**	上调
c60462.graph_c0	0.926**	0.965**	上调
c60758.graph_c0	0.950**	0.977**	上调
c60979.graph_c0	0.949**	0.975**	上调
c63944.graph_c2	0.903*	0.944**	上调
c65200.graph_c0	0.975**	0.995**	上调
c64893.graph_c0（chlorophyllase-2）	−0.755	−0.712	下调
c47420.graph_c0	−0.895*	−0.901*	下调

注：*表示在$P<0.05$水平显著相关；**表示在$P<0.01$水平显著相关。

表2-20　黑果枸杞叶绿素a，b与光合作用-天线蛋白KEGG通路共有DEGs表达水平的相关性

DEGs	PCC		在RH中上/下调
	Chl a	Chl b	
c28457.graph_c0	0.921**	0.966**	上调
c47715.graph_c0	0.972**	0.993**	上调
c50344.graph_c0	0.954**	0.986**	上调
c52746.graph_c0	0.948**	0.983**	上调
c56404.graph_c1	0.885*	0.926**	上调
c56540.graph_c0	0.972**	0.992**	上调
c57428.graph_c0	0.964**	0.991**	上调
c60826.graph_c1	0.971**	0.992**	上调
c61152.graph_c1	0.949**	0.981**	上调
c61302.graph_c0	0.942**	0.975**	上调
c61453.graph_c1	0.946**	0.981**	上调
c63318.graph_c0	0.951**	0.981**	上调
c64046.graph_c1	0.971**	0.990**	上调

注：*表示在$P<0.05$水平显著相关；**表示在$P<0.01$水平显著相关。

2.2.7 黑果枸杞解除玻璃化叶片各类植物激素含量变化

对两类材料（CK和RH）的6个样品进行激素类物质的代谢组分析，发现所有玻璃化叶片（CK_1～CK_3）被聚为一类，所有去除玻璃化叶片（RH_1～RH_3）被聚为另一类（图2-16）。这证明本研究的代谢组试验的重复性好，且解除玻璃化与植物激素类代谢物质的含量存在显著的相关性。在被检测的88种激素类代谢物中，有36种被检测到，且这36种激素类代谢物被聚为两大类：一类在解除玻璃化材料中上调（21种）；另一类在解除玻璃化材料中下调（15种）（图2-16）。这说明所有检测到的激素类代谢物在两类黑果枸杞材料中的含量（m/m）均存在差异，但是差异分析显示在解除玻璃化和玻璃化叶片之间只有18种代谢物含量（m/m）是存在显著差异的（表2-21）。这18种差异代谢物主要是生长素（AUX）、脱落酸（ABA）、细胞分裂素（CTK）、茉莉酸（JA）、水杨酸（SA）和独角金内酯类的代谢物。与玻璃化叶片相比，在解除玻璃化叶片中ABA，SA和独角金内酯类代谢物显著上调；在解除玻璃化叶片中CTK，AUX，JA类代谢物含量既有上升又有下降，AUX，JA类代谢物上升的居多，CTK类代谢物含量下降的居多。其中两种CTK类代谢物（2MeScZR和pT9G）含量在解除玻璃化叶片中显著升高（图2-16）。AUX，JA类代谢物在解除玻璃化材料中含量上升的居多（图2-16，表2-21）。因此，我们推测黑果枸杞组培苗玻璃化的解除与SA，ABA以及独角金内酯类代谢物含量的升高有关，与AUX，CTK以及JA类物质的有些呈正相关，有些呈负相关。

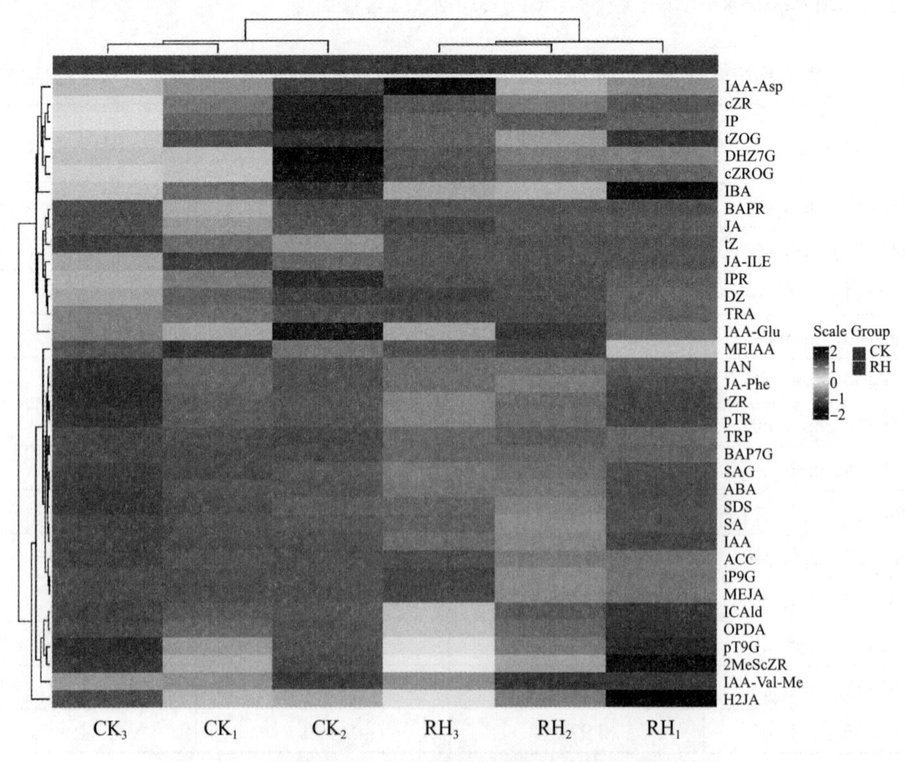

图2-16 黑果枸杞6个样品植物激素代谢组的聚类热图

表2-21　基于代谢组揭示的黑果枸杞解除玻璃化和玻璃化叶片SRM

物质缩写	物质	物质类别	在RH中上/下调
ABA	脱落酸	脱落酸	上调
TRP	L-色氨酸	生长素	上调
TRA	色胺	生长素	下调
IAN	吲哚-3-乙腈	生长素	上调
IPR	异戊烯腺嘌呤核苷	细胞分裂素	下调
DZ	二氢玉米素	细胞分裂素	下调
BAP7G	6-苄基氨基-7-BETA-D-吡喃葡萄糖基嘌呤	细胞分裂素	上调
BAPR	6-苄基腺苷	细胞分裂素	下调
tZ	反式玉米素	细胞分裂素	下调
iP9G	异戊烯腺嘌呤-9-葡糖苷	细胞分裂素	上调
OPDA	12-氧-植物-二烯酸	茉莉酸	上调
JA	茉莉酸	茉莉酸	下调
MEJA	茉莉酸甲酯	茉莉酸	上调
JA-ILE	茉莉酸-异亮氨酸	茉莉酸	下调
JA-Phe	茉莉酸-苯丙氨酸	茉莉酸	上调
SA	水杨酸	水杨酸	上调
SAG	水杨酸-2-O-β-葡萄糖苷	水杨酸	上调
5DS	5-脱氧独脚金醇	独角金内酯	上调

如图2-17所示，黑果枸杞解除玻璃化和玻璃化叶片之间SRM主要富集在次级代谢产物的生物合成、代谢通路和植物激素信号转导等KEGG通路。另外，本研究通过RNA-Seq发现，解除玻璃化和玻璃化叶片之间的DEG显著富集在植物激素信号转导KEGG通路（图2-9，图2-10），具体涉及AUX，ABA，CTK，JA和SA的信号转导。植物激素代谢组分析发现两类叶片中SRM涉及AUX，ABA，CTK，JA和SA信号转导路径（表2-21，图2-18）。其中，CTK，JA信号转导路径中的SRM在解除玻璃化叶片（RH）中下调（图2-18），ABA和SA信号转导路径中的SRM在解除玻璃化叶片（RH）中显著上调（图2-16，图2-18）。因此，我们推测“饥饿干燥结合$AgNO_3$”处理通过上调ABA和SA及其信号转导，下调CTK和JA及其信号转导来去除玻璃化。

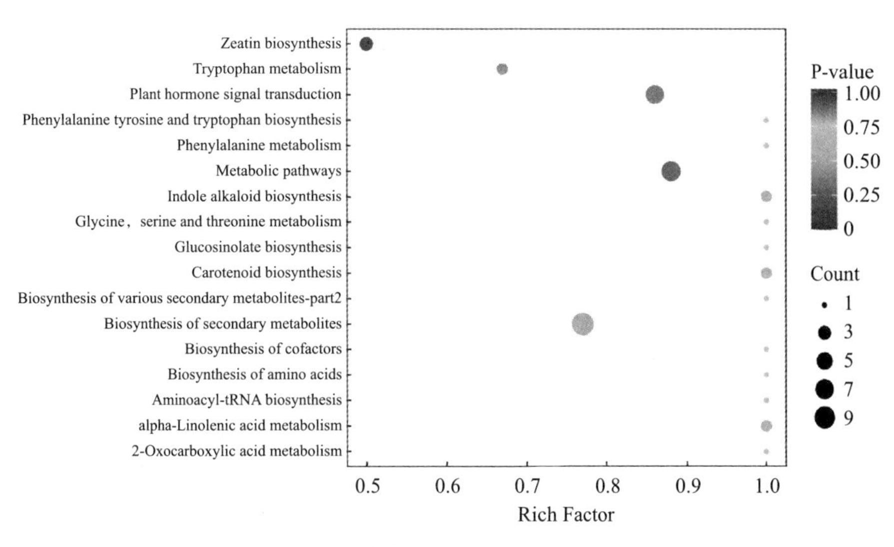

图2-17　黑果枸杞SRM的KEGG富集图

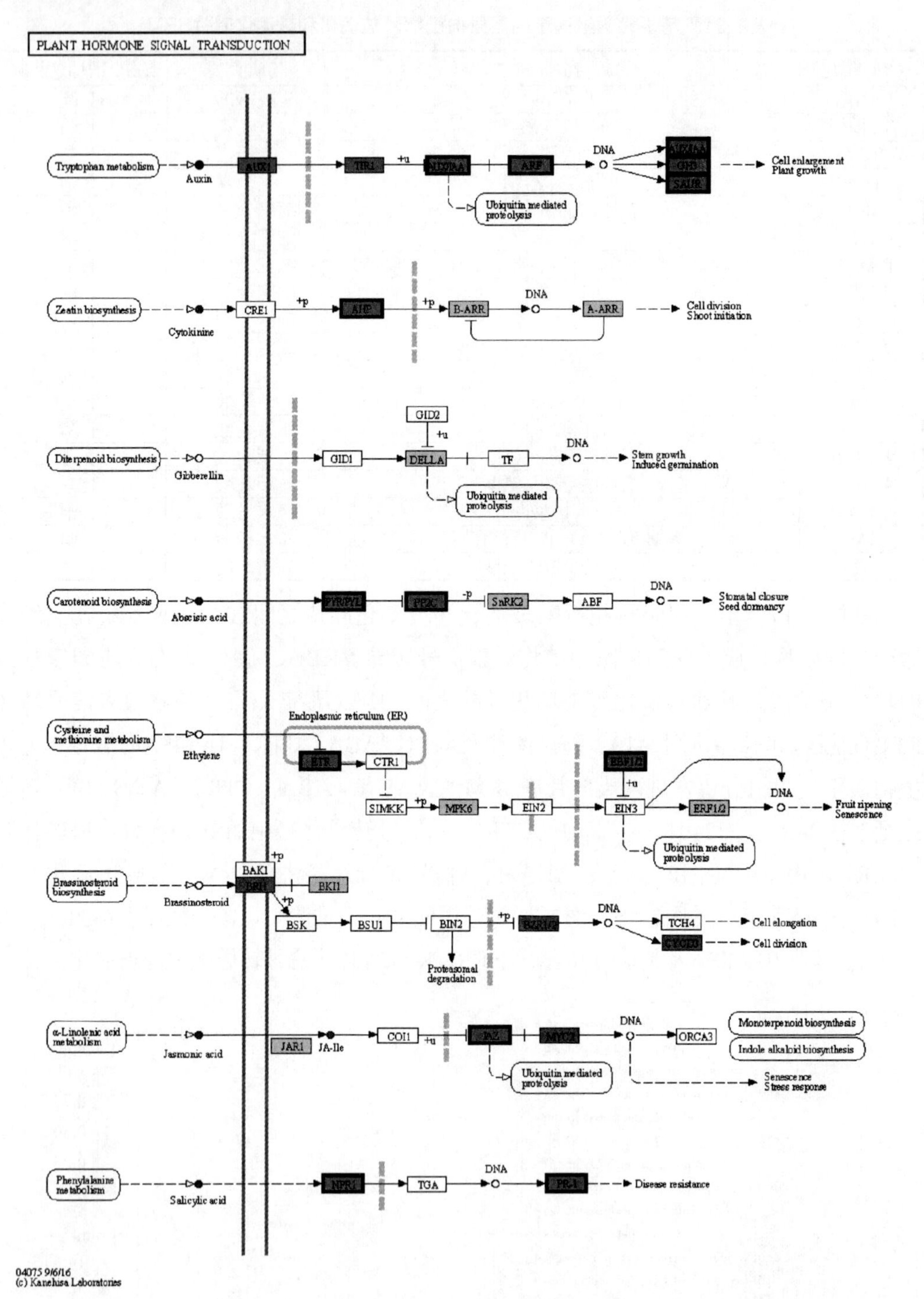

注：深灰点表示SRM在RH中上调；浅灰点表示SRM在RH中下调；黑点表示相关植物激素代谢物无显著差异。深灰框的DEG在RH中上调；浅灰框的DEG在RH中下调；加粗框表示在RH中存在上调和下调的DEG。

图2-18 黑果枸杞植物激素信号转导KEGG路径中富集的DEG和SRM（CK和RH之间）

2.2.8　黑果枸杞解除玻璃化叶片总可溶性蛋白含量升高

用0.2 mol·L^{-1}的PBS（pH=7. 0）将结晶牛血清蛋白配制成1 mg·mL^{-1}标准蛋白质溶液。参照蒋大程（2018）和马宗琪（2014）的方法制作出R_2≈0.99的标准蛋白曲线（图2–19）。

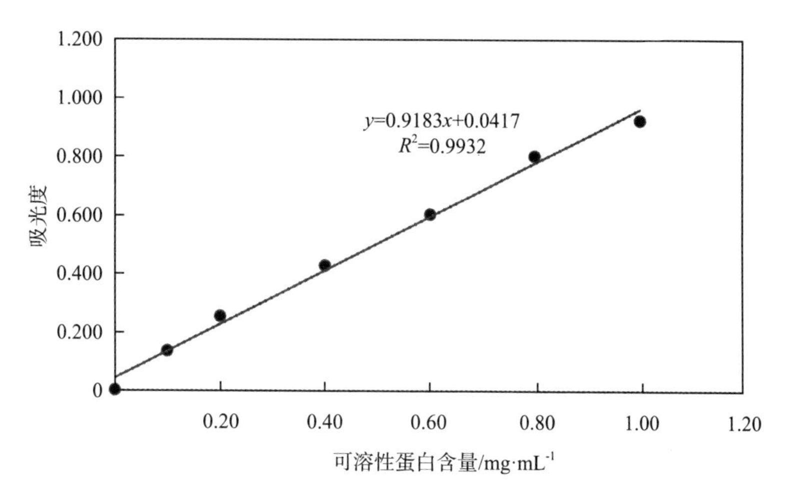

图2–19　可溶性蛋白浓度的标准曲线

利用考马斯亮蓝法测定黑果枸杞玻璃化和解除玻璃化叶片的可溶性蛋白含量，发现解除玻璃化叶片中可溶性蛋白含量［（3.722 ± 0.143）mg·g^{-1}］显著高于玻璃化叶片中可溶性蛋白含量［（2.587 ± 0.106）mg·g^{-1}］，比玻璃化叶片增加了68.58%。说明玻璃化与黑果枸杞组培叶片的蛋白质含量相关，这可能是玻璃化显著影响植物的正常生长发育的重要原因。核糖体KEGG通路的共有DEG与可溶性蛋白质含量的相关性分析发现，在RH中上调的基因（叶绿体核糖体蛋白基因）表达水平与可溶性蛋白质含量均呈极显著正相关（$P<0.01$，表2–22），多数共有下调基因（细胞核核糖体蛋白基因）的表达与其呈显著负相关（$P<0.05$，$P<0.01$，表2–22），只有一个下调的细胞质核糖体蛋白基因（40S，c64826.graph_c0）与可溶性蛋白质含量不显著相关。细胞质和叶绿体核糖体均是植物合成蛋白质的场所。

表2–22　黑果枸杞可溶性蛋白含量与核糖体KEGG代谢通路DEGs表达水平的相关性

差异基因编号	皮尔逊相关系数	在RH中上/下调
c28400.graph_c0	0.882**	上调
c28203.graph_c0	0.847**	
c28764.graph_c0	0.879**	
c32638.graph_c0	0.892**	
c50727.graph_c2	0.891**	

表2-22（续）

差异基因编号	皮尔逊相关系数	在RH中上/下调
c54121.graph_c0	0.892**	上调
c60134.graph_c0	0.892**	
c64952.graph_c0	0.843**	
c27870.graph_c0	0.868**	
c27967.graph_c0	0.864**	
c28343.graph_c0	0.907**	
c28470.graph_c0	0.888**	
c41106.graph_c0	0.899**	
c41274.graph_c0	0.890**	
c42879.graph_c0	0.845**	
c43082.graph_c1	0.922**	
c46936.graph_c0	0.904**	
c51350.graph_c0	0.883**	
c53677.graph_c0	0.895**	
c55275.graph_c0	0.876**	
c55468.graph_c0	0.880**	
c55704.graph_c0	0.916**	
c56196.graph_c0	0.921**	
c58330.graph_c0	0.877**	
c61330.graph_c4	0.894**	
c61481.graph_c3	0.892**	
c61821.graph_c3	0.819**	
c65310.graph_c0	0.870**	
c63659.graph_c0	0.784**	
c53618.graph_c0	−0.720**	下调
c58064.graph_c0	−0.812**	
c44576.graph_c0	−0.699*	
c49061.graph_c0	−0.819**	
c51712.graph_c0	−0.814**	
c52159.graph_c2	−0.743**	
c53075.graph_c2	−0.659*	
c51363.graph_c0	−0.752**	
c53705.graph_c0	−0.804**	
c54170.graph_c0	−0.741**	
c55053.graph_c0	−0.711*	

表2-22（续）

差异基因编号	皮尔逊相关系数	在RH中上/下调
c55344.graph_c0	−0.893**	下调
c55344.graph_c2	−0.772**	
c56800.graph_c0	−0.756**	
c58190.graph_c0	−0.895**	
c58339.graph_c0	−0.632*	
c59524.graph_c0	−0.880**	
c62265.graph_c0	−0.845**	
c65088.graph_c0	−0.808**	
c65143.graph_c0	−0.843**	
c28755.graph_c0	−0.876**	
c33061.graph_c0	−0.807**	
c44171.graph_c0	−0.841**	
c46381.graph_c1	−0.820**	
c47074.graph_c0	−0.767**	
c47074.graph_c1	−0.741**	
c47375.graph_c0	−0.654*	
c48196.graph_c1	−0.646*	
c52528.graph_c0	−0.828**	
c52555.graph_c0	−0.827**	
c54242.graph_c0	−0.784**	
c57084.graph_c0	−0.898**	
c64784.graph_c0	−0.846**	
c65353.graph_c0	−0.786**	
c65744.graph_c0	−0.746**	
c65034.graph_c0	−0.810**	
c39359.graph_c0	−0.811**	
c41862.graph_c0	−0.798**	
c64795.graph_c0	−0.745**	
c48170.graph_c0	−0.790**	
c64826.graph_c0	−0.417	
c58852.graph_c1	−0.7866**	
c64889.graph_c0	−0.726**	
c65761.graph_c0	−0.760**	

注：*表示在$P<0.05$水平显著相关；**表示在$P<0.01$水平显著相关。

2.3 讨论与结论

2.3.1 讨论

尽管前人单独采用饥饿干燥处理或者培养基添加$AgNO_3$能够达到解除或者预防某些物种组培材料玻璃化的效果（Gao et al. 2017a；吕敏 等，2014[4955]；刘静 等，2019；彭绍峰 等，2013）。但是，我们针对黑果枸杞花朵外植体再生芽丛的研究发现，无论是单独饥饿干燥或单独$AgNO_3$处理都不能有效地解除黑果枸杞组培芽丛玻璃化。虽然单独饥饿干燥处理可以暂时获得20.6%的去除玻璃化概率。但是，在没有添加$AgNO_3$的培养基上，解除玻璃化的芽又会重新出现玻璃化。而饥饿干燥联合$AgNO_3$可永久去除整个愈伤所有芽丛的玻璃化，并且能够正常地生长发育形成完整植株。饥饿干燥之后，培养基添加30 μmol/L $AgNO_3$解除玻璃化的效果最好，解除玻璃化率平均值为69.86%。

玻璃化现象是植物细胞过分吸水表现出透明、膨大等形态特征。据报道，植物细胞质外体对水分的过度摄取是玻璃化的主要原因（Laura et al.，2010；Niels et al.，2013）。植物通过蒸腾作用和自身代谢活动来保持体内的水分平衡。据报道，$AgNO_3$不仅可以增加气孔孔径，提高石竹（*D. chinensis* L.）的水分消耗和抗氧化能力，从而使玻璃化植株恢复到正常状态（Gao et al.， 2017b），且能预防石竹出现玻璃化现象（Gao et al.，2017a）。综上所述，我们推测饥饿干燥处理通过阻断水分吸收和增强叶片水分消耗来达到减轻玻璃化的效果，而在培养基中添加适当的$AgNO_3$能够使植株继续维持在非玻璃化的状态。据我们所知，这是首次通过“饥饿干燥结合$AgNO_3$”处理成功解除植物组培材料玻璃化的报道。

尽管到目前为止，人们对植物玻璃化的形态和解剖学反应进行了大量的研究，然而，学界对植物材料玻璃化解除机理目前仍然知之甚少。“饥饿干燥结合$AgNO_3$”解除黑果枸杞组培材料玻璃化的机理仍待进一步探索。本研究采用TEM观察发现解除玻璃化叶片细胞中叶绿体结构恢复，基粒和基质的类囊体片层变得清晰。前人针对大蒜（*A. sativum* L.）（Tian et al.，2015）和蓝莓（*V.* Spp）（吕敏 等，2014）[13-33]的研究发现与正常材料相比，玻璃化材料的叶绿体片层呈现显著异常，这与我们针对黑果枸杞玻璃化和解除玻璃化材料的研究发现相类似。说明“饥饿干燥结合$AgNO_3$”处理可能通过恢复叶绿体结构来去除黑果枸杞组培芽丛玻璃化。

Bakir等（2016）的RNA-Seq结果表明，有相当多的基因与玻璃化这种生理性畸形的形成有关。大多数差异表达转录本（DET）参与碳和糖代谢以及RNA代谢等代谢路径。与非玻璃化材料相比，玻璃化材料显著下调的两个DET被鉴定为编码五肽（PPR）蛋白的基因，其功能是转录后调节细胞器基因表达和光合作用（Bakir et al.，2016）。本研究的RNA-Seq结果显示解除玻璃化材料的卟啉和叶绿素代谢KEGG通路被显著上调；采用浸提法结合CLSM观察研究发现去除玻璃化叶片叶绿素a，b含量显著高于玻璃化叶片，且叶绿素a含量比叶绿素b含量增加得更加明显。在卟啉和叶绿素代谢KEGG通路中，参与叶绿素a和b合成最后一步的基因在解除玻璃化材料中表达显著上调且与叶绿素a和b的含量显著正相关，而催化叶绿素a和b代谢第一步反应的酶的基因在解除玻璃化材料中表达显著下调，且与叶绿素a和b的含量显著负相关。推测饥饿干燥结合$AgNO_3$处理通过提高叶绿素a，b的合成，降低叶绿素a，b的代谢来提高叶绿素含量。

所有LHC基因在解除玻璃化叶片的表达显著高于玻璃化叶片的。并且本研究的所有这些LHC基因的表达水平与叶绿素a和b的含量呈显著正相关（$P<0.01$）。报道显示LHC基因表达水平与叶绿素含量呈正相关。因此，LHC基因表达水平直接反应叶绿素的含量和叶绿体的功能（Espineda et al.，1999，Nott et al.，2006）。有趣的是，有研究显示玉米在干旱压力下伴随LHC减少，叶片叶绿素也减少27%（Alberte et al.，1977）。在转基因拟南芥（*Arabidopsis*）和苹果（*Malus* × *domestica* Borkh.）愈伤中过表达一个LHC基因（*MdLhcb4.3*）能增强它们对干旱和渗透压的忍受力（Zhao et al.，2020）。这些发现证明植物体内不但水分亏缺（干旱压）而且高水分含量（玻璃化）均会导致叶绿素a，b及其结合蛋白LHC的降低；黑果枸杞解除玻璃化叶片中叶绿素含量和LHC表达的升高可能解释叶绿体结构和功能的恢复。因此，本研究中黑果枸杞玻璃化的去除可能通过“减少水分含量—上调LHC基因表达—叶绿素合成增加代谢降低—叶绿素a，b含量增加—叶绿体结构和功能恢复”路径来实现。

在解除玻璃化材料中，核糖体KEGG通路中显著上调的DEG均为叶绿体核糖体蛋白（50S和30S）基因，而显著下调的DGE均为细胞质核糖体蛋白（60S和40S）基因。叶绿体核糖体蛋白基因由核基因和叶绿体基因两类组成。参照前人对黑果枸杞叶绿体基因组测序和注释的结果（Cui et al.，2019），发现本研究检测到的叶绿体核糖体蛋白类DEG均为核基因。由于缺乏PolyA，一些叶绿体基因的转录产物不容易被RNA-Seq检测到（Wang et al.，2018b）。经分析发现本研究的RNA-Seq一共只检测到两个来自叶绿体基因组的叶绿体核糖体蛋白基因（*rps12*和*rpl33*）的表达，且这两个基因表达在RH和CK之间无显著差异。其他来自叶绿体基因组的叶绿体核糖体基因并未被RNA-Seq检测到。推测叶绿体核糖体蛋白基因的表达调控与细胞质核糖体蛋白基因的表达调控相对独立，且来自细胞核的叶绿体核糖体蛋白基因的表达调控也与来自叶绿体基因组的叶绿体核糖体蛋白基因的表达调控相对独立。我们推测，解除玻璃化材料中叶绿体核糖体蛋白基因表达上调与叶绿素含量升高、叶绿体结构恢复应该具有很大关联性。可溶性蛋白质含量测定显示，与玻璃化材料相比，解除玻璃化的黑果枸杞叶片可溶性蛋白质含量明显增加。我们推测解除玻璃化材料可溶性蛋白含量显著上升的原因可能是：①解除玻璃化材料的含水量较低，本研究测的可溶性蛋白质含量为鲜重含量；②叶绿体核糖体蛋白基因表达的上调导致最终的叶绿体核糖体蛋白含量增加；③叶绿体核糖体的增加使可溶性蛋白合成增加。

植物激素是植物感受外部环境变化、调节自身生长状态、抵御不良环境及维持生存必不可少的信号分子，对于调节植物的各种生长发育过程和环境的应答具有十分重要的意义。不同激素之间并不是相互独立的，而是存在着相互协同和相互拮抗等复杂关系（汪芳俊 等，2015）。本研究通过RNA-Seq发现，与玻璃化材料相比，在植物激素信号转导KEGG通路中，解除玻璃化和玻璃化叶片之间的DEG表达产物主要参与生长素、脱落酸、细胞分裂素、茉莉酸和水杨酸类激素信号转导。后续通过植物激素代谢组分析发现，黑果枸杞解除玻璃化和玻璃化叶片之间SRM主要富集在次级代谢产物的生物合成、代谢通路和植物激素信号转导等KEGG通路中。黑果枸杞解除玻璃化和玻璃化叶片之间存在18种SRM，显著富集在植激素信号转导KEGG路径，其中CTK（tZ）和JA（JA-Ile）在RH被显著下调，ABA和SA在RH被显著上调。这说明联合或单独通过降低培养基中的CTK使用浓度，培养基添加适量的SA和ABA，降低植物内源的JA和/或JA-Ile含量（比如抑制剂的使用）很可能达到有效预防或者去除植物组培材料玻璃化的目的。前人研究发现，百里香（*Thymus daenensis*）芽外植体玻璃化是由培养基添加的细胞分裂素BA引起的，且将在含BA的MS培养基中的玻璃化苗移至不含BA的培养基中会使玻璃化发生逆转，但水杨酸（SA）处理的玻璃化苗会完全恢复到正常状态（Hassannejad et al.，2012）。另外，随着CTK浓度的增加，大蒜的玻璃化状态加剧，在培养基中添加50 μmol/L的SA会使玻璃化苗恢复到正常的生长发育状态（Liu et al.，2017）。前人这些研究发现至少在一定程度上证明我们推定的去除或者预防玻璃化方法有效。综上所述，我们推测“饥饿干燥结合$AgNO_3$”处理通过上调ABA和SA及其信号转导，下调CTK和JA及其信号转导来达到解除黑果枸杞组培芽丛玻璃化。

综上所述，我们提出并建立了饥饿干燥结合$AgNO_3$处理解除黑果枸杞组培芽丛玻璃化机理的假说模型（图2-20）。推测饥饿干燥结合$AgNO_3$通过减少水分吸收，增加水分消耗，上调叶绿体核糖体蛋白的表达，恢复叶绿体基粒和基质的片层结构，提高叶绿素合成和降低叶绿素代谢，提高LHC表达，提升叶绿素a，b含量，上调ABA和SA及其信号转导，下调CTK和JA及其信号转导，上调光合作用KEGG通路，上调淀粉和

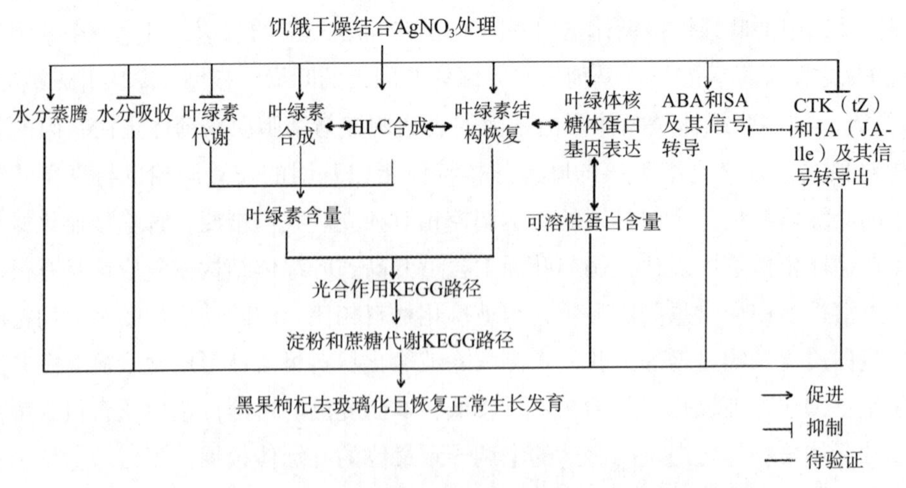

图2-20 “饥饿干燥结合$AgNO_3$”法解除黑果枸杞芽丛玻璃化假说模型

蔗糖代谢KEGG通路来达到解除玻璃化的效果。以上各个路径和因素在解除玻璃化过程中的上下游位置和相互关系还有待于更多的研究去验证。

2.3.2 结论

本研究以黑果枸杞完全伸展的未开放的健康绿色花朵为外植体建立再生体系，采用饥饿干燥结合30 μmol/L的$AgNO_3$能有效去除其组培芽丛玻璃化。RNA-Seq分析显示未处理的玻璃化叶片和解除玻璃化叶片之间的DEG共有5 684个，干燥过的玻璃化叶片和解除玻璃化叶片之间的DEG共有4 184个。qRT-PCR分析证明RNA-Seq结果的可靠性。RNA-Seq结果显示玻璃化叶片与解除玻璃化叶片之间的共有DEG显著富集在核糖体、植物激素信号转导、卟啉和叶绿素代谢、光合作用、淀粉和蔗糖代谢等KEGG通路；与玻璃化材料相比，解除玻璃化材料的卟啉和叶绿素代谢、光合作用、淀粉和蔗糖代谢以及光合作用–天线蛋白KEGG通路被极显著上调。植物激素代谢组分析显示，在黑果枸杞解除玻璃化和玻璃化叶片之间存在18种SRM，主要为AUX，ABA，CTK，JA，SA和独角金内酯类的代谢物。差异代谢物KEGG富集分析显示CTK和JA信号转导物在RH中显著下调，ABA和SA信号转导物在RH中显著上调。考马斯亮蓝法分析显示解除玻璃化材料的总可溶性蛋白含量显著高于玻璃化材料；浸提法结合CLSM分析显示解除玻璃化叶片的叶绿素a，b及a/b均显著高于玻璃化叶片。TEM观察发现与玻璃化材料比，解除玻璃化材料的叶绿体结构（形态、基粒和基质片层）明显恢复。上述研究结果以及生理指标和关键DEG的相关性分析证明，饥饿干燥结合$AgNO_3$处理可能通过减少水分吸收，增加水分消耗，上调叶绿体核糖体蛋白的表达，恢复叶绿体基粒和基质的片层结构，提高叶绿素合成和降低叶绿素代谢，提高LHC表达，提升叶绿素a，b含量，上调ABA和SA物质及信号转导，下调CTK和JA物质及信号转导，上调光合作用KEGG路径，上调淀粉和蔗糖代谢KEGG路径等来去除黑果枸杞组培芽丛的玻璃化。本研究初步建立了饥饿干燥结合$AgNO_3$法去除黑果枸杞组培芽丛玻璃化的假说模型，关于各类影响因素在调控路径上的上下游位置以及相互关系还有待于进一步验证。本研究为黑果枸杞优株的种质保存、无性繁殖、推广和分子育种奠定基础，也为其他物种玻璃化的控制提供线索。

第3章　蔗糖促进黑果枸杞组培无性系枝刺发生

本书前两章写了黑果枸杞的组培无性繁殖及有效的玻璃化解除方法。将黑果枸杞茎、叶外植体组培得来的正常植株移栽驯化之后置于玻璃温室内，在相同的养护条件下可以形成“少叶无刺”和“多叶有刺”两种类型。基于扫描电子显微镜和石蜡切片的显微观察发现，要想继续探索影响枝刺发生的内在因素，有刺和无刺茎的顶芽是合适的试验材料。高通量转录组测序（RNA-Seq）分析显示淀粉和蔗糖代谢KEGG路径以及差异表达基因——糖转运蛋白13基因（*LrSUT*13）、蔗糖合酶基因（*LrSUS*）、海藻糖磷酸酶基因（*LrTPP*）均在有刺茎顶芽（Thorny）被显著上调。实时荧光定量PCR（qRT-PCR）验证了RNA-Seq结果的准确性。有刺茎顶芽的蔗糖含量显著高于无刺茎顶芽（Thless）的，而海藻糖-6-磷酸（T6P）含量则相反。摘叶处理降低蔗糖含量抑制枝刺发生/发育；16 $g\cdot L^{-1}$外源蔗糖处理显著促进枝刺的发生和生长；并且这种促进效果显著高于非代谢性蔗糖类似物（异麦芽酮糖、蜜二糖）处理组；相同摩尔浓度的渗透压调剂甘露醇处理对黑果枸杞枝刺的发生没有显著影响。这些发现证明蔗糖可能通过能量和信号双重作用促进黑果枸杞无性系移栽植株的枝刺发生。多叶导致的顶芽高蔗糖供应通过低T6P含量和高表达水平的*LrSUS*，*LrTPP*和*LrTPS*促进黑果枸杞枝刺发生，而少叶则抑制其枝刺发生。叶片数量/蔗糖供应调控黑果枸杞枝刺发生的分子假说模型在本章被初步建立，这为黑果枸杞及其他相关物种的无刺化育种奠定基础。

3.1　材料与方法

3.1.1　试验材料

研究材料为辽宁省林木遗传育种与培育重点实验室（41° 49′ 25″ N，123° 34′ 10″ E，海拔60 m）的一个黑果枸杞组培无性系的移栽植株。所有植株来自同一株种苗（本实验室标记为G）。移栽之前将无土育苗营养基质（pH6.5～6.8，N，P，K总含量≥12 g/kg，含水量≤40%，硅含量≥0.3 g/kg）于121 ℃条件下高温灭菌60 min后放凉备用。将接种于1/2MS培养基的黑果枸杞带顶芽茎段诱导生根4周形成完整植株。然后，挑选长势良好、根系粗壮且基本一致的约15 cm高的组培植株，用自来水洗净根部培养基后使用2 000倍液多菌灵（山西奇星农药有限公司，有效成分含量80%，可湿性粉剂）浸泡30 min，以防止移栽后感染有害菌。将浸泡后的组培植株移栽至装有基质的直径15 cm花盆中，每盆含基质干重600 g。移栽后浇水至盆底有水渗出，盖上具有10余个小孔的一次性塑料透明杯进行保湿。经过7 ~ 14 d缓苗，待萎蔫现象消失并开始发新叶时移去塑料杯。以上操作在养苗室内（41° 49′ 25″ N；123° 34′ 10″ E，海拔34 m）进行，养苗室温度为（25 ± 2）℃，并保证充足水分供应（田间持水量>95%），移栽植株置于散射光源下便可。

移栽1个月后，待枝条木质化，将盆苗移至自然光下养苗室内（41° 49′ 25″ N，123° 34′ 10″ E，海拔25 m）养护。此时，白天环境温度为（30 ± 5）℃，夜晚温度为（20 ± 5）℃；光周期为14 h光照/10 h黑暗；每2 ~ 3 d浇水一次，使田间持水量保持在70%以上；每隔15 d每盆浇灌100 ~ 130 mL稀释2倍的霍格兰（Hogland）营养液（青岛高科技工业园海博生物技术有限公司）。此条件下的黑果枸杞盆栽植株经过180 d养护，可形成无刺（图3-1左）和有刺（图3-1右）两种状态。有刺枝条单簇平均叶片数（2.30 ± 0.03）显著多于无刺枝条单簇平均叶片数（1.52 ± 0.04）（$P<0.01$）。盆栽有刺和无刺黑果枸杞为本研究的试验材料。

图3-1　黑果枸杞的无刺植株茎（左）和有刺植株茎（右）

3.1.2　黑果枸杞枝刺的发育观察

采用扫描电子显微镜观察黑果枸杞有刺和无刺枝条的刺及刺原基的发育差异，选取黑果枸杞有刺和无刺枝条带叶腋茎节为材料进行制片观察。所有无刺枝条的叶腋处均无肉眼可见的枝刺。有刺枝条除最上部4 ~ 5个叶腋无肉眼可见的刺，其余茎节均有枝刺，但是随着发育的进行，最上部4 ~ 5个叶腋亦会依次长出肉眼可见枝刺。取有刺和无刺枝条从上往下数第1～6茎节为试验材料，进行扫描电镜观察。制备扫描电子显微镜观察样品参照孟祥东（2005）的试验方法。制备好的样品用沈阳农业大学分析测试中心的HITACHI Regulus 8100冷场发射扫描电子显微镜进行观察并拍照（Yang et al.，2022）[128-129]。

扫描电子显微镜观察过程发现，无刺植株叶腋处因有似叶结构的阻挡，刺原基很难观察到。因此，本研究又采用石蜡切片的方法观察无刺植株叶腋处刺原基的发育情况。石蜡切片具体制作方法参照之前的报道（Yang et al.，2022）[128]，将无刺植株1～6茎节在FAA固定液中处理24 h，将包埋好的茎节材料按照8～10 μm厚度纵向切开，切片用藏红固绿染色1～2 h，石蜡切片用德国徕卡DM3000显微镜观察。

3.1.3 RNA-Seq

3.1.3.1 RNA制备、文库构建、测序与组装

由扫描电子显微镜观察发现，要想挖掘与黑果枸杞枝刺发育相关的关键基因，应以无刺和有刺植株的顶芽为试验材料。因此，本研究中使用RNAprep Pure Plant Kit（天根，中国）试剂盒从无刺茎的顶芽和有刺茎的顶芽中提取总RNA。两种材料分别设置3个生物重复。每个生物学重复至少取0.1～0.2 g材料（80个顶芽）。用质量浓度为0.01 g/mL的琼脂糖凝胶电泳和NanoDrop 2000分光光度计（Thermo Scientific，USA）测定RNA的浓度和质量。本试验进行无参考基因组的转录组生物信息分析，文库构建和RNA-Seq由百迈克生物科技有限公司（北京）进行。

使用mRNA Capture Beads（Vazyme，南京）从每个样品总RNA中纯化mRNA。将纯化后的mRNA裂解成短片段，以短片段为模板合成第一链和第二链cDNA。随后，使用DNA Clean Beads（Vazyme，南京）进行cDNA纯化。cDNA文库检测合格后，基于边合成边测序（Sequencing By Synthesis，SBS）技术，使用Illumina Hiseq高通量测序平台对cDNA文库进行测序。通过从原始数据中删除包含接头的read、包含ploy-N的read和低质量的read来生成Clean read。使用Trinity（Grabherr et al.，2011）将6个样本的Clean read组装成转录本（Transcript）和单基因（Unigene），Min_kmer_cov默认设置为2，所有其他参数均设置为默认值。

3.1.3.2 差异表达分析

分别基于BLAST≤e^{-5}和HMMER≤e^{-10}在各大数据库对上述获得的单基因进行注释（Ma et al.，2019；Wang et al.，2018b）[282]。采用基于基因表达数据的Pearson相关系数（*r*）评估所有样本的相关性（Schulze et al，2012）。通过RSEM估计6个样本的基因表达水平（Li et al.，2011），使用DESeq R软件（1.10.1）对两种类型的顶芽进行差异表达分析。其中FDR＜0.05和Fold change＞1.5的单基因被定为差异表达基因（differential expression Genes，DEG）。利用基于Kolmogorov-Smirnov检验的topGO R软

件对DEG进行GO富集分析。本研究中，DEG数大于预期数且KS<0.05的GO条目，命名为显著富集的GO条目。使用KOBAS软件统计KEGG路径中DEG的富集，以$P<0.05$的标准筛选DEG显著富集的KEGG路径，被上调或者下调DEG显著富集（$P<0.05$）的KEGG路径分别被定义为显著上调或者显著下调的KEGG路径。通过COG数据库揭示DEG蛋白的功能分类。

3.1.4　qRT-PCR验证

通过qRT-PCR验证RNA-Seq的可靠性。qRT-PCR的试验材料、生物学重复、RNA提取和纯化的方法与RNA-Seq相同，使用琼脂糖凝胶电泳和NanoDrop™One/OneC UV-Vis分光光度计（ThermoFisher Scientific，上海）检测总RNA的完整性和浓度。使用HiScript Ⅱ Q Select RT SuperMix for qPCR（+gDNA wiper）试剂盒（Vazyme，南京）合成第一条cDNA。选择注释到类黄酮生物合成（*Flavonoid biosynthesis*）、淀粉和蔗糖代谢（*Starch and sucrose metabolism*）2个KEGG路径，以及注释到序列特异性DNA结合转录因子活性（*Transcription factor activity, sequence-specific DNA binding*）GO条目（GO：0003700）的9个DEG进行qRT-PCR分析（表3–1）。根据本课题组之前报道的方法（Wang et al.，2018b）[282]和本研究中的RNA-Seq，选择了一个甘油醛–3–磷酸脱氢酶基因（*GAPDH*）（c43768.graph_c0）作为内参。表3–1中所有引物均使用Primer Premier 5设计，并在苏州金唯智公司合成。

表3–1　本章qRT-PCR分析所用引物

KEGG或GO	单基因编号	基因缩写	基因注释	引物（5′到3′）
类黄酮生物合成KEGG路径	c54346.graph_c0	*AACT*	Acetyl-CoA-benzylalcohol acetyltransferase 乙酰辅酶A–苯甲醇乙酰转移酶	F：GGTTCAAATGTGGAGGGATG
				R：GTTGGTTATTGTTGGCTTG
	c56294.graph_c5	*ZntB*	Zinc transport protein ZntB 锌转运蛋白ZntB	F：GTTGGGTTGCTATACCTCG
				R：TCTCAGCCTCATGTTGGA
淀粉和蔗糖代谢KEGG路径	c45973.graph_c1	*UDP*	Alpha-trehalose-phosphate synthase 6 α–海藻糖合成酶6	F：ATTACGACGGAACTTTGA
				R：TCGGCTTCTAGCACTGAC
	c48002.graph_c1	*Fru-6*	Putative fructokinase-6 假定果糖激酶6	F：TGCTGATAAGTTACCTGG
				R：ATTGGCAACCTTCTGGAC
	c48587.graph_c0	*Glc*	Glucanendo-1,3-beta-glucosidase 葡聚糖内切–1,3–β–葡萄糖苷酶	F：TCACAGGCACATCATACC
				R：CGTTGTTTCCCAGACCAG
	c56349.graph_c2	*SUS*	Sucrose synthase蔗糖合酶	F：AGGTACGGAAGCGATTGA
				R：AGTAGGCATTGCGGATTT

表3-1（续）

KEGG或GO	单基因编号	基因缩写	基因注释	引物（5′到3′）
序列特异性DNA结合转录因子活性GO条目	c51077.graph_c0	*WRKY1*	WRKY transcription factor 1 WRKY转录因子1	F：AGAATTGATTGGGATGAG
				R：ATGAGTGGAGTTATTTTGC
	c52906.graph_c3	*AHL20*	AT-hook motifnuclear-localized protein 20-like AT-hook基序核定位蛋白20样	F：TCTTGCCCACCTATGCTGC
				R：GTCTTCGATTACCCACTTCA
	c51325.graph_c0	*bZIP23*	Basic leucine zipper 23-like 碱性亮氨酸拉链23样	F：GGGCTATAAATCAGCAACT
				R：CTTCCTCGGATGTCAACG
—	c43768.graph_c0	*GAPDH*（control）	Glyceraldehyde-3-phosphate Dehydrogenase 甘油醛-3-磷酸脱氢酶	F：TTCAATCGTCCGTCTTCG
				R：TACCAACCCTTGTCTTCC

3.1.5 内源糖含量测定

本章研究发现我们感兴趣的DEG被注释到淀粉和蔗糖代谢KEGG路径，这说明糖在调控黑果枸杞枝刺发育过程中可能发挥重要作用。因此，我们继续测定并比较了有刺和无刺茎顶芽（去掉叶片）的蔗糖、葡萄糖、果糖和T6P含量（m/m）。

3.1.5.1 内源海藻糖-6-磷酸（T6P）含量（m/m）测定

以上述有刺和无刺茎顶芽为试验材料，在液氮中速冻，-80 ℃保存。用于测定T6P含量（m/m）的材料和生物学重复与用于RNA-Seq的相同。黑果枸杞有刺和无刺茎顶芽内源T6P含量（m/m）按照植物海藻糖-6-磷酸酶联免疫分析测定试剂盒（MM-1681O2，江苏酶免实业有限公司）说明书的方法进行（Li et al.，2023）。

3.1.5.2 内源蔗糖、葡萄糖和果糖含量测定

本研究采用高效液相色谱法（HPLC）测定了有刺和无刺茎顶芽的蔗糖、葡萄糖和果糖含量（m/m）。试验设置3次生物学重复。蔗糖、葡萄糖和果糖标准品购自中国上海安普公司。对于每个生物学重复，称量0.1 g样品（80个顶芽），在液氮中研磨成细粉，加入1.25 mL浓度为80%的乙醇匀浆，在室温下过夜浸提。将提取物在8 000 g离心10 min，取上清液，用0.45 μm针头式过滤器（有机相）过滤后检测。液相色谱分析在安捷伦1290高效液相色谱仪进行，使用迪马公司氨基柱（250 mm×4.6 mm，5 μm），乙腈和水作为流动相。流速设为1 mL/min，进样体积为10 μL。

3.1.6 外源蔗糖处理黑果枸杞无刺植株

内源蔗糖含量测定显示有刺茎顶芽的蔗糖含量（m/m）显著高于无刺茎顶芽的，蔗糖含量（m/m）与可见枝刺的发生呈正相关。这说明蔗糖可能促进黑果枸杞可见枝刺的发生/发育。因此，为了验证上述假说，采用2，4，8，16，32 $g \cdot L^{-1}$的蔗糖水

溶液喷洒健康的生长状态基本一致的无刺黑果枸杞盆栽植株。对照组喷洒等量溶剂水。试验设置3次生物学重复，每种处理的每次生物学重复选用3盆无刺黑果枸杞植株，每盆植株至少含有10个枝条（茎）。试验所用蔗糖（纯度≥99.9%）购自中国上海生物工程有限公司。每次每盆喷洒10 mL蔗糖溶液或者溶剂水，每日均于下午15：00～17：00进行喷洒。处理14 d时观测并分析新长出枝条的刺数量（计算出有刺茎节率）、刺长和刺基部直径。

3.1.7 非代谢性蔗糖类似物和渗透压调节剂处理黑果枸杞无刺植株

前面的试验证明外源喷施蔗糖促进了黑果枸杞可见枝刺的发生/发育。为了验证蔗糖在枝刺发生过程中是否发挥了信号功能，我们还采用了两种非代谢性蔗糖类似物处理无刺黑果枸杞。两种非代谢性蔗糖类似物分别是购自上海源叶生物科技有限公司的蜜二糖（纯度≥98%）和购自上海麦克林生化科技有限公司的异麦芽酮糖（纯度>98%）。为了验证蔗糖是否通过调节渗透压来影响黑果枸杞枝刺的发生/发育，本研究还采用渗透压调节剂甘露醇来处理无刺黑果枸杞。本研究发现的促进黑果枸杞枝刺发生的最佳外源蔗糖浓度为16 $g·L^{-1}$。因此，与16 $g·L^{-1}$蔗糖等摩尔浓度的蜜二糖（16 $g·L^{-1}$）、异麦芽酮糖（16.84 $g·L^{-1}$）和甘露醇（17.03 $g·L^{-1}$）被用于喷施无刺黑果枸杞。阴性对照组喷施等量溶剂水；同时，16 $g·L^{-1}$蔗糖处理组也被用作对照（阳性）。喷施方法、生物学重复、试验样本量均与3.1.6小节的蔗糖处理方法相同。处理14 d时观测并分析新长出枝条的刺数量（计算出有刺枝条率和有刺茎节率）、刺长和刺基部直径。

3.1.8 摘叶处理黑果枸杞有刺植株

叶片是光合作用源器官。选取健康且生长基本一致的有刺黑果枸杞盆栽用于探索摘叶［降低内源蔗糖含量（m/m）］对黑果枸杞可见枝刺发生/发育的影响。首先黑暗处理黑果枸杞48 h，以消耗其内源糖。黑暗处理后的植株被分为对照组和摘叶组。对于摘叶组，除了枝条最顶端的4～6片叶，其余叶片均被移除。并且起初的最顶端的摘叶位置被标记下来。每天去除新展开的叶片，但是最顶端的4～6片叶始终保留，直至试验结束。黑暗处理之后的对照组置于光周期条件下不再做任何其他处理。试验重复、样本量、数据测量和分析均与3.1.7小节部分相同。

3.1.9 统计分析

基本数据使用Excel 2010进行整理。采用SPSS 20.0软件进行配对样本T检验（$P<0.05$和$P<0.01$），分析有刺和无刺黑果枸杞顶芽中内源T6P、蔗糖、葡萄糖和果糖含量（m/m）。此外，采用SPSS 20.0分析T6P和蔗糖含量（m/m）之间，以及T6P和蔗糖含量（m/m）与本研究中相应DEG的相对表达量（FPKM）之间的Pearson相关性（$P<0.01$和$P<0.05$）。采用SPSS 20.0软件的ANOVA（LSD,

$P<0.05$）分析有刺茎节率（新发有刺茎节数/新发茎节总数×100%）、刺长、刺基部直径、新发有刺枝条率（新发符合标准的有刺枝条数/枝条总数×100%）。

3.2 结果与分析

3.2.1 黑果枸杞刺原基/刺的发育过程

如图3-2所示，扫描电子显微镜观察发现，黑果枸杞G系列盆栽有刺枝条和无刺枝

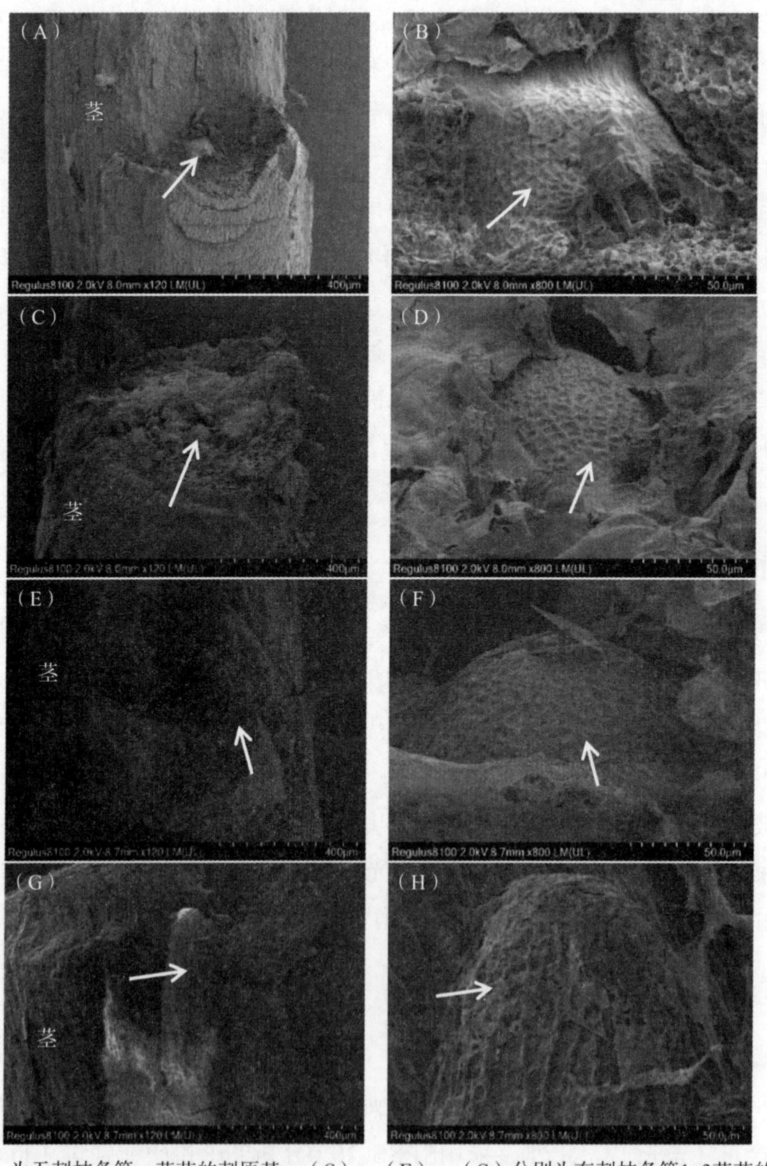

注：（A）为无刺枝条第一茎节的刺原基，（C），（E），（G）分别为有刺枝条第1~3茎节的刺原基/刺，（B），（D），（F），（H）分别为（A），（C），（E），（G）的放大图。所有白色箭头指示刺结构。

图3-2 黑果枸杞刺和刺原基的扫描电子显微镜图

条的叶腋处均有刺结构存在。肉眼观察不到无刺枝条的刺存在；有刺枝条茎节上的无刺叶腋亦无肉眼可见的刺结构；即上述茎节皆无肉眼可见枝刺。但是，在扫描电镜下可以清晰地观察到无刺枝条第一茎节叶腋处［图3–2（A）］和有刺枝条第一茎节叶腋处［图3–2（C）］均存在刺原基。然而，无刺枝条第一茎节刺原基［图3–2（B）］的发育程度要明显低于有刺枝条第一茎节刺原基的发育程度［图3–2（D）］。此外，有刺植株同一枝条上的刺原基从上到下逐渐发育为肉眼可见的枝刺［图3–2（C）至（H）］。随着发育进行，黑果枸杞枝刺表皮细胞变得细长；此外，其刺结构的顶端也逐渐从圆顶变为尖顶［图3–2（C）至（H）］。采用石蜡切片观察无刺植株的刺原基，发现该刺原基虽然也有逐渐长大的趋势，但是由顶端开始的第6茎节就可观察到最大的刺结构，其长度仅为200 ~ 300 μm（图3–3），故肉眼观测不到。

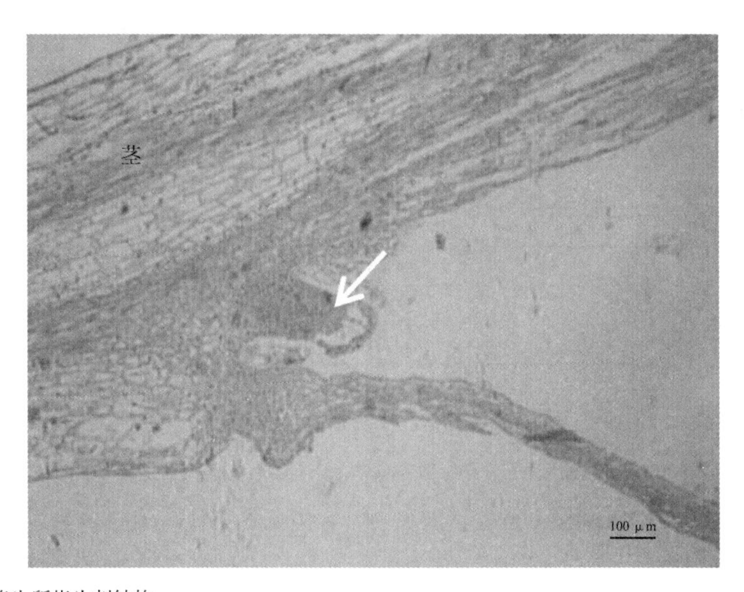

注：白色箭头所指为刺结构。

图3–3 黑果枸杞无刺植株第6茎节刺原基的石蜡切片图

3.2.2 RNA-Seq分析

3.2.2.1 建库及组装结果

本研究采用有刺茎顶芽（Thorny）和无刺茎顶芽（Thless）为试验材料，设置3次生物学重复，共制备了6个cDNA文库，并对其进行RNA-Seq分析。6个样品的cNDA文库经过严格的质量评估和数据过滤筛选，共获得了Clean Data 40.27 GB，其中每个样品的GC含量均大于42.75%，Q30的百分比均大于93.82%（表3–2）。基于6个文库所有的Clean read，共组装得到82 366个单基因，平均长度为821.76 bp，长度在2 kb以上的有106 833条（表3–3）。本研究N50长度超过800 bp（表3–3）具有良好的组装序列完整性（Meng et al.，2020），RNA-Seq的数据量和质量都能满足进一步分析的要求。

表3-2　黑果枸杞6个样品的RNA-Seq有效数据评估统计

样品	读取数	碱基数	GC含量/%	Q30/%
Thless1	22 660 134	6 777 404 556	42.86	93.90%
Thless2	21 285 467	6 369 787 210	43.07	93.82%
Thless3	22 322 446	6 667 690 002	43.01	94.22%
Thorny1	25 688 334	7 676 715 532	43.47	94.61%
Thorny2	22 733 860	6 793 663 802	42.83	94.39%
Thorny3	20 035 219	5 989 413 806	42.75	94.15%
Mean	22 454 243	6 712 445 818	43.00	94.18%

注：样品名中数字1，2，3代表3次生物学重复。

表3-3　黑果枸杞6个样品的转录本和单基因序列长度统计

长度范围	转录本（Transcript）	单基因（Unigene）
300 ~ 500	32 088（10.93%）	19 864（24.12%）
500 ~ 1 000	45 857（22.41%）	15 533（18.86%）
1 000 ~ 2 000	73 169（24.92%）	9 494（11.53%）
＞2 000	106 833（36.38%）	8 812（10.70%）
总数	293 667	82 366
总长度	519 961 957	67 685 062
N50长度	2 724	1 611
平均长度	1 770.58	821.76

3.2.2.2　单基因功能注释

RNA-Seq共有31 453个单基因（38.19%）在9个数据库中的至少一个中被注释（表3-4）。9个数据库中注释单基因数最多的数据库是TrEMBL，单基因数为30 742个（表3-4）；其次是NR数据库（30 480），与TrEMBL数据库注释的单基因数最为接近（表3-4）；注释到COG数据库的单基因数最少（6 211）（表3-4）。

表3-4　黑果枸杞的单基因注释情况

注释数据库	注释基因数	300≤长度＜1 000	长度≥1 000
COG	6 211	1 123	4 411
GO	22 883	6 803	11 954
KEGG	18 693	5 213	10 508
KOG	14 423	3 675	8 512
Pfam	17 953	4 404	11 567
Swissprot	17 188	4 579	10 215
TrEMBL	30 742	9 971	14 923
eggNOG	25 330	7 844	12 969
NR	30 480	9 805	14 832
All	31 453	10 205	15 003

3.2.2.3　黑果枸杞样品间的相关性分析

本研究采用试验材料为黑果枸杞同一无性系有刺和无刺茎顶芽。评估生物学重复的可靠性，是分析RNA-Seq数据的一个关键步骤（Schulze et al.，2012）。基于6个样本基因表达数据的r^2分析显示：两种类型的样本被聚成两个不同的大类，同一种样品的三次生物学重复被优先聚为一类；同类样品间r^2最高值为0.986，最低值为0.924（图3–4）。以上说明本次RNA-Seq重复性很可靠。

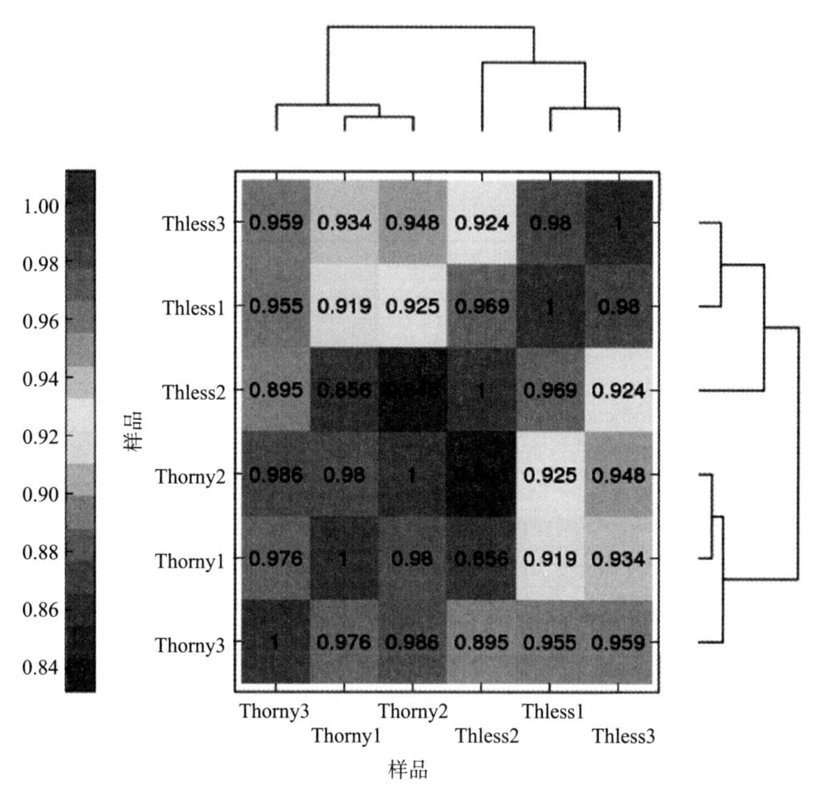

图3–4　基于RNA-Seq分析的6个黑果枸杞样品中任意两个样品的相关性

3.2.2.4　差异表达分析

无刺茎顶芽与有刺茎顶芽之间仅有359个DEG；无刺茎顶芽中下调DEG数（263）多于上调DEG数（96）。GO数据库注释结果中，无刺茎顶芽和有刺茎顶芽的DEG显著富集在117个GO条目中（KS<0.05）。其中，生物过程中DEG显著富集到55个GO条目中，细胞组分中DEG显著富集于12个GO条目。在分子功能类别里，DEG显著富集在50个GO条目，值得注意的是，血红素结合（Heme binding）、过氧化物酶活性（Peroxidase activity）和序列特异性DNA结合转录因子活性（Transcription factor activity and sequence-specific DNA binding）是富集程度最高的三个GO条目。其中，10个DEG 显著富集在血红素结合GO 条目，过氧化物酶活性GO条目只富集4个DEG，注释DEG最多的是“序列特异性DNA结合转录因子活性”GO条目（12个）。序列特异性DNA结合转录因子活性GO条目中的DEG包含转录因子基因，这些转录因子可能与黑果枸杞可见枝刺发生相关。

为了筛选与黑果枸杞可见枝刺发生相关的关键基因，将这些DEG注释到KEGG数据库。KEGG注释发现359个DEG中的192个注释到KEGG数据库，共归入69条KEGG路径。KEGG富集分析结果表明，DEG显著富集于类黄酮生物合成（Flavonoid biosynthesis）、植物昼夜节律（Circadian rhythm-plant）、光合作用-天线蛋白（Photosynthesis-antenna proteins）、芪类、二芳基庚烷和姜辣素生物合成（Stilbenoid，diarylheptanoid and gingerol biosynthesis）、苯丙烷代谢（Phenylpropanoid biosynthesis）、淀粉和蔗糖代谢（Starch and sucrose metabolism）、硫代葡萄糖苷生物合成（Glucosinolate biosynthesis）和氨基糖和核苷酸糖代谢（Amino sugar and nucleotide sugar metabolism）KEGG路径（表3-5）。除了被DEG显著富集，淀粉和蔗糖代谢KEGG路径也在无刺茎顶芽中被显著下调。

表3-5　黑果枸杞无刺茎顶芽和有刺茎顶芽中DEG显著富集的KEGG路径

KO编号	KEGG路径	*P*值
KO00941	Flavonoid biosynthesis	$1.09E^{-07}$
KO04712	Circadian rhythm-plant	$1.62E^{-07}$
KO00196	Photosynthesis-antenna proteins	$9.91E^{-05}$
KO00945	Stilbenoid，diarylheptanoid and gingerol biosynthesis	0.000245
KO00940	Phenylpropanoid biosynthesis	0.001476
KO00500	Starch and sucrose metabolism	0.006976
KO00966	Glucosinolate biosynthesis	0.014227
KO00520	Amino sugar and nucleotide sugar metabolism	0.037857

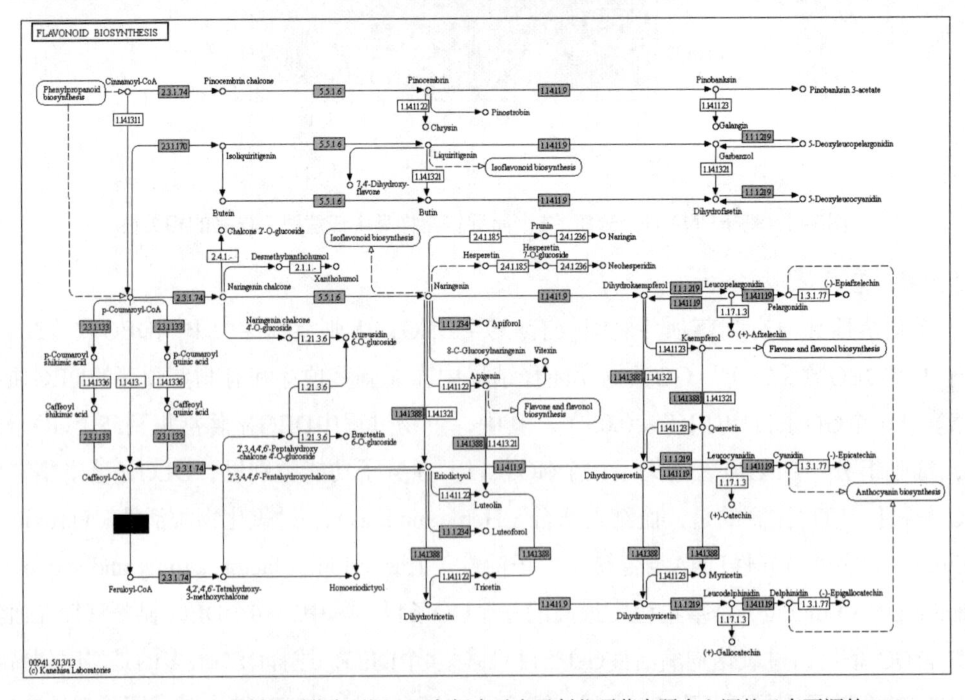

注：浅灰框内的DEG在无刺茎顶芽中下调；深灰框表示在无刺茎顶芽中既有上调的又有下调的DEG。

图3-5　黑果枸杞注释到类黄酮生物合成KEGG路径上的DEG（无刺茎顶芽和有刺茎顶芽之间）

类黄酮生物合成是富集程度最高的KEGG路径，一共有11个DEG注释到该KEGG路径，10个DEG在无刺茎顶芽中下调，1个上调；唯一1个上调DEG注释为植物咖啡酸-O-甲基转移酶（CCoAOMT，c56194.graph_c0）（图3-5，表3-6）。该路径的无刺茎顶芽中下调DEG明显多于上调的，且无刺茎顶芽中类黄酮生物合成KEGG路径也被显著下调（P=1.09E^{-07}）。

表3-6　黑果枸杞类黄酮生物合成KEGG路径中富集的DEG（无刺茎顶芽和有刺茎顶芽之间）

差异基因	基因注释	在无刺茎顶芽中表达	基因缩写
c57223.graph_c0	Chalcone synthase查耳酮合酶	下调	*CHS*
c54084.graph_c0	Chalcone isomerase查耳酮异构酶	下调	*CHI*
c42434.graph_c0	Flavonone-3-hydroxylase黄酮-3-羟化酶	下调	*F3H*
c35585.graph_c0	Dihydvroflavonol-4-reductase 二羟黄酮醇-4-还原酶	下调	*DFR*
c37239.graph_c0	Anthocyanin synthase花青素合成酶	下调	*ANS*
c53842.graph_c0	Protein ECERIFERUM 1-like ECERIFERUM1样蛋白	下调	*CER*
c54024.graph_c0	Anthocyanin acyltransferase 花青素酰基转移酶	下调	*AAT*
c54346.graph_c0*	Acetyl-CoA-benzylalcohol acetyltransferase 乙酰辅酶A苯甲醇乙酰转移酶	下调	*AACT*
c37707.graph_c0	Flavonoid-3'，5'-hydroxylase 类黄酮-3，5-羟基化酶	下调	*F3' 5' H*
c56194.graph_c0	Caffeoyl-CoAO-methyltransferase 咖啡酰辅酶A-O-甲基转移酶	上调	*CCoAOMT*
c56294.graph_c5*	Zinc transport protein ZntB-like 锌转运蛋白ZntB样	下调	*ZntB*

注：*表示经qRT-PCR验证的DEG。

淀粉和蔗糖代谢KEGG路径在无刺茎顶芽中显著下调（P=0.006976）。共有11个DEG注释到淀粉和蔗糖代谢KEGG路径，其中10个DEG在无刺茎顶芽中下调，这些下调DEG中的1个（c45973.graph_c1）注释为α-海藻糖磷酸合酶（Alpha-trehalose-phosphate synthase 6，TPS6）基因，2个（c48954.graph_c0；c54364.graph_c1）注释为海藻糖磷酸磷酸酶（Trehalose-phosphate phosphatase，TPP）基因，1个是蔗糖合酶（Sucrose synthase，SUS）基因（c56349.graph_c2）（图3-6，表3-7）。

植物昼夜节律KEGG路径上的11个DEG中，有1个注释为病程相关蛋白（PR1，c50431.graph_c1）的DEG在无刺茎顶芽上调，其余10个DEG在无刺茎顶芽中下调（图3-7，表3-8）。该KEGG路径下调的DEG包括查尔斯合成酶（CHS，c57223.graph_c0）基因。该基因也注释到类黄酮生物合成KEGG路径中（图3-5，表3-6）。这说明该基因可能不仅从一个KEGG路径影响黑果枸杞枝刺发育。

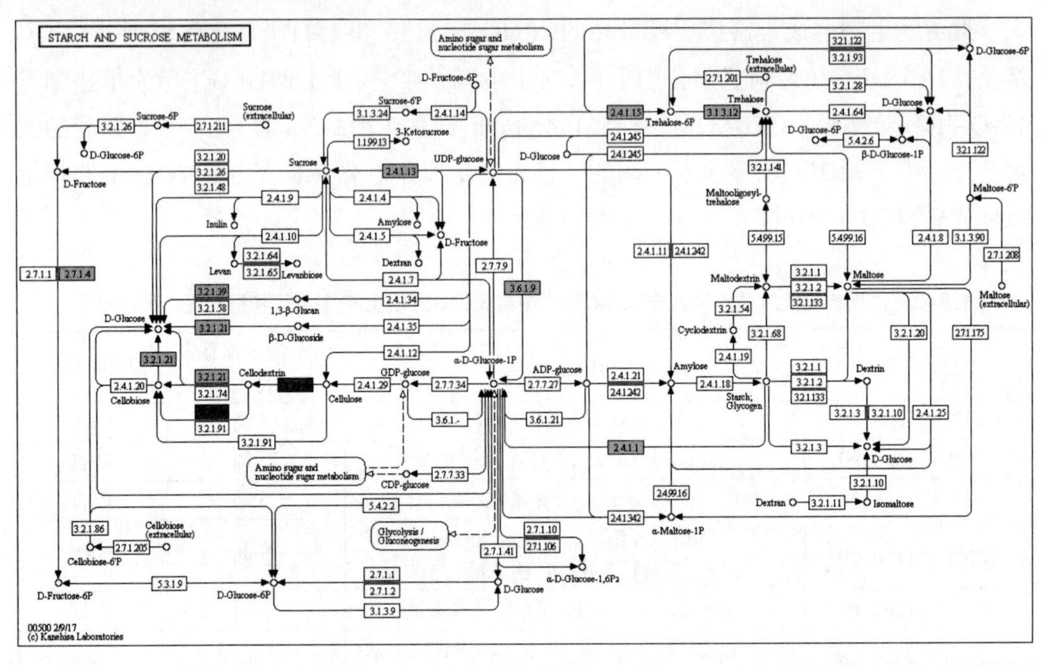

注：在无刺茎顶芽中，深灰框内的DEG上调，浅灰框内的DEG下调；2.4.1.13—蔗糖合酶；3.1.3.12—海藻糖磷酸酶。

图3–6　黑果枸杞注释到淀粉和蔗糖代谢的KEGG路径上的DEG（无刺茎顶芽和有刺茎顶芽之间）

表3–7　黑果枸杞淀粉和蔗糖代谢KEGG路径的DEG（无刺茎顶芽和有刺茎顶芽之间）

差异基因	基因注释	在无刺茎顶芽中表达	基因缩写
c34281.graph_c0	Ectonucleotide pyrophosphatase/phosphodiesterase 核苷酸焦磷酸酶/磷酸二酯酶	下调	*LOC*
c45973.graph_c1*	Alpha-trehalose-phosphate synthase 6 α–海藻糖合成酶6	下调	*TPS*
c48002.graph_c1*	Putative fructokinase-6 假定果糖激酶6	下调	*Fru6*
c48170.graph_c0	Beta-glucosidase 12-like β–葡萄糖苷酶12样	下调	*BGA12*
c48215.graph_c0	Glucan endo-1，3-beta-glucosidase A-like 葡聚糖内切–1，3–β–葡萄糖苷酶A样	下调	*Glc-A*
c48587.graph_c0*	Glucan endo-1，3-beta-glucosidase 葡聚糖内切–1，3–β–葡萄糖苷酶	下调	*Glc*
c48954.graph_c0	Trehalose-phosphate phosphatase J 海藻糖磷酸磷酸酶J	下调	*TPP1*
c53172.graph_c2	Endoglucanase 1-like 内切葡聚糖酶1样	上调	*EGL1*
c53490.graph_c1	Alpha-1，4 glucan phosphorylase L-2 isozyme α–1，4葡聚糖磷酸化酶L–2同工酶	下调	*Pho*
c54364.graph_c1	Trehalose-phosphate phosphatase 海藻糖–磷酸磷酸酶	下调	*TPP2*
c56349.graph_c2*	Sucrose synthase蔗糖合酶	下调	*SUS*

注：*表示经qRT-PCR验证的DEG

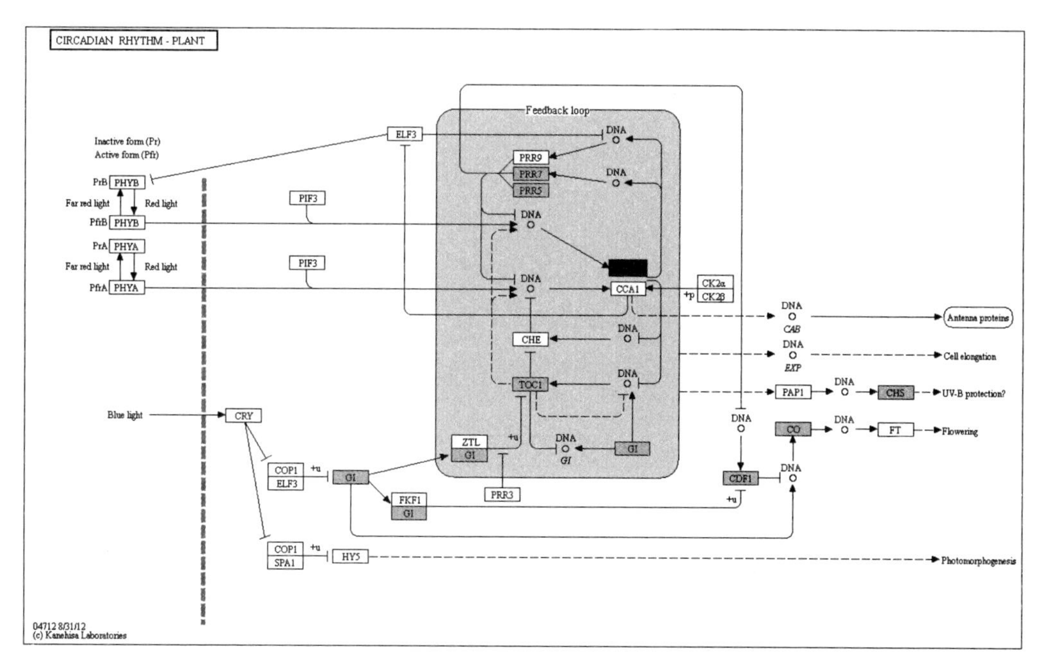

注：浅灰框内的DEG在无刺茎顶芽中下调；深灰框表示在无刺茎顶芽中既有上调的又有下调的DEG。

图3-7　黑果枸杞注释到植物昼夜节律KEGG路径上的DEG（无刺茎顶芽和有刺茎顶芽之间）

表3-8　黑果枸杞植物昼夜节律KEGG路径中富集的DEG（无刺茎顶芽和有刺茎顶芽之间）

差异基因	基因注释	在无刺茎顶芽中表达	基因缩写
c31738.graph_c0	Two-component response regulator-like PRR37 类双组分响应调控因子PRR37	下调	*TCRLP*
c41560.graph_c0	Two-component response regulator-like APRR5 类双组分响应调控因子APRR5	下调	*TCRLA5*
c47205.graph_c0	Protein LHY isoform X2 蛋白LHY异构体X2	下调	*LHY*
c48256.graph_c0	CONSTANS-like protein CONSTANS样蛋白	下调	*CLP*
c48555.graph_c0	Hypothetical protein EJD97_005713 假定蛋白EJD97_005713	下调	*EJD97*
c50431.graph_c1	Protein Reveille 1 蛋白质Reveille 1	上调	*RVE1*
c52733.graph_c0	Two-component response regulator-like APRR1 isoform X1 类双组分响应调控因子APRR5异构体X1	下调	*TCRLA1*
c53203.graph_c3	Two-component response regulator-like APRR9 类双组分响应调控因子APRR9	下调	*TCRLA9*
c54076.graph_c0	GIGANTEA-like protein GIGANTEA 样蛋白	下调	*GLP*
c55664.graph_c0	Hypothetical protein T459_25717 假定蛋白T459_25717	下调	*HPT459*
c57223.graph_c0	Chalcone synthase 查耳酮合酶	下调	*CHS*

有趣的是，6个DEG注释到光合作用–天线蛋白KEGG路径（P=9.91E^{-05}），这6个DEG在无刺茎顶芽中均下调（图3–8，表3–9），且全部注释为叶绿素a/b结合蛋白（LHC）。LHC基因编码捕光叶绿素a/b结合蛋白，捕光叶绿素a/b结合蛋白通常与叶绿素和叶黄素形成捕光色素蛋白复合体，对植物光合作用起到关键作用，LHC下调可能说明无刺材料的光合作用会显著弱于有刺材料，这与无刺茎顶芽的淀粉和蔗糖代谢路径显著下调的结果相符合。叶片为光合源器官，是合成碳水化合物的场所，其光合作用能够为植物体生长发育提供必需的碳水化合物（Kasai，2008），且光合速率升高，能够促进其叶片生长发育，最终使叶片数量得到显著增加（李映龙 等，2019）。

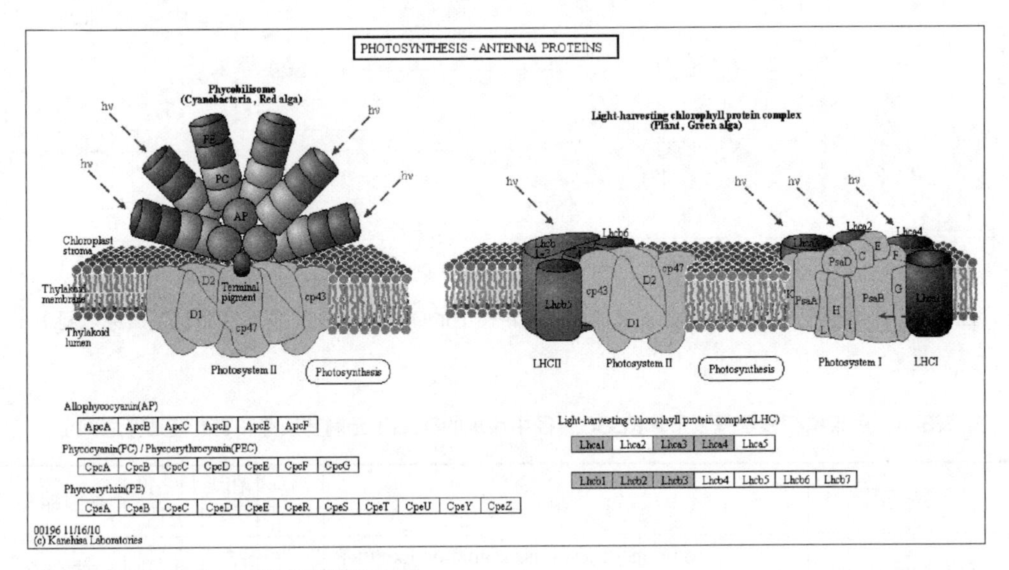

注：灰色框内的DEGs在无刺茎顶芽中下调。

图3–8　黑果枸杞无刺茎顶芽中显著下调（与有刺茎顶芽相比）的光合作用–天线蛋白KEGG路径

表3–9　黑果枸杞光合作用–天线蛋白KEGG路径的DEG（无刺茎顶芽和有刺茎顶芽之间）

差异基因	基因注释	在无刺茎顶芽中表达	基因缩写
c44098.graph_c1	Chlorophyll a-b binding protein 13 叶绿素ab结合蛋白13	下调	*LHC13*
c45076.graph_c0	Chlorophyll a-b binding protein 5 叶绿素ab结合蛋白5	下调	*LHC5*
c51258.graph_c0	Chlorophyll a-b binding protein 4 叶绿素ab结合蛋白4	下调	*LHC4*
c51864.graph_c4	Chlorophyll a-b binding protein 6A 叶绿素ab结合蛋白6A	下调	*LHC6A*
c52284.graph_c3	Chlorophyll a-b binding protein 8 叶绿素ab结合蛋白8	下调	*LHC8*
c54298.graph_c0	Chlorophyll a-b binding protein 21 叶绿素ab结合蛋白21	下调	*LHC21*

为了筛选与黑果枸杞可见枝刺发生相关的关键基因，本章还将有刺和无刺茎顶芽之间DEG注释到COG数据库。根据DEG的COG分类统计结果可知，碳水化合物转运与代谢（*Carbohydrate transport and metabolism*）是DEG最多的一类COG（图3–9），共富集22个DEG（表3–10）。如表3–10所示，有3个DEG在Thless中下调，分别为α–海藻糖磷酸合酶基因6（*Alpha-trehalose-phosphate synthase 6*，c45973.graph_c1），β–葡糖苷酶12（*Beta-glucosidase 12*，c48170.graph_c0）基因和α–1，4葡聚糖磷酸化酶L–2同工酶基因（*Alpha-1，4 glucan phosphorylase L-2 isozyme*，c53490.graph_c1）；这3个DEG也被注释在淀粉和蔗糖代谢KEGG路径。碳水化合物转运与代谢COG功能与淀粉和蔗糖代谢KEGG路径密切相关，且均与黑果枸杞可见枝刺的发生相关。除此之外，在碳水化合物转运与代谢COG功能中还有与糖转运相关的DEG，如表3–10所示，这些DEG中的糖转运蛋白ERD6基因（*Sugar transporter ERD6*，c54865.graph_c0）和UDP–葡萄糖：葡糖基转移酶基因（*UGCG*，c51397.graph_c0）在无刺茎顶芽上调，糖转运蛋白13基因（*SUT13*，c44137.graph_c0）在无刺茎顶芽中下调。此外，该COG中的磷转运蛋白基因（*PT1*，c45574.graph_c0）和钠依赖性磷酸盐转运蛋白1基因（*NPT1*，c48212.graph_c0）在无刺茎顶芽中下调。

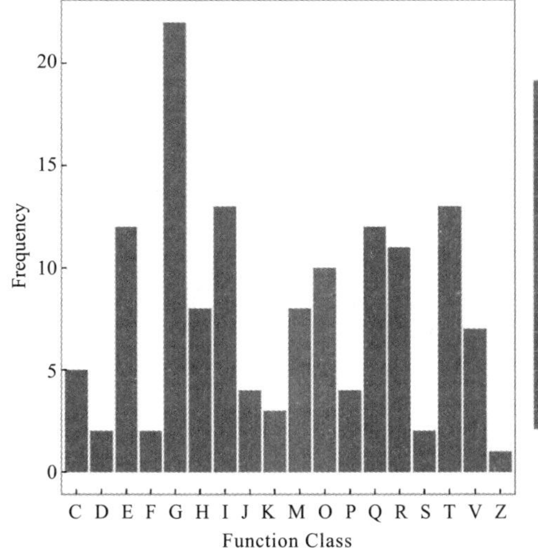

图3–9　黑果枸杞有刺和无刺茎顶芽之间DEG的COG功能分类（无刺茎顶芽和有刺茎顶芽之间）

表3–10　黑果枸杞注释到碳水化合物转运和代谢COG类别的DEG（无刺茎顶芽和有刺茎顶芽之间）

差异基因	基因注释	在无刺茎顶芽中表达	基因缩写
c54153.graph_c3	Pectinesterase　果胶酯酶	上调	*PE*
c35182.graph_c2	Pectinesterase 68　果胶酯酶68	上调	*PE68*
c48954.graph_c0	Trehalose-phosphate phosphatase J　海藻糖磷酸磷酸酶J	下调	*TPPJ*

表3-10（续）

差异基因	基因注释	在无刺茎顶芽中表达	基因缩写
c45973.graph_c1*	Alpha-trehalose-phosphate synthase 6 α-海藻糖合成酶6	下调	*TPS*
c53627.graph_c1	Cell wall protein RBR3 isoform X2 细胞壁蛋白RBR3异构体X2	下调	*RBR3*
c51387.graph_c0	Acidic endochitinase pcht28 酸性几丁质内切酶pcht28	下调	*CHIB*
c36128.graph_c0	Alpha-L-fucosidase 1 α-L-岩藻糖苷酶1	上调	*AFU1*
c51554.graph_c0	Basic 30 kDa endochitinase 碱性30 kDa几丁质内切酶	下调	*Cht30*
c44866.graph_c3	Alpha-L-arabinofuranosidase 1 α-L-阿拉伯呋喃糖苷酶1	下调	*ALA1*
c48170.graph_c0	Beta-glucosidase 12 β-葡萄糖苷酶12	下调	*BGA12*
c45574.graph_c0	Phosphorus transporter PT1 磷转运蛋白PT1	下调	*PT1*
c48212.graph_c0	Sodium-dependent phosphate transport protein 1 钠依赖的磷酸盐转运蛋白1	下调	*NPT1*
c44206.graph_c0	Class V chitinase-like V类几丁质酶样	下调	*ChiV*
c53490.graph_c1	Alpha-1,4 glucan phosphorylase L-2 isozyme α-1,4葡聚糖磷酸化酶L-2同工酶	下调	*Pho*
c54865.graph_c0	Sugar transporter ERD6 糖转运蛋白ERD6	上调	*ERD6*
c27254.graph_c0	Flavonoid 3-glucosyl transferase precursor 类黄酮3-葡糖基转移酶前体	下调	*3GT*
c49339.graph_c0	Organic cation/carnitine transporter 4 有机阳离子/肉碱转运蛋白4	下调	*OCT4*
c51397.graph_c0	UDP-glucose: glucosyltransferase UDP葡萄糖：葡糖基转移酶	上调	*UGCG*
c47899.graph_c0	Protein Strictosidine synthase-like 10 蛋白异胡豆苷合成酶10样	下调	*SSL10*
c53172.graph_c2	Endoglucanase 1 内切葡聚糖酶1	上调	*EG1*
c44137.graph_c0	Sugar transport protein 13 糖转运蛋白13	下调	*SUT13*
c47897.graph_c0	Glyceraldehyde-3-phosphate dehydrogenase 甘油醛-3-磷酸脱氢酶	上调	*GAPD*

注：*表示通过qRT-PCR验证的DEG。

3.2.3 qRT-PCR验证RNA-Seq结果可靠

qRT-PCR结果显示，所选9个DEG（表3-1）在有刺和无刺茎顶芽的表达趋势与RNA-Seq揭示的表达模式一致（图3-10），说明RNA-Seq结果准确可靠。

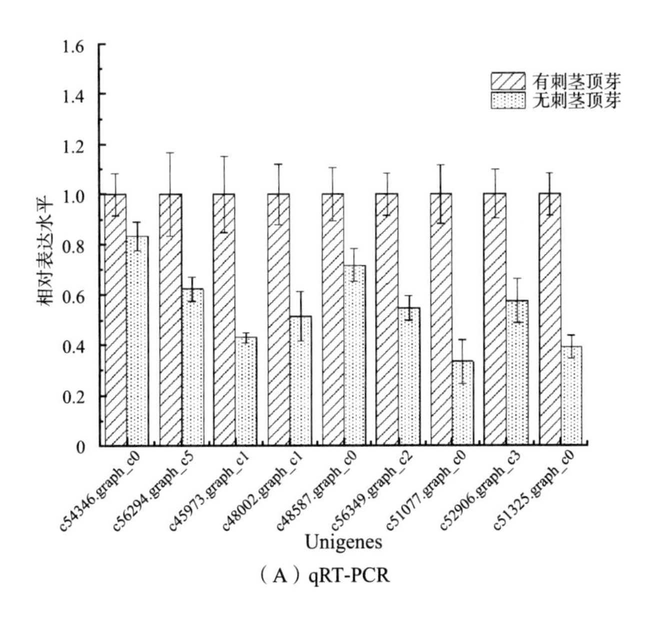

（A）qRT-PCR

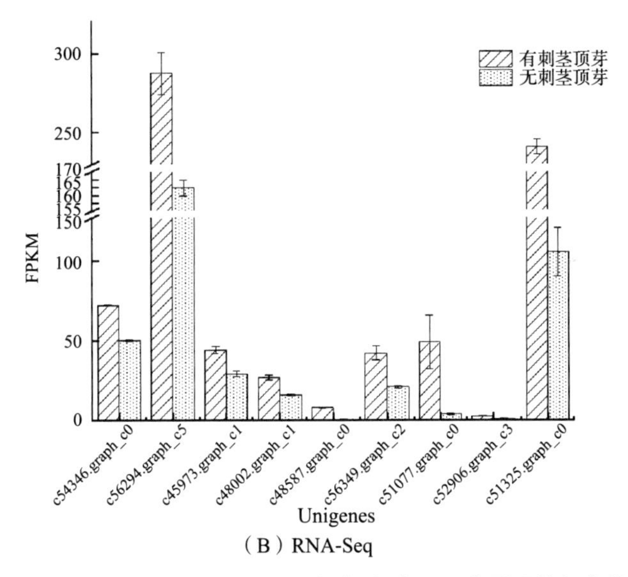

（B）RNA-Seq

图3-10　qRT-PCR（A）和RNA-Seq（B）检测9个DEG在黑果枸杞中的表达水平

3.2.4　海藻糖-6-磷酸（T6P）和蔗糖含量

无刺茎顶芽的T6P含量（m/m）显著高于有刺茎顶芽的T6P含量（P<0.01，表3-11），但是无刺茎顶芽的蔗糖含量（m/m）却显著低于有刺茎顶芽的（P<0.01，表3-12）。两种类型的顶芽中，T6P含量（m/m）与蔗糖含量（m/m）呈负相关（r=-0.960，P<0.01）。同时，有刺和无刺茎顶芽的果糖和葡萄糖含量（m/m）没有显著差异。这些结果说明黑果枸杞可见枝刺的发生与顶芽蔗糖含量（m/m）增加和T6P含量（m/m）降低有关。

表3-11　黑果枸杞无刺茎顶芽和有刺茎顶芽内源T6P含量

样品	T6P（$\mu g \cdot g^{-1}$ FW）
有刺茎顶芽	358.21 ± 6.82^{B}
无刺茎顶芽	428.82 ± 2.77^{A}

注：表中每个值代表三个重复的平均值±标准差，标注不同字母的同一列数据之间差异极显著（$P<0.01$）。

表3-12　黑果枸杞无刺茎顶芽和有刺茎顶芽内源蔗糖、葡萄糖和果糖含量

样品	果糖（$mg \cdot g^{-1}$ FW）	葡萄糖（$mg \cdot g^{-1}$ FW）	蔗糖（$mg \cdot g^{-1}$ FW）
无刺茎顶芽	0.18 ± 0.01A	0.67 ± 0.09A	0.61 ± 0.16B
有刺茎顶芽	0.18 ± 0.02A	0.78 ± 0.02A	3.55 ± 0.12A

注：表中数据为三次重复的平均值±标准误，标注不同字母的同一列数据之间差异极显著（$P<0.01$）。

在淀粉和蔗糖代谢KEGG路径中，在海藻糖-6-磷酸合酶（TPS）的催化下，UDP-葡萄糖和葡萄糖-6-磷酸反应生成T6P，然后T6P被TPP脱磷酸化形成海藻糖（Shima et al.，2007；Chen et al.，2014）；蔗糖合酶（SUS）催化蔗糖合成和分解的双向反应（Schmölzer et al.，2016）（图3-6）。本研究中T6P含量（m/m）与*TPS*（c45973.graph_c1）和*TPP*（c54364.graph_c1）基因转录水平呈负相关（$r=-0.880$，$r=-0.896$，$P<0.05$）；而蔗糖含量（m/m）与*SUS*（c56349.graph_c2）转录水平呈显著正相关（$r=0.886$，$P<0.05$）。

3.2.5　外源蔗糖促进可见枝刺发生/发育

随着外源蔗糖浓度的升高，黑果枸杞有刺茎节率呈现先升高后降低的趋势（表3-13）。其中，16 $g \cdot L^{-1}$蔗糖处理组的效果最为显著，该处理组新发茎的有刺茎节率、刺长和刺基部直径均显著高于对照组和其他蔗糖浓度的处理组新发茎的（表3-13）。这说明外源蔗糖确实可以促进黑果枸杞可见枝刺的发生和后续生长。本次实验也证明促进黑果枸杞可见枝刺发生的最佳外源蔗糖浓度是16 $g \cdot L^{-1}$。

表3-13　不同浓度蔗糖处理对黑果枸杞可见枝刺发生/发育的影响

蔗糖浓度	有刺茎节率/%	刺长/mm	刺基部直径/mm
0 $g \cdot L^{-1}$	7.00 ± 3.79^{bc}	1.33 ± 0.82^{b}	0.09 ± 0.05^{b}
2 $g \cdot L^{-1}$	9.00 ± 4.00^{bc}	1.43 ± 0.18^{b}	0.12 ± 0.02^{b}
4 $g \cdot L^{-1}$	30.00 ± 15.01^{bc}	1.80 ± 0.97^{b}	0.13 ± 0.07^{b}
8 $g \cdot L^{-1}$	31.00 ± 17.35^{b}	1.90 ± 0.95^{b}	0.14 ± 0.07^{b}
16 $g \cdot L^{-1}$	82.33 ± 6.33^{a}	4.17 ± 0.23^{a}	0.33 ± 0.02^{a}
32 $g \cdot L^{-1}$	0.00 ± 0.00^{c}	0.00 ± 0.00^{b}	0.00 ± 0.00^{b}

注：表中数据为三次重复的平均值±标准误，标注不同字母的同一列数据之间差异显著（$P<0.05$）。

3.2.6 非代谢性蔗糖类似物促进可见枝刺发生/发育

非代谢性蔗糖类似物蜜二糖和异麦芽酮糖处理之后，有刺枝条率、有刺茎节率、刺长以及刺基部直径均高/大于对照组的（表3-14）。然而，两种非代谢性蔗糖类似物对4项指标的促进效应均低于16 $g \cdot L^{-1}$蔗糖处理组的。蜜二糖处理显著提高了有刺枝条率、有刺茎节率和刺基部直径（表3-14）。异麦芽酮糖处理使有刺茎节率提高到对照组的3倍，并显著增加刺基部直径（表3-14）。非代谢性蔗糖类似物结构类似蔗糖，但是不能被植物代谢利用（Rabot et al.，2012）。因此，其对黑果枸杞可见枝刺发生的促进作用证明蔗糖在促进其枝刺发生过程中可能发挥了信号功能。蔗糖对枝刺发生的促进作用强于非代谢性蔗糖类似物，这说明蔗糖在促进黑果枸杞可见枝刺发生过程中不但发挥了信号功能还发挥了能量供给功能。同时，甘露醇处理对黑果枸杞可见枝刺发生/发育（刺长和基部直径）没有显著影响（表3-14）。因此，我们推测黑果枸杞可见枝刺的发生/发育与蔗糖引发的渗透压变化无关。

表3-14　非代谢性蔗糖类似物和渗透压调节剂对黑果枸杞可见枝刺发生/发育的影响

处理	有刺枝条率/%	有刺茎节率/%	刺长/mm	刺基部直径/mm
对照	6.67 ± 3.33^{c}	7.00 ± 3.79^{c}	1.33 ± 0.82^{b}	0.09 ± 0.05^{b}
蔗糖	100.00 ± 0.00^{a}	81.33 ± 1.45^{a}	4.28 ± 0.73^{a}	0.37 ± 0.03^{a}
蜜二糖	71.67 ± 17.40^{ab}	42.00 ± 11.02^{b}	3.00 ± 0.31^{ab}	0.29 ± 0.02^{a}
异麦芽酮糖	55.55 ± 22.22^{b}	27.33 ± 8.37^{bc}	3.39 ± 0.54^{ab}	0.27 ± 0.04^{a}
甘露醇	13.33 ± 13.33^{c}	6.00 ± 6.00^{c}	1.24 ± 1.24^{b}	0.09 ± 0.09^{b}

注：表中数据为三次重复的平均值 ± 标准误，标注不同字母的同一列数据之间差异显著（$P<0.05$）。处理之后产生至少1个新发枝刺的枝条被定义为有刺枝条。

3.2.7 摘叶处理抑制可见枝刺的发生/发育

摘叶组的有刺枝条率、有刺茎节率显著低于未摘叶的对照组（表3-15）。这说明摘叶处理抑制黑果枸杞可见枝刺发生。在摘叶处理植物中，因为光合作用源器官的减少，光合作用将降低（Sha et al.，2020）。因此，在摘叶处理的植物中，蔗糖含量（m/m）也被降低（Kasai，2008）。总之，降低蔗糖含量（m/m）显著降低了黑果枸杞可见枝刺的发生率。本部分结果结合上述外源蔗糖、非代谢性蔗糖类似物及甘露醇处理结果，以及内源糖含量（m/m）测定结果，共同证明黑果枸杞顶芽的高蔗糖供应促进可见枝刺发生，低蔗糖供应抑制其发生。并且，顶芽高蔗糖供应通过能量和信号双重作用促进黑果枸杞可见枝刺的发生。

表3-15　摘叶处理对黑果枸杞可见枝刺发生/发育的影响

处理	有刺枝条率/%	有刺茎节率/%	刺长/mm	刺基部直径/mm
摘叶	25.76 ± 7.58[b]	20.50 ± 8.50[b]	3.19 ± 0.65[a]	0.4 ± 0.05[a]
对照	70.24 ± 13.10[a]	81.83 ± 9.84[a]	4.81 ± 0.06[a]	0.47 ± 0.07[a]

注：表中数据为三次重复的平均值 ± 标准误，标注不同字母的同一列数据之间差异显著（$P<0.05$）。处理之后产生至少5个新发枝刺的枝条被定义为有刺枝条。

3.3　讨论和结论

3.3.1　讨论

显微观察发现无刺和有刺茎上端第一茎节均可观察到刺原基，但是，此处无刺的刺原基发育程度已经明显低于有刺的刺原基。随着发育的进行，从上到下，两种材料的刺/刺原基发育差距逐渐加大，最终有刺材料出现肉眼可见枝刺，无刺材料无肉眼可见枝刺。鉴于两种材料第一茎节刺原基的明显差异，并且生理和基因表达差异通常早于形态差异，因此，要挖掘与黑果枸杞可见枝刺发生相关的关键基因和代谢物，应该选取第一茎节之前的茎尖，即去叶顶芽（含更低发育程度的刺原基）为试验材料。本研究发现的黑果枸杞枝刺逐渐发育的现象与Zhang等（2020a）针对柑橘的研究发现类似。Zhang等研究发现，柑橘（*Citrus*）每个节点具有典型的分枝分生组织和刺分生组织。柑橘刺原基在早期呈圆顶状，休眠腋生分生组织被其相邻的苞片包围。但随着刺原基的逐渐生长，其表皮细胞会变得细长并呈锉状排列，刺的顶端逐渐从圆顶状转变为更尖的刺结构。此外，他们也对无刺柑橘和多刺柑橘的茎尖进行了RNA-Seq分析，以确定影响枝刺发育的候选基因。他们的研究报道再次证明本研究取顶芽进行RNA-Seq和内源代谢物测定是合理的。

本研究RNA-Seq分析发现无刺茎顶芽和有刺茎顶芽之间的DEG共359个，其中，无刺中下调DEG数（263个）多于上调数（96个）。这与类黄酮生物合成、淀粉和蔗糖代谢、光合作用–天线蛋白等KEGG路径在无刺茎顶芽被显著下调的结果相符合。对有刺与无刺材料之间的DEG进行富集分析发现，黑果枸杞枝刺的发生与淀粉蔗糖代谢和光合作用–天线蛋白等KEGG路径相关。光合作用–天线蛋白KEGG路径中富集的6个DEG皆为LHC基因。叶片为光合源器官，是合成碳水化合物的场所，其光合作用能够为植物体生长发育提供必需的碳水化合物（Kasai，2008），且光合速率升高，能够促进其叶片生长发育，最终使叶片数量得到显著增加（李映龙 等，2019）。因此，“少叶无刺”类型的黑果枸杞可能是碳水化合物合成少于“多叶有刺”类型，不能为黑果枸杞枝刺的发生提供足够能量，故其刺原基生长发育程度低于“多叶有刺”类型。LHC蛋白有吸收光能的功能（李安节 等，2018），本研究RNA-Seq的6个LHC基因在“少叶无刺”类型中显著下调，说明其补光复合物蛋白可能少于“多叶有刺类型”，那么其光合作用也相应减弱，从而导致碳水化合物累积减少。并且本研究也确实检测到淀粉和蔗糖代谢KEGG路径在无刺茎顶芽显著下调。

最新研究发现，柑橘可见枝刺和侧枝均起源于叶腋处的分生组织，通过转基因方法，使柑橘叶腋处的枝刺向侧枝转变（Zhang et al.，2020a）。黑果枸杞可见枝刺（Yang et al.，2022）[1931]同植物侧枝（Domagalska et al.，2011）一样具备高度可塑性，植物枝刺的研究可能与侧枝的研究有相似之处。前人研究结果发现侧枝发育第一调节因子可能是糖（Mason et al.，2014；Barbier et al.，2015b）。蔗糖是侧枝生长的信号分子，在侧枝的发育中，蔗糖发挥了营养和信号的双重作用（Rabot et al.，2012）。本研究发现有刺与无刺茎顶芽中的蔗糖含量（m/m）存在显著差异，其表现为有刺茎顶芽中蔗糖含量（m/m）显著高于无刺茎顶芽，且外源施加16 $g\cdot L^{-1}$的蔗糖（升高蔗糖）可以显著促进黑果枸杞无刺植株的新发茎产生可见枝刺，黑暗后摘叶的处理（降低蔗糖）又可以显著抑制有刺黑果枸杞的新发茎长刺。使用相同摩尔浓度的渗透压调剂处理对黑果枸杞无刺植株的新发茎产生可见枝刺没有显著影响，非代谢性蔗糖类似物能够显著促进黑果枸杞无刺植株的新发茎产生可见枝刺，但其促进程度弱于相同摩尔浓度的蔗糖。这些发现说明蔗糖通过能量和信号双重作用促进黑果枸杞刺原基发育为可见枝刺。我们的研究发现，在促进黑果枸杞刺原基发育为可见枝刺过程中，蔗糖也可能通过影响相关关键基因和代谢路径，起到营养和信号的双重作用。

本研究发现，*SUS*作为DEG注释到淀粉和蔗糖代谢KEGG路径上（图3-6），两类顶芽材料中蔗糖含量（m/m）与本研究中*SUS*的转录水平呈显著正相关，推测可能是高蔗糖引起*SUS*高表达（Leng et al.，2022；Pien et al.，2001）。*SUS*催化合成和分解蔗糖的双向反应（Ahmed et al.，2020）。SUS既可以将蔗糖水解为UDP-葡萄糖（Wang et al.，1993），为植物的生长提供能量（Martin et al.，1993），又能促进植物体中的蔗糖合成，使植物体中的蔗糖含量增加（Ahmed et al.，2020）。蔗糖不仅可以被SUS催化合成和分解（Ahmed et al.，2020），还可以通过植物韧皮部进行运输（Lemoine et al.，2013；Wang et al.，2017），且为植物体糖长距离转运的主要形式（Doidy et al.，2012；Zhang et al.，2019）。本研究中*SUT*13基因在有刺顶芽表达显著上调。SUT1是茄科植物韧皮部装载和长距离运输蔗糖所必需的高亲和力转运蛋白，拟南芥蔗糖转运蛋白SUT2可能是植物中蔗糖感应/信号转导的成分（Barker et al.，2000；Wu et al.，2018），SUT4编码蔗糖转运蛋白能够参与蔗糖长距离运输过程（Chincinska et al.，2008；Garg et al.，2021）。有刺顶芽上调的*SUT*13可能与上述*SUT*的功能类似，是黑果枸杞糖转运蛋白，起到参与黑果枸杞中蔗糖的转运功能。与无刺顶芽相比，有刺顶芽的蔗糖含量（m/m）显著上升，但葡萄糖含量（m/m）并无显著变化，这说明有刺顶芽的高蔗糖不是本地淀粉分解而来（Mason et al.，2014）。因此，推测黑果枸杞有刺顶芽的蔗糖可能是由韧皮部长距离运输而来。

T6P作为海藻糖代谢的中间体，在糖信号通路中也起到介导蔗糖的信号作用（Hu et al.，2022；Lawlor et al.，2014；Tsai et al.，2014）。TPS和TPP分别催化T6P的合成和分解，即TPS催化T6P的生成，T6P经TPP催化脱磷酸生成海藻糖（Chen et al.，2014；Shima et al.，2007）。本研究发现无刺顶芽中T6P含量（m/m）显著高于有刺顶芽，且T6P含量（m/m）与TPS和TPP两种基因的转录水平均呈显著负相关。综上，推测有刺材料中TPS转录水平与T6P含量（m/m）负相关的原因可能是低T6P含量（m/m）通过负反馈调节来提高TPS转录水平，也可能是高表达水平的TPP导致更多T6P分解。此外，还可能是TPS蛋白含有的TPP结构域（Vandesteene et al.，2010；Zang et al.，2011），其在黑果枸杞顶芽也发挥了分解T6P的功能，从而减少T6P含量（m/m）。但在黑果枸杞可见枝刺发育的过程中，T6P与蔗糖之间的作用机理还有待进一步研究。外源施加T6P是否能成功抑制黑果枸杞枝刺发生？单独或者联合抑制*TPS*和/或*TPP*基因的表达是否能成功抑制黑果枸杞可见枝刺发生？这都是值得继续开展的研究。

本研究的两类材料中T6P含量（m/m）与蔗糖呈显著负相关，这与侧枝发生过程中蔗糖与T6P的相关性正好相反（Fichtner et al.，2017）。有研究显示高T6P介导高蔗糖信号促进侧枝发生（Fichtner et al.，2017）；本研究发现低T6P可能通过介导高蔗糖信号促进可见枝刺的发生。这是非常有趣的发现，说明虽然两者都起源于叶腋处的分生组织，都被蔗糖促进，但是介导性的T6P含量却正好相反。

本研究所用的所有黑果枸杞植株均属于同一个组培无性系。有趣的是，在相同的条件下出现有刺和无刺两种类型的植株。进一步观察发现有刺植株单个茎节的平均叶片数量显著高于无刺植株的。叶片是用于碳水化合物合成的光合“源”器官（Sha et al.，2020）。此外，摘叶处理降低蔗糖含量（m/m）抑制黑果枸杞可见枝刺发生。因此，我们推测，黑果枸杞一个无性系却能出现两种表型植株的原因可能是叶片数量差异导致的顶芽蔗糖供应差异。较少叶片数量导致的顶芽较低的蔗糖供应抑制其可见枝刺的发生，较多叶片数量导致的顶芽较高的蔗糖供应促进其可见枝刺的发生。有刺和无刺茎顶芽蔗糖含量（m/m）以及RNA-Seq结果也支持这个结论。为什么同一种苗得来的无性系植株置于相同的环境条件下却出现两种表型呢？然而，无论玻璃温室内的有刺还是无刺植株，移栽露天大田之后其新发茎又均产生可见枝刺。此外，我们试验中的种苗，无论置于玻璃温室还是栽植于户外，又均产生可见枝刺（Yang et al.，2022）。因此，我们推测试管内组培繁殖导致的“复幼”是黑果枸杞组培植株阶段性无刺的原因。此处，组培植株刺表型的不稳定性可能由可逆的表观遗传修饰而不是基因突变引起，这与前人报道的马占相思（Acacia mangium Willd.）叶子的二型性类似（Monteuuis，2004）。

综上所述，我们初步提出了蔗糖调控黑果枸杞可见枝刺发生的机理模型。在黑果枸杞可见枝刺发生过程中蔗糖供应可能发挥能量和信号双重作用。多叶导致的顶芽高蔗糖供应（由低T6P介导）促进黑果枸杞可见枝刺的发生；少叶导致的低蔗糖供应（由高T6P介导）则抑制黑果枸杞可见枝刺的发生（图3–11）。目前，课题组正在通过黑果枸杞的稳定遗传转化验证这些关键基因对枝刺发生的影响。

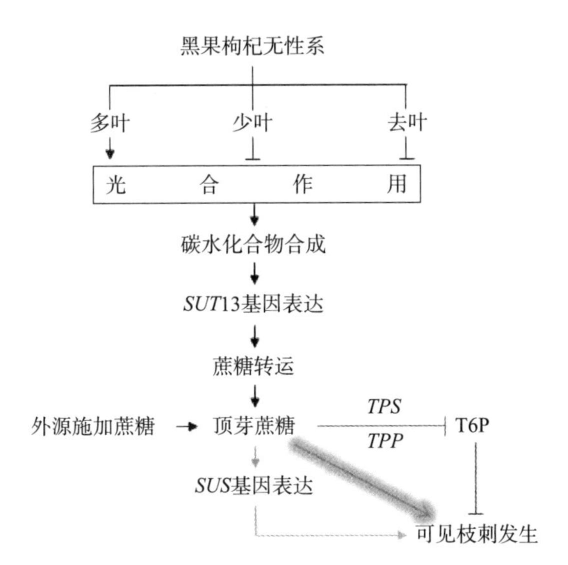

注：长虚线表示蔗糖的信号路径，点虚线表示蔗糖的能量路径，粗线表示能量供应和信号的双重作用。

图3–11　黑果枸杞可见枝刺发生的机理图

3.3.2　结论

黑果枸杞组培植株移栽置于玻璃温室相同条件下，出现“少叶无刺”和“多叶有刺”两种类型。显微观察发现，要想继续探索影响枝刺发生的内在因素，有刺和无刺茎的顶芽是合适的试验材料。RNA-Seq分析显示淀粉和蔗糖代谢KEGG路径以及差异表达基因——*LrSUT*13，*LrSUS*，*LrTPP*均在有刺茎顶芽被显著上调。qRT-PCR验证RNA-Seq结果的准确性。有刺茎顶芽的蔗糖含量（m/m）显著高于无刺茎顶芽的，而T6P含量（m/m）则相反。摘叶处理降低蔗糖含量（m/m）抑制枝刺发生/发育；16 $g \cdot L^{-1}$外源蔗糖处理显著促进枝刺的发生和生长；并且这种促进效果显著高于非代谢性蔗糖类似物处理组；相同摩尔浓度的渗透压调剂甘露醇处理对黑果枸杞枝刺的发生没有显著影响。这些发现证明蔗糖可能通过能量和信号双重作用促进黑果枸杞无性系移栽植株的枝刺发生。多叶导致的顶芽高蔗糖供应通过低T6P含量（m/m）和高表达水平的*LrSUS*，*LrTPP*和*LrTPS*促进黑果枸杞枝刺发生，而少叶则抑制其枝刺发生。

第4章 蔗糖促进黑果枸杞组培无性系枝刺发生机理探索

本书第3章已经写明蔗糖促进黑果枸杞枝刺发生。但是，第3章高通量转录组测序（RNA-Seq）只用了未做任何处理的有刺和无刺茎顶芽两种试验材料，并且只获得了359个差异表达的基因（DEG）。本章在证明蔗糖（Suc）通过能量和信号路径促进黑果枸杞枝刺发生的基础上，继续利用RNA-Seq对无刺茎顶芽（TleCK）、有刺茎顶芽（ThoCK）、黑暗处理的有刺茎顶芽（ThoDCK）、减少内源Suc处理后有刺变无刺茎顶芽（TleDPL）和喷施外源Suc后无刺变有刺茎顶芽（ThoSuc）5种样品之间DEG和叶绿体差异表达基因（cpDEG）进行了筛选和分析，并采用实时荧光定量PCR（RT-qPCR）验证了9个DEG的表达情况。结果显示五组有刺和无刺材料顶芽之间（ThoCK vs. TleCK，ThoCK vs. TleDPL，ThoDCK vs. TleDPL，TleCK vs. ThoSuc和TleDPL vs. ThoSuc）的DEG分别为5 281，4 363，3 125，5 226和3 278个，这5组DEG共同显著富集在9个GO条目和4个KEGG通路（“类黄酮生物合成”“二萜生物合成”“苯丙烷生物合成”“芪类、二芳基庚烷和姜辣素生物合成”）。韦恩图显示5组比较组共有的DEG是196个，其中33个被预测为转录因子基因，较多转录因子基因被预测为NAC和WRKY家族。5组比较组有3个共有DEG注释在植物激素信号转导KEGG通路，分别参与生长素、茉莉酸和水杨酸信号传导。3个关键有刺和无刺比较组（ThoCK vs. TleCK，ThoCK vs. TleDPL，TleCK vs. ThoSuc）共有2个DEG被预测为TCP转录因子基因，这3个比较组均有cpDEG被注释到光合作用KEGG通路。9个DEG的RT-qPCR验证了RNA-Seq结果的可靠性。本研究发现Suc可能通过影响生长素、茉莉酸和水杨酸信号传导以及赤霉素合成基因表达来促进黑果枸杞枝刺发生，枝刺发生也可能与类黄酮积累和木质素减少有关，而且增施外源和减少内源Suc并非通过简单地逆转cpDEG的表达来影响枝刺发生。注释到WRKY，TCP和NAC转录因子家族的共有DEG可能是调控枝刺发生的关键基因。本研究建立了Suc影响黑果枸杞枝刺发生的机理模型图，为培育其无刺、少刺或刺弱化优良品种提供依据。

4.1　材料与方法

4.1.1　试验材料

本研究选用玻璃温室一年生有刺和无刺黑果枸杞长度为15～25 cm的新发枝条为原始试验材料，进行增施外源和减少内源蔗糖的处理。本研究的所有植株均来自一个黑果枸杞组织培养无性系（G系列）（王钦美 等，2023）。此外，无刺植株整枝无肉眼可见枝刺，有刺植株枝条通常从上往下数的前4～5个茎节无肉眼可见枝刺，其余茎节有肉眼可见枝刺，但是，随着发育的进行所有茎节将逐渐依次出现肉眼可见枝刺。采用原始有刺、无刺茎顶芽，黑暗处理后有刺茎顶芽，增施外源和减少内源Suc处理后刺表型显著变化的枝条顶芽为试验材料进行高通量转录组测序（RNA-Seq）以及实时荧光定量PCR（RT-qPCR）分析。

4.1.2　喷施外源Suc和减少内源Suc处理

本书第3章研究结果显示黑果枸杞有刺茎顶芽的Suc含量（m/m）显著高于无刺茎顶芽，推测外源施加Suc能促进黑果枸杞枝刺发生，减少内源Suc合成能抑制其枝刺发生。因此，本研究对无刺和有刺黑果枸杞分别进行增施外源和减少内源Suc的处理。参照前期报道（Liu et al.，2022），本研究采取喷施外源Suc方法来提高内源Suc含量（m/m）。具体方法如下：采用46.74 mmol/L的Suc溶液喷洒健康、生长状态一致的无刺黑果枸杞枝条，对照喷施等量清水，每日每盆喷洒3 mL溶液或溶剂水。参照前人报道，本研究采用黑暗（Jian et al.，2019）联合去叶（沙建川 等，2020；Kasai et al.，2008）的方法来降低内源Suc含量（m/m）。具体方法为先黑暗处理盆栽48 h消耗其内源糖。然后将黑暗处理后的一半材料作为对照组，不做任何其他处理；另外一半为去叶组，除顶芽处4～6片叶外，枝条其余部分的叶片均被摘掉。整个处理周期内，去叶组顶芽处始终保留4～6片叶。以上试验均设置3次生物学重复，每个重复处理10盆（灌木多枝）。处理14 d后，统计分析各类对照和处理材料的新发茎的有刺茎节率。因为无刺和有刺茎的顶端4茎节均无肉眼可见枝刺，因此新发茎有刺茎节率=有刺的新发节数/（新发总节数–顶端4节数）×100 %。

4.1.3　RNA-Seq分析

我们前期对未经处理的黑果枸杞无刺（TleCK）和有刺（ThoCK）茎顶芽2种材料进行了RNA-Seq分析，探索影响枝刺发生的基因（Li et al.，2023）。为了进一步探索哪些基因通过响应增施外源、减少内源Suc处理来影响黑果枸杞枝刺发生，本研究采用RNA-Seq分析比较未经处理的无刺和有刺黑果枸杞茎顶芽、黑暗处理的有刺黑果枸杞茎顶芽（ThoDCK）、有刺黑果枸杞减少内源Suc处理后新生完全无刺茎的顶芽（TleDPL）、无刺植株增施外源Suc处理后新发的变有刺茎顶芽（ThoSuc）5种材料。每种材料设置3次生物学重复，每个重复含50个左右的顶芽，样品送至中国南京派森诺公司进行RNA-Seq分析。

4.1.3.1 RNA制备、文库构建、测序与组装

采用Invitrogen的TRlzol试剂，按照制造商说明提取上述5种材料的总RNA，采用RNA专用琼脂糖电泳检测。通过Oligo（dT）磁珠富集总RNA中带有polyA结构的mRNA，采用离子打断的方式，将mRNA片段化后合成cDNA。通过Agilent 2100 Bioanalyzer对构建完成的文库进行质检。基于Illumina HiSeq测序平台，对这些文库进行双末端测序。我们使用Trinity软件对Clean Read进行拼接得到Transcript后再进行后续分析。

4.1.3.2 表达量、样品相关性分析

本研究进行无参RNA-Seq分析。使用转录组表达定量软件RSEM，以Transcript序列为参考，分别将每个样品的Clean Read比对到参考序列上。利用RSEM计算各个样品的基因表达水平（Li et al.，2011）。用皮尔逊相关系数*r*作为样品间基因的表达水平相关性的评估指标。

4.1.3.3 功能注释、差异表达及转录因子分析

利用NR，GO，KEGG，eggNOG，Swiss-Prot和Pfam数据库对基因进行功能注释。首先，与常规无参RNA-Seq一样，采用DESeq对基因表达进行差异分析（Wang et al.，2010），将差异倍数$|\log_2^{\text{Fold Change}}|>1$且显著性$P<0.05$的认定为差异表达基因（DEG）。其次，将测序Clean Read比对到黑果枸杞叶绿体参考基因组（SRX19877303），将符合$|\log_2^{\text{Fold Change}}|>1$且$P<0.05$的叶绿体基因筛选为叶绿体差异表达基因（cpDEG）。本研究之所以筛选cpDEG，是因为有刺和无刺材料Suc含量（m/m）及叶片数量的差异提示刺的发生可能与光合作用相关，而光合作用的场所为叶绿体且受叶绿体基因影响（Ma et al.，2023）。采用超几何检验确定DEG显著富集的GO条目和KEGG通路。使用topGO进行GO富集分析，将FDR<0.05定义为显著富集的GO条目。选取$P<0.05$的KEGG通路为DEG显著富集的KEGG通路。被上调DEG显著富集（$P<0.05$）的DEG通路被认定为显著上调的KEGG通路；被下调DEG显著富集的被认定为显著下调的KEGG通路。根据5组有刺和无刺比较组（ThoCK vs. TleCK，TleDPL vs. ThoSuc，ThoCK vs. TleDPL，ThoDCK vs. TleDPL和TleCK vs. ThoSuc）之间的DEG绘制Venn图，用来展示各比较组间DEG的个数以及重叠关系。将DEG与PlantTFDB（Plant Transcription Factor Database）数据库比较，从而进行转录因子预测。

4.1.4 RT-qPCR

RT-qPCR的材料、生物学重复与RNA-Seq材料相同。对提取出达标的RNA进行反转录合成第一链cDNA。按照制造商的说明，使用HiScript® Ⅱ Q RT SuperMix for Qpcr（+gDNA wiper）进行反转录。如表4–1所示，随机选择9个高表达DEG进行RT-qPCR分析，按照以前论文的标准（Li et al.，2023）筛选*SCAB3IX1*作为内参基因。定量反应体系按照ChamQ Universal SYBR Qpcr Master Mix的说明进行，RT-qPCR条件为：95 ℃ 10 s，55 ℃ 30 s，72 ℃ 30 s（45个循环），设置3次重复，采用$2^{-\Delta\Delta CT}$方法（Wang et al.，2018b）计算基因的相对表达水平。

表4–1　用于本章黑果枸杞RT-qPCR的引物

基因编号	基因注释	基因缩写	引物（5'到3'）	产物长度/bp
TRINITY_DN37060_c0_g1	Fructokinase-7 果糖激酶-7	*Frk7*	F: CTGAGGCTGCTCGTAAAG R: TTGAGGTTAGGGTGGAAA	148
TRINITY_DN72011_c0_g1	Basic endochitinase precursor 碱性内切几丁质酶前体	*BEP*	F: AGCACCACAATGTCCTTT R: TTGATTCCACCTGCTCTT	145
TRINITY_DN13269_c0_g1	TSJT1_TOBAC Stem-specific protein TSJT1 _ TOBAC 茎特异性蛋白	*TSJT1_TOBACSSP*	F: GTAAGTGAGGCATATCGG R: TACAAGGGCAACAAAGAC	132
TRINITY_DN3759_c0_g1	PUN1_CAPFR Acyltransferase Pun1 OS PUN1_CAPFR 酰基转移酶Pun1 OS	*PUN1_CAPFRAP1OS*	F: TCTTGCCTCGTCTCCCACA R: GAGCCTTGAAATAGAATCCTCA	89
TRINITY_DN4441_c0_g2	F-box/kelch-repeat protein At1g15670 F-box/kelch–重复蛋白At1g15670	*At1g15670*	F: TTCATAGCTGGCGGTCAT R: CTCATCTCGCTCCTCACTC	114
TRINITY_DN1590_c1_g1	F-box protein PP2-A13 F-box蛋白PP2-A13	*PP2-A13*	F: TGCTAAGTTATCTCGTCCAA R: GCGATCATCTATGCCTGT	127
TRINITY_DN6791_c0_g1	Glutaredoxin-C6 谷氧还蛋白-C6	*Grx-C6*	F: GAGATCACCGCCCTACCT R: CTCTAACCCACCGACACG	99
TRINITY_DN10300_c0_g2	WRKY transcription factor 51 isoform X2 WRKY转录因子51异构体X2	*WRKY51IX2*	F: GATGGATACAAATGGAGGA0A R: ATGGCAGTAAATAACAAAGG	195

表4–1（续）

基因编号	基因注释	基因缩写	引物（5'到3'）	产物长度/bp
TRINITY_DN24787_c0_g1	Flavonoid 3'-monooxygenase-like 类黄酮3'–单加氧酶样	*F3AM*	F: CACCCTATGGTCCCTATT R: CTGCCTTTCTTCAACACG	107
TRINITY_DN1268_c0_g1	Stomatal closure-related actin-binding protein 3-like isoform X1 气孔闭合相关肌动蛋白结合蛋白3样亚型X1（内参）	*SCAB3IX1*	F: CGCCTTTCTGTTCGTGAC R: CCCTCTAAGGAAGGTGCT	104

4.1.5 数据统计分析

利用SPSS 20.0软件对RT-qPCR结果数据进行配对样本T检验分析（$P<0.05$，$P<0.01$，$P<0.001$），对有刺茎节率数据进行配对样本T检验（$P<0.05$）和单因素方差分析（LSD，$P<0.05$）。

4.2 结果与分析

4.2.1 增施外源和减少内源Suc处理后刺表型变化

外源喷施Suc会促使原本完全无刺茎［图4–1（A）］的新生茎节发生大量可见枝刺［图4–1（B）］，同时单簇叶片数量也有所增加［图4–1（B）］。Suc处理后新发茎有刺茎节率为（90.08 ± 0.84）%，显著高于清水对照组［（11.91 ± 0.09）%］。此外，Suc处理组的刺长和刺宽也均显著高于对照组（Li et al.，2023）。对有刺植株做黑暗联合去叶处理显著抑制新发枝条枝刺发生，处理后有刺茎节率仅为（33.98 ± 3.08）%，显著低于未处理的有刺对照［（98.11 ± 1.89）%］，处理后新生茎节甚至无任何可见枝刺发生［图4–1（C）］。但是，单独黑暗处理并不能抑制枝刺发生［（图4–1（D）］。

4.2.2 RNA-Seq建库、组装及Unigene功能注释

本研究5种15个样品的测序总共获得98.56 Gb的Clean Data。每个样品的Q30值达到了93.20%以上（表4–2）。经过Trinity组装共得到87 336个Unigene，其中长度大于N50的序列总数为15 956，Unigene的GC含量38.25%（表4–3）。有6 666个Unigene在6个数据库中均有被注释，基因总注释率为51.59%（表4–4）。

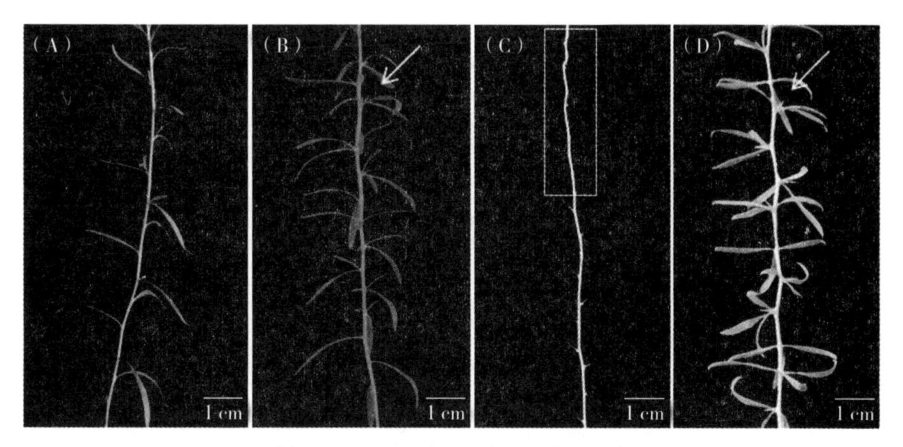

注：（A）—Suc处理前无刺枝条；（B）—Suc处理后新发枝条发生可见枝刺；（C）—黑暗联合去叶处理后新生无刺枝条（白色框内）；（D）—单独黑暗处理后有刺枝条。图中箭头指示可见枝刺。

图4–1　Suc黑暗联合去叶处理影响黑果枸杞新发茎可见枝刺发生

表4–2　黑果枸杞15个样品的RNA-Seq数据评估

样品	读取数	碱基数	Q30/%
TleCK1	4 063 322	6 200 561 622	93.83
TleCK2	40 635 790	6 136 004 290	94.35
TleCK3	41 609 686	6 283 062 586	93.20
ThoCK1	42 840 340	6 468 891 340	94.21
ThoCK2	42 851 036	6 470 506 436	93.55
ThoCK3	42 186 682	6 370 188 982	93.34
ThoDCK1	39 354 002	5 942 454 302	94.13
ThoDCK2	39 425 486	5 953 248 386	94.54
ThoDCK3	38 764 884	5 853 497 484	93.64
TleDPL1	39 438 606	5 955 229 506	94.39
TleDPL2	38 878 136	5 870 598 536	93.78
TleDPL3	40 387 370	6 098 492 870	93.60
ThoSuc1	41 195 910	6 220 582 410	93.98
ThoSuc2	40 442 270	6 106 782 770	93.99
ThoSuc3	42 024 916	6 345 762 316	94.55

注：右标数字1，2，3代表3次生物学重复。

表4–3　黑果枸杞15个样品的序列总体统计

统计类目	转录本	单基因
Total Length/bp	298 263 110	95 544 208
Sequence Number	207 711	87 336
Max. Length/bp	19 382	19 382

表4-3（续）

统计类目	转录本	单基因
Mean Length/bp	1 435.95	1 093.98
N50/bp	2 184	1 744
N50 Sequence No.	44 150	15 956
N90/bp	627	449
N90 Sequence No.	139 507	61 326
GC%	38.93	38.25

表4-4　黑果枸杞15个样品Unigene序列注释汇总表

数据库	数量	百分比/%
NR	40 361	46.21
GO	21 057	24.11
KEGG	13 976	16.00
Pfam	20 308	23.25
eggNOG	38 294	43.85
Swissprot	26 683	30.55
In all databases	6 666	7.63
At least one database	42 279	51.59

4.2.3　差异表达分析

4.2.3.1　五类样品间的相关性

本研究5类共15个样品，均来自一个黑果枸杞组培无性系，结果显示每类样品的3次生物学重复均优先归为一类（图4–2），同类样品生物学重复之间的相关系数多数为1（图4–2），这可能是因为每次生物学重复顶芽数量较多（50左右）且均为一个无性系。以上说明本研究生物学重复相关性极强，试验可靠。

4.2.3.2　DEG统计

差异表达分析显示有刺和无刺对照（ThoCK vs. TleCK）之间的DEG数量最多（5 281），其中无刺对照中上调的基因数（3 777）多于下调的基因数（1 504）（图4–3）。除了上述对照组，ThoCK vs. TleDPL以及TleCK vs. ThoSuc是用于揭示响应Suc且影响枝刺发生的关键基因的最核心的组别，其DEG数分别是4 363和5 226，且有刺材料中上调DEG数均少于下调数（图4–3）。

4.2.3.3　DEG的Venn图统计

为了更加严格地筛选与黑果枸杞枝刺发生相关的关键候选基因，对5个有刺和无刺比较组的DEG绘制Venn图，发现这5组对比组的共有DEG为196个（图4–4），这196个DEG很可能就是影响黑果枸杞枝刺发生的关键基因，可以用于后续更加深入的研究。

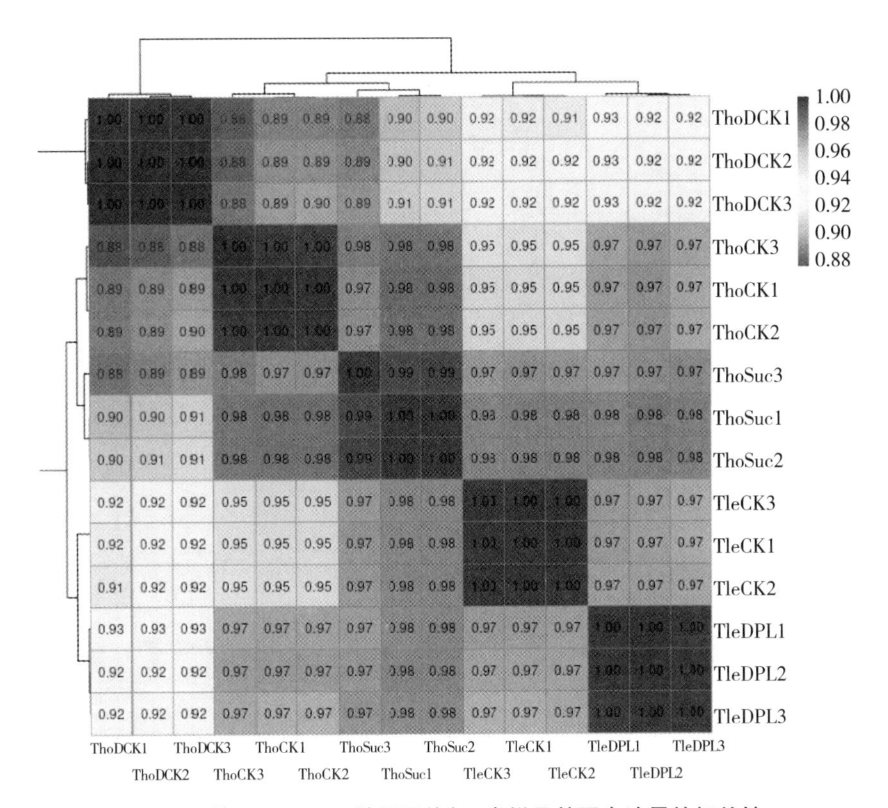

图4-2　基于RNA-Seq的黑果枸杞5类样品基因表达量的相关性

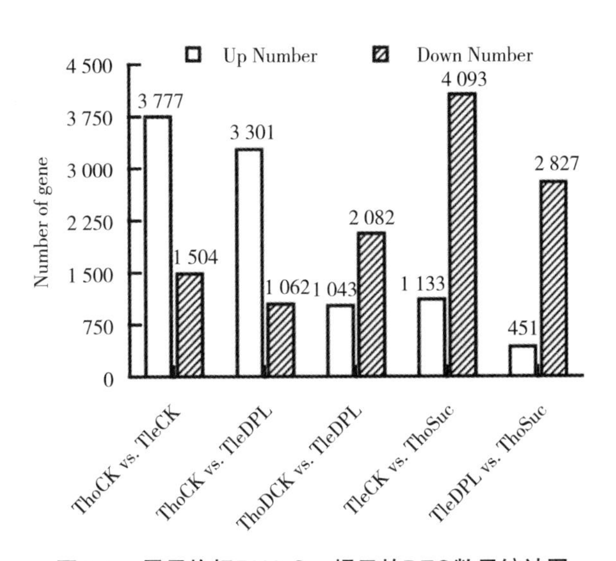

图4-3　黑果枸杞RNA-Seq揭示的DEG数目统计图

4.2.3.4　DEG的GO富集

GO数据库注释主要分为三类：生物过程（BP）、细胞成分（CC）和分子功能（MF）。这5组比较组的DEG共同显著富集在MF的1个GO条目和BP的8个GO条目（表4-5）。这9个GO条目表明黑果枸杞枝刺发生可能响应酸性化合物、含氧复合物、内源

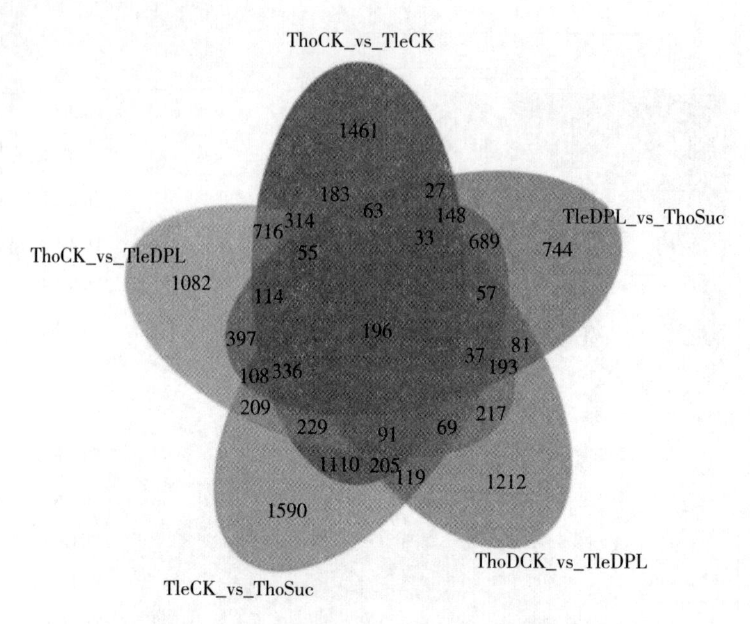

图4-4 基于RNA-Seq的黑果枸杞5组比较的DEG的Venn图

表4-5 黑果枸杞5组对比组的DEG共同显著富集的GO条目

GO分类	GO ID	GO条目
BP	GO:0001101	Response to acid chemical
	GO:1901700	Response to oxygen-containing compound
	GO:0055114	Oxidation-reduction process
	GO:0009719	Response to endogenous stimulus
	GO:0009725	Response to hormone
	GO:0009611	Response to wounding
	GO:0050896	Response to stimulus
	GO:0006950	Response to stress
MF	GO:0016491	Oxidoreductase activity

性刺激、激素、损伤、刺激、压力，并可能与氧化还原酶活性及氧化还原过程相关。

4.2.3.5 DEG显著富集的KEGG代谢通路

5个有刺和无刺比较组DEG共同显著富集4个KEGG代谢通路（表4–6），表明黑果枸杞枝刺发生可能与类黄酮、苯丙烷、二萜、芪类、二芳基庚烷、姜辣素等次生代谢物有关。其中的2个KEGG代谢通路（类黄酮生物合成，芪类、二芳基庚烷和姜辣素生物合成）在3个关键比较组（ThoCK vs. TleCK、ThoCK vs. TleDPL、TleCK vs. ThoSuc）的无刺材料（TleCK和TleDPL）中均被下调DEG显著富集（表4–7）。这表明低Suc可能通过降低类黄酮、芪类、二芳基庚烷和姜辣素生物合成来抑制黑果枸杞枝刺发生，高Suc则可能相反。如表4–8所示，5组比较组共有的196个DEG中有4个注释在上述2个共同显著富集的KEGG通路（表4–8）；注释到二萜生物合成通路两个DEG中的一个（赤霉素3-β-双加氧酶基因*GA3ox1*）在5个比较组的无刺材料中均上调（表

表4–6　黑果枸杞5组对比组共同显著富集的KEGG代谢通路

Ko ID	KEGG通路
ko00941	Flavonoid biosynthesis
ko00940	Phenylpropanoid biosynthesis
ko00904	Diterpenoid biosynthesis
ko00945	Stilbenoid，diarylheptanoid and gingerol biosynthesis

表4–7　黑果枸杞3个关键比较组（ThoCK vs. TleCK，ThoCK vs. TleDPL，TleCK vs. ThoSuc）共有的无刺样本显著下调的KEGG通路

KEGG通路	比较组无刺材料中上/下调DEG数		
	ThoCK vs. TleCK	ThoCK vs. TleDPL	TleCK vs. ThoSuc
Flavonoid biosynthesis	1/26	0/15	4/10
Stilbenoid，diarylheptanoid and gingerol biosynthesis	1/15	0/8	3/10

表4–8　黑果枸杞5组对比组共同显著富集的KEGG通路的共有DEG

KEGG通路	基因编号	基因注释和缩写	比较组无刺材料中DEG表达情况				
			ThoCK vs. TleCK	ThoCK vs. TleDPL	ThoDCK vs. TleDPL	TleCK vs. ThoSuc	TleDPL vs. ThoSuc
Phenylpropanoid biosynthesis	TRINITY_DN10679_c0_g1	Peroxidase 47 过氧化物酶47（*Perid47*）	上调	上调	上调	上调	上调
	TRINITY_DN11160_c0_g1	Lignin-forming anionic peroxidase 木质素形成阴离子过氧化物酶（*LFAP*）	上调	上调	下调	上调	上调
Diterpenoid biosynthesis	TRINITY_DN8072_c0_g1	Geranyllinalool synthase 四甲基十六碳四烯醇合成酶（*GES*）	下调	下调	下调	下调	下调
	TRINITY_DN42853_c0_g2	Gibberellin 3-beta-dioxygenase 1 赤霉素3-β-双加氧酶1（*GA3ox1*）	上调	上调	上调	上调	上调

4–8），而另外一个DEG（四甲基十六碳四烯醇合成酶基因*GES*）则在所有无刺材料中均下调（表4–8）；注释到苯丙烷生物合成KEGG通路的两个DEG中的一个（过氧化物酶47 基因*Perid47*）在5个比较组的无刺材料中均上调（表4–8），而另外一个DEG的表达虽然没有这么一致的规律，但是在4个比较组无刺材料中均表现为上调（表4–8）。植物激素信号转导KEGG通路被4个有刺和无刺比较组（ThoCK vs. TleDPL，ThoDCK vs. TleDPL，TleCK vs. ThoSuc和TleDPL vs. ThoSuc）的DEG显著富集，此通路虽然没被ThoCK vs. TleDPL比较组的DEG显著富集，但是这5组有3个共有的在无刺材料中清一色上调或下调的DEG参与该通路（表4–9）。其中，基因*JAZ*（蛋白TIFY

10A–样异构体X2基因）在所有5个比较组的无刺材料中均下调（表4–9），其表达产物位于茉莉酸信号通路，且参与泛素介导的蛋白水解。生长素响应蛋白SAUR36基因*SAUR*在无刺材料表达均上调（表4–9），其表达产物位于生长素信号通路，参与细胞增大植株生长；PR1蛋白前体基因*PR-1*在无刺材料中表达均上调（表4–9），且其表达产物位于水杨酸信号通路，参与抗病性（图4–5）。以上发现说明Suc影响黑果枸杞枝刺发生可能与茉莉酸、生长素和水杨酸信号传导及相关基因有关。另外，ThoCK vs. TleCK，ThoDCK vs. TleDPL和TleCK vs. ThoSuc这3组的DEG均显著富集在淀粉和蔗糖代谢KEGG通路（图4–6），3组共有DEG在TleCK vs. ThoSuc组的有刺材料中表达上调，此DEG参与Suc降解过程，注释信息为α–葡萄糖苷酶（AG）。这表明Suc处理后黑果枸杞顶芽内源Suc降解可能会显著提高。此外，在另两个比较组（ThoCK vs. TleCK和ThoDCK vs. TleDPL）的有刺样品（ThoCK和ThoDCK）中该DEG表达亦上调（表4–10）。

表4–9　黑果枸杞5组比较组注释在植物激素信号转导KEGG通路的共有DEG

基因编号	基因注释和缩写	比较组无刺材料中DEG表达情况				
		ThoCK vs. TleCK	ThoCK vs. TleDPL	ThoDCK vs. TleDPL	TleCK vs. ThoSuc	TleDPL vs. ThoSuc
TRINITY_DN11199_c0_g1	Protein TIFY 10A-like isoform X2 蛋白TIFY 10A样异构体X2（*JAZ*）	下调	下调	下调	下调	下调
TRINITY_DN19487_c0_g1	Auxin-responsive protein SAUR36 生长素响应蛋白SAUR36（*SAUR*）	上调	上调	上调	上调	上调
TRINITY_DN7647_c0_g1	PR1 protein precursor PR1蛋白前体（*PR-1*）	上调	上调	上调	上调	上调

表4–10　黑果枸杞3组（ThoCK vs. TleCK，ThoDCK vs. TleDPL，TleCK vs. ThoSuc）比较组注释在淀粉和蔗糖代谢KEGG通路的共有DEG

基因编号	基因注释和缩写	比较组无刺材料中DEG表达情况		
		ThoCK vs. TleCK	ThoDCK vs. TleDPL	TleCK vs. ThoSuc
TRINITY_DN2699_c1_g1	Alpha-glucosidase α-葡萄糖苷酶（*AG*）	下调	下调	下调
TRINITY_DN16477_c0_g1	Beta-glucosidase β-葡萄糖苷酶（*BG*）	下调	下调	下调
TRINITY_DN21720_c0_g2	Beta-glucosidase 11 β-葡萄糖苷酶11（*BG11*）	下调	上调	下调
TRINITY_DN37060_c0_g1	Fructokinase-7 果糖激酶-7（*Frk7*）	上调	上调	上调
TRINITY_DN3167_c0_g1	Beta-amylase 3，chloroplastic 叶绿体β淀粉酶3（*BA3C*）	上调	上调	上调

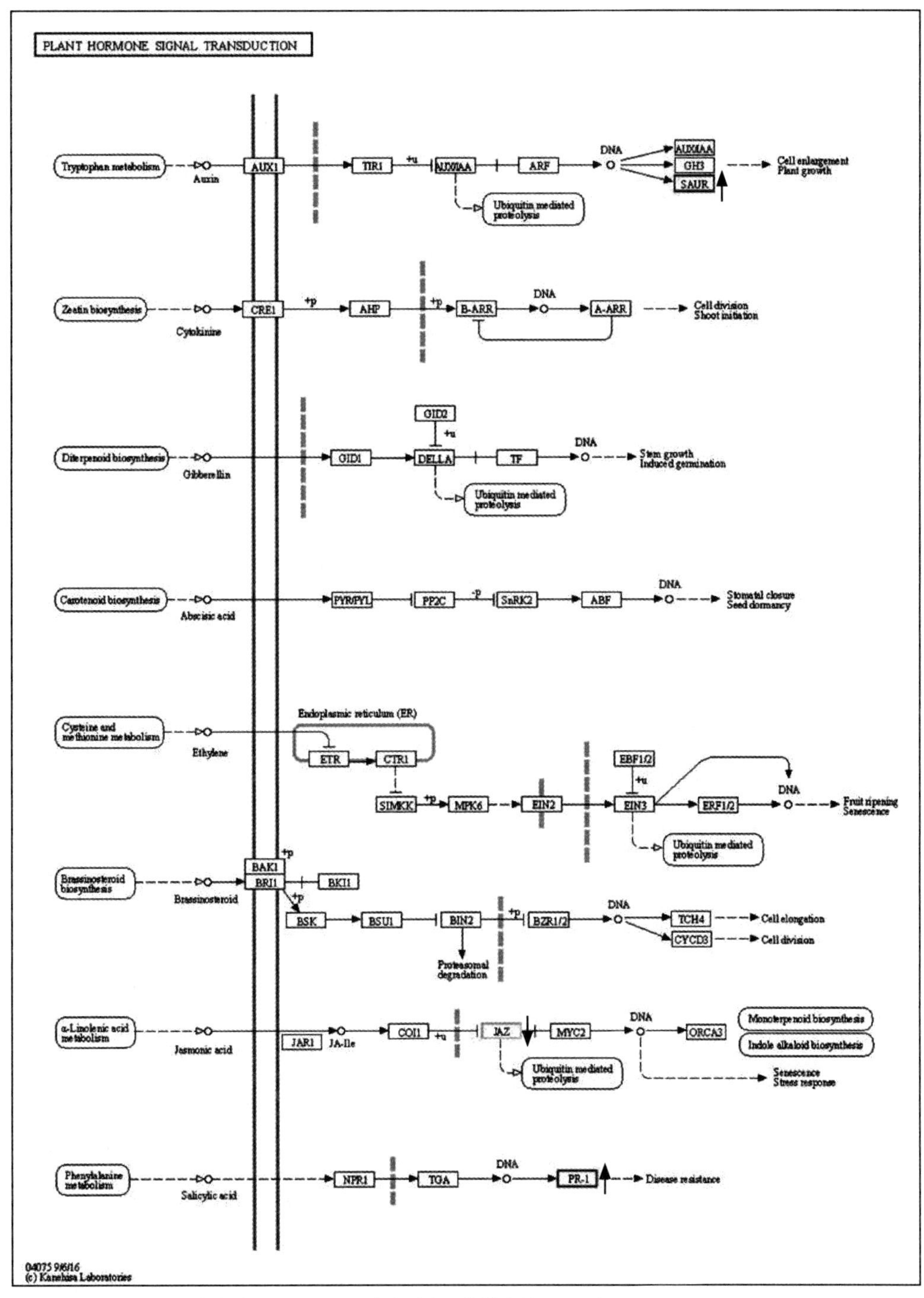

注：↑表示在无刺样本的DEG上调；↓表示在无刺样本的DEG下调。

图4-5　黑果枸杞5个比较组共有的3个注释到植物激素信号转导KEGG通路的DEG

以上结果证明*AG*基因的高表达与枝刺发生相关，降低该基因的表达有可能会成功抑制枝刺发生。

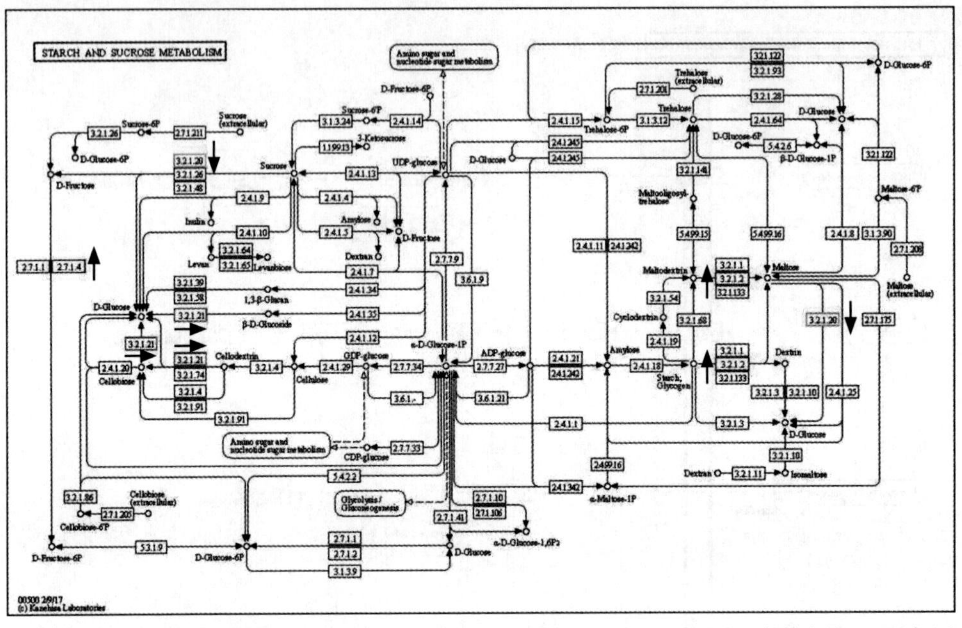

注：↑表示在无刺样本的DEG上调；↓表示在无刺样本的DEG下调；→表示在无刺样本的DEG既有上调也有下调。图中3.2.1.20是AG基因表达产物。

图4-6　黑果枸杞3个比较组共有的5个注释到淀粉和蔗糖代谢KEGG通路的DEG

4.2.3.6　叶绿体cpDEG

本部分重点分析3个关键比较组（ThoCK vs. TleCK，TleCK vs. ThoSuc和ThoCK vs. TleDPL）的DEG和cpDEG注释到光合作用KEGG通路的情况。黑果枸杞ThoCK vs. TleCK组共有4个cpDEG（表4-11），在无刺样品（TleCK）中表达均下调，且其表达产物均参与光合作用KEGG通路（图4-7）；在无参转录组DEG筛选中发现该比较组有9个DEG注释到光合作用KEGG通路。因为回贴叶绿体基因组的有参分析方法可以更准确地筛选出黑果枸杞cpDEG，因此我们将无参RNA-Seq分析得到的注释到光合作用KEGG通路且来自叶绿体基因组的DEG去掉，剩余的6个细胞核DEG表达产物是光系统Ⅱ（PSⅡ），PSⅠ和光合电子传递链的组成部分，且其中5个在无刺材料下调（图4-7）。TleCK vs. ThoSuc组3个cpDEG在Suc处理后有刺样品（ThoSuc）中表达下调，其中2个cpDEG注释到光合作用KEGG通路（图4-8），另外1个编码RNA聚合酶PEP的β″亚基（Wu et al.，2023）（表4-11）；该组的无参RNA-Seq分析发现2个细胞核DEG注释到光合作用KEGG通路，1个在无刺材料上调，另外1个下调（图4-8）。ThoCK vs. TleDPL组cpDEG有2个注释到核糖体KEGG通路，表达核糖体蛋白，且一个上调一个下调；该组有1个cpDEG在无刺样品表达下调且注释到光合作用KEGG通路（表4-11）。此外，该组的无参DEG筛选发现3个细胞核DEG注释到光合作用KEGG通路，其中2个DEG在无刺材料表达上调，1个表达下调（图4-9）。3个关键比较组无共有的cpDEG（表4-11），也无共有的注释到光合作用KEGG通路的细胞核DEG（图4-7，图4-8和图4-9）。

表4-11　黑果枸杞3个关键比较组（ThoCK vs. TleCK，TleCK vs. ThoSuc和ThoCK vs. TleDPL）的cpDEG

比较组	基因编号和名称	表达产物	无刺材料DEG表达情况	KEGG通路
ThoCK vs. TleCK	gene-EFG20_pgp085（*psbA**）	PS Ⅱ protein D1	下调	Photosynthesis
	gene-EFG20_pgp013（*psaC**）	PS Ⅰ subunit Ⅶ	下调	
	gene-EFG20_pgp082（*psbK**）	PS Ⅱ protein K	下调	
	gene-EFG20_pgp072（*petN**）	Cytochrome b6/f complex subunit Ⅷ	下调	
TleCK vs. ThoSuc	gene-EFG20_pgp066（*psaB**）	PS Ⅰ P700 chlorophyll a apoprotein A2	上调	Photosynthesis
	gene-EFG20_pgp034（*petB**）	Cytochrome b6	上调	
	gene-EFG20_pgp075（*rpoC2*）	RNA polymerase beta	上调	—
ThoCK vs. TleDPL	gene-EFG20_pgp048（*psbE**）	PsbE	下调	Photosynthesis
	gene-EFG20_pgp083（*rps16*）	Ribosomal protein S16	下调	Ribosome
	gene-EFG20_pgp029（*rps8*）	Ribosomal protein S8	上调	Ribosome

注：*代表参与光合作用KEGG通路的cpDEG，—表示无KEGG通路。

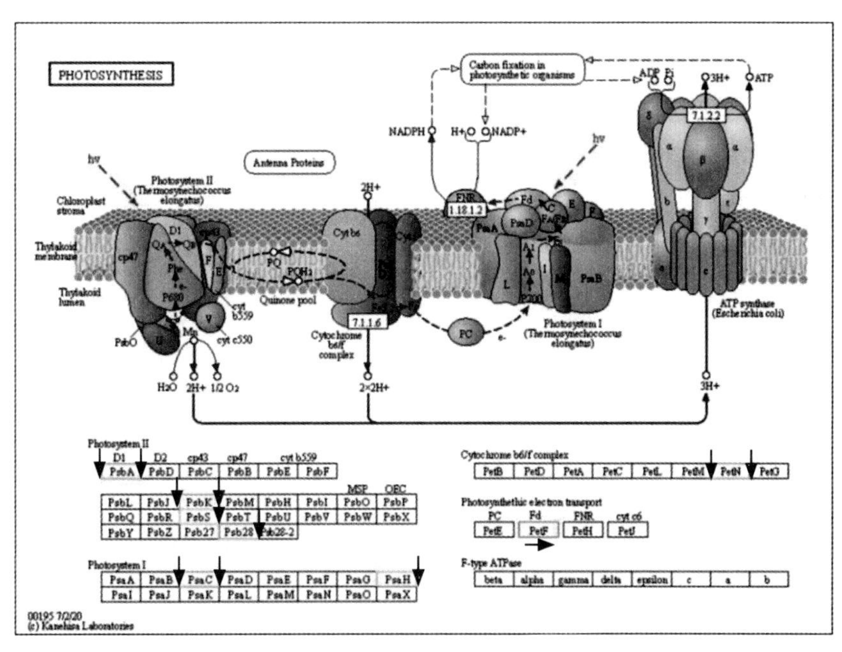

注：双下箭头表示cpDEG在TleCK下调；单下箭头表示细胞核DEG在TleCK下调；横向箭头表示细胞核DEG在TleCK中既有上调也有下调。

图4-7　黑果枸杞ThoCK vs. TleCK比利用RSEM计算各个样品的基因表达水平比较组注释到光合作用KEGG通路的DEG和cpDEG

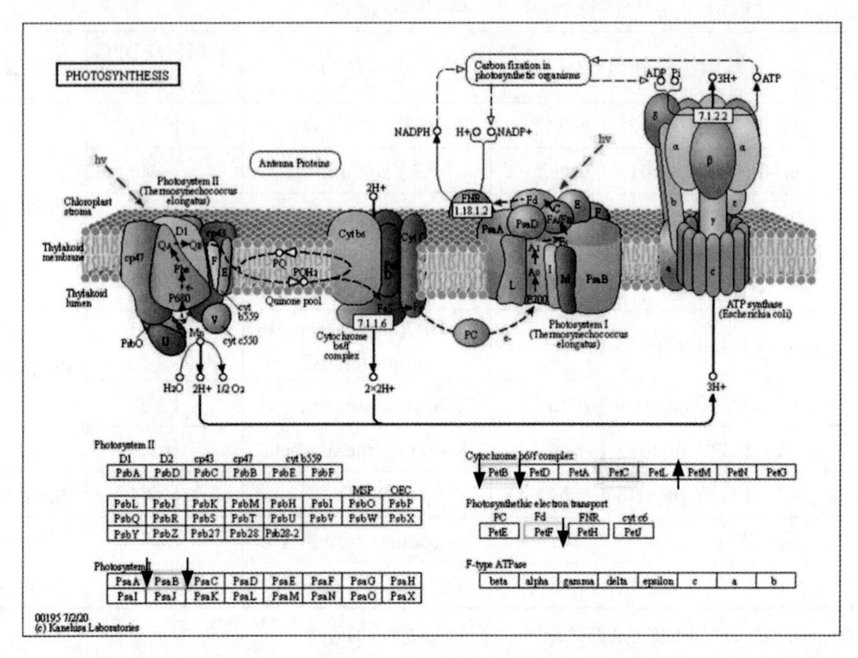

注：双下箭头表示cpDEG在ThoSuc下调；单下和单上箭头分别表示细胞核DEG在ThoSuc下调和上调。

图4-8　黑果枸杞TleCK vs. ThoSuc比较组注释到光合作用KEGG通路的DEG和cpDEG

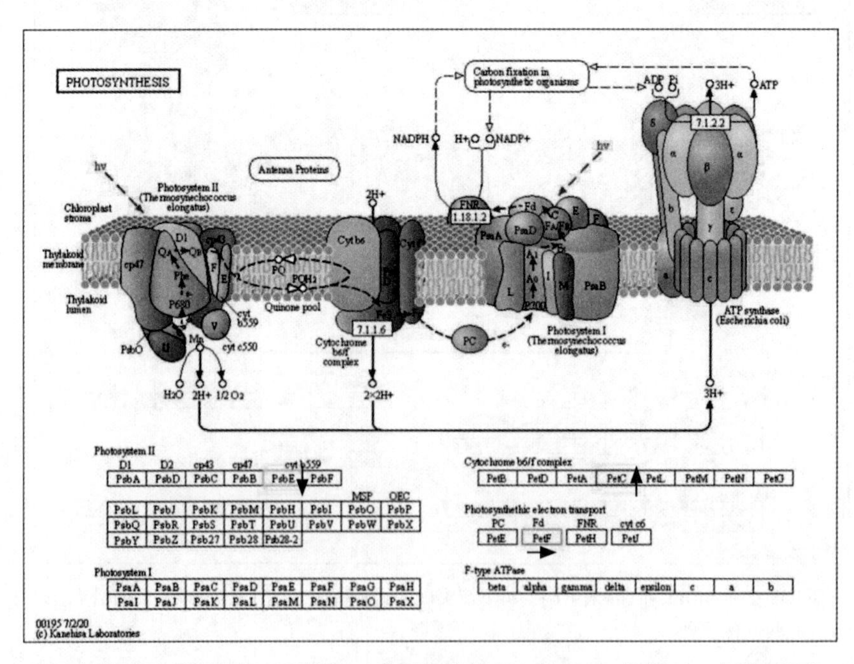

注：↓表示cpDEG在TleDPL下调；↑表示细胞核DEG在TleDPL上调；→表示细胞核DEG在TleDPL中既有上调也有下调。

图4-9　黑果枸杞ThoCK vs. TleDPL比较组注释到光合作用KEGG通路的DEG和cpDEG

4.2.3.7　差异转录因子

如表4-12所示，这5组比较组共有的196个DEG中被预测为转录因子的DEG有33个，主要分布于NAC，bHLH，WRKY这3个转录因子家族。此外，本研究中的3组关键比较组（ThoCK vs. TleCK，ThoCK vs. TleDPL和TleCK vs. ThoSuc）的共有转录因子中有两个注释为TCP4（TRINITY_DN3219_c1_g3，TRINITY_DN17710_c0_g1），且在无刺材料（TleCK和TleDPL）均表达下调。

表4-12　黑果枸杞5组比较组共有转录因子DEG统计

基因编号	转录因子家族	基因注释	在无刺材料中表达
TRINITY_DN13269_c0_g1	NAC	Stem-specific protein TSJT1 OS 茎特异性蛋白TSJT1	上调
TRINITY_DN59145_c0_g1	WRKY	WRKY transcription factor 50 isoform X2 WRKY转录因子50亚型X2	下调
TRINITY_DN19400_c0_g1	NAC	Protein kinase G11A 蛋白激酶G11A	上调
TRINITY_DN84038_c0_g1	LBD	Uncharacterized protein LOC107060977 未表征蛋白质LOC107060977	下调
TRINITY_DN25294_c0_g1	NAC	Cytochrome P450 704B1 细胞色素P450 704B1	上调
TRINITY_DN6599_c0_g2	NF-YA	Uncharacterized protein LOC107857977 未表征蛋白质LOC107857977	上调
TRINITY_DN3636_c4_g1	bZIP	Hypothetical protein CRG98_038875 假设蛋白CRG98_038875	上调
TRINITY_DN3200_c3_g1	TALE	Homeobox protein BEL1 homolog 同源盒蛋白BEL1同源物	下调
TRINITY_DN9180_c0_g1	ZF-HD	Protein GAST1-like　类GAST1蛋白	下调
TRINITY_DN326_c3_g1	NAC	Hypothetical protein CQW23_06234 假设蛋白CQW23_06234	上调
TRINITY_DN399_c0_g1	Trihelix	Cytochrome f-like　细胞色素f样	上调
TRINITY_DN2003_c0_g1	G2-like	Uncharacterized protein LOC107058741 未表征蛋白质LOC107058741	上/下调
TRINITY_DN37060_c0_g1	MIKC_MADS	Fructokinase-7　果糖激酶-7	上调
TRINITY_DN4120_c0_g1	bHLH	Hypothetical protein H5410_007788 假设蛋白H5410_007788	下调
TRINITY_DN5901_c0_g1	FAR1	Hypothetical protein EJD97_009616 假设蛋白EJD97_009616	上调
TRINITY_DN66571_c0_g1	bHLH	Hypothetical protein EJD97_012439 假设蛋白EJD97_012439	上调
TRINITY_DN15633_c0_g1	B3	Cell number regulator 10 细胞数量调节因子10	上/下调

表4-12（续）

基因编号	转录因子家族	基因注释	在无刺材料中表达
TRINITY_DN10166_c0_g1	MIKC_MADS	MADS-box transcription factor 6-like isoform X1 MADS-box 转录因子6-样亚型X1	下调
TRINITY_DN10300_c0_g2	WRKY	WRKY transcription factor 51 isoform X2 WRKY转录因子51亚型X2	下调
TRINITY_DN3322_c0_g2	MYB_related	Hypothetical protein JHK86_057259 假设蛋白JHK86_057259	上调
TRINITY_DN14032_c2_g4	GRF	Uncharacterized protein LOC107827506 未表征蛋白质LOC107827506	上调
TRINITY_DN13783_c3_g1	NAC	AT-hook motif nuclear-localized protein 25-like AT-hook基序核定位蛋白25样	上调
TRINITY_DN11769_c0_g3	MYB_related	Histidine decarboxylase-like 组氨酸脱羧酶样	下调
TRINITY_DN5949_c0_g1	C2H2	Tropinone reductase homolog 托品酮还原酶同源物	上/下调
TRINITY_DN11073_c1_g2	bHLH	Cytokinin dehydrogenase 3-like 细胞分裂素脱氢酶3样	下调
TRINITY_DN4105_c0_g2	bHLH	Hypothetical protein H5410_048894 假设蛋白H5410_048894	上调
TRINITY_DN13020_c0_g1	GATA	Hypothetical protein T459_12533 假设蛋白T459_12533	上调
TRINITY_DN27084_c0_g1	SBP	Squamosa promoter-binding-like protein 4 鳞状启动子-结合-样蛋白4	下调
TRINITY_DN19051_c0_g1	NAC	Hypothetical protein H5410_049266 假设蛋白H5410_049266	上调
TRINITY_DN21058_c0_g1	WRKY	Hypothetical protein CQW23_19578 假设蛋白CQW23_19578	下调
TRINITY_DN9858_c0_g2	bZIP	Heat shock protein 82　热休克蛋白82	上/下调
TRINITY_DN4056_c0_g2	FAR1	Uncharacterized protein LOC107063432 未表征蛋白质LOC107063432	上调
TRINITY_DN1105_c0_g2	MYB	Maturase-related protein　成熟酶-相关蛋白	上调

4.2.4 RT-qPCR验证RNA-Seq结果可靠

RT-qPCR结果表明，9个DEG在ThoCK vs.TleCK比较组［图4-10（A）（B）］、ThoCK vs. TleDPL比较组［图4-10（C）（D）］、ThoDCK vs. TleDPL比较组［图4-10（E）（F）］、TleCK vs. ThoSuc比较组［图4-10（G）（H）］和TleDPL vs. ThoSuc比较组［图4-10（I）（J）］中的表达差异情况与RNA-Seq中的一致，这表明本研究

的RNA-Seq实验结果准确可靠。

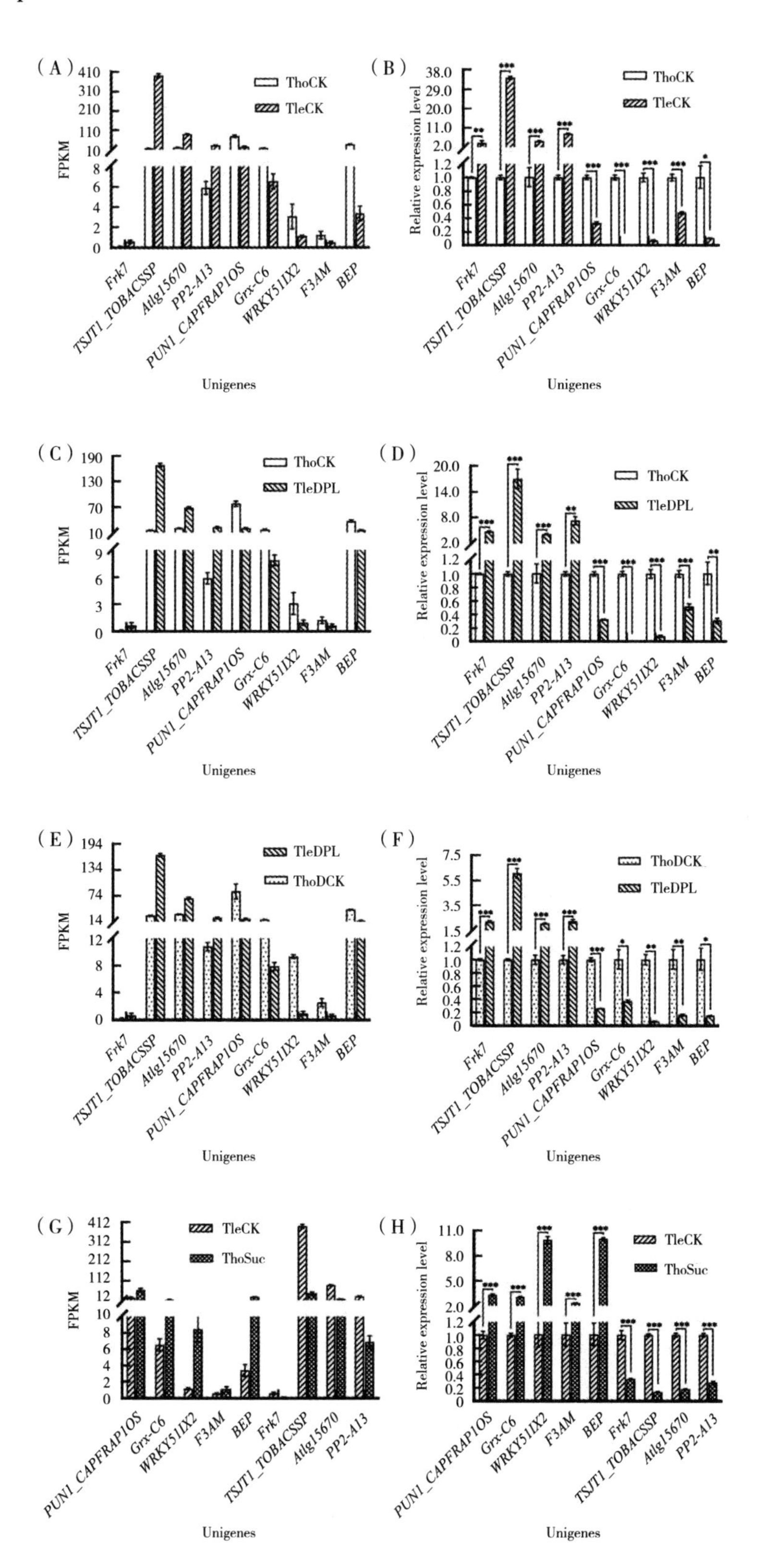

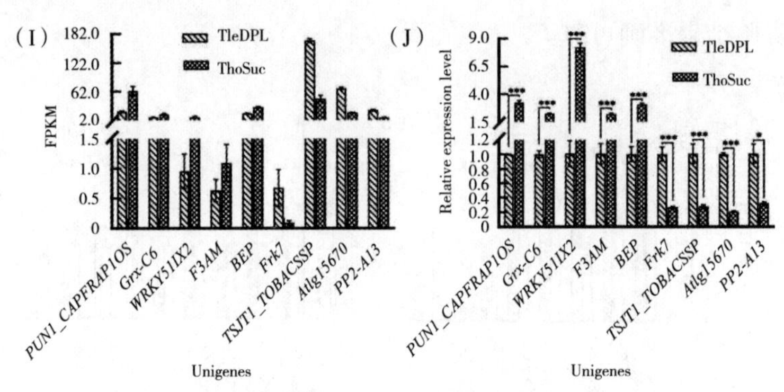

注：（A）（C）（E）（G）（I）分别是ThoCK vs. TleCK，ThoCK vs. TleDPL，ThoDCK vs. TleDPL，TleCK vs. ThoSuc，TleDPL vs. ThoSuc 的FPKM。（B）（D）（F）（H）（J）分别是ThoCK vs. TleCK，ThoCK vs. TleDPL，ThoDCK vs. TleDPL，TleCK vs. ThoSuc，TleDPL vs. ThoSuc的相对表达水平。*，**，***分别代表$P<0.05$，$P<0.01$和$P<0.001$水平上存在显著差异。

图4–10　RNA-Seq和RT-qPCR揭示9个DEG在黑果枸杞5组比较组中的表达情况

4.3　讨论和结论

4.3.1　讨论

黑果枸杞枝刺表型具备典型的可塑性，同一无性系于试管内、温室内和露天条件下枝刺表型不同（Yang et al.，2022）[1927]。在温室内相同条件下同一移栽无性系可以出现有刺和无刺两种类型。本研究和前期研究（Li et al.，2023）均发现刺的有无与顶芽Suc含量有关：增施外源Suc促进其枝刺发生，减少内源Suc抑制其枝刺发生。Suc通过能量和信号双重作用促进黑果枸杞枝刺发生（Li et al.，2023）。本研究以温室内原本的无刺和有刺植株为原始材料，增施外源和减少内源Suc后枝刺发生率有明显的变化，甚至从有刺变为完全无刺或者从无刺变为完全有刺的状态。选取5种材料顶芽为试验材料，进行RNA-Seq分析，以揭示Suc通过哪些基因和路径来影响温室内黑果枸杞无性系的枝刺表型可塑性。

GO富集分析显示5组有刺和无刺比较组的DEG共同显著富集在BP的响应刺激、激素、伤害、胁迫等GO条目，这些条目多数与植物防御和胁迫相关。并且，我们研究发现土壤干旱胁迫促进黑果枸杞无性系枝刺发生（Yang et al.，2022）[1927]，前人研究发现火烧（Juan et al.，2004）和动物取食（Michal et al.，2007）等胁迫可以促使植物增加分配给刺的生物量，刺属于植物的诱导防御性器官。因此，我们推测黑果枸杞枝刺发生也会响应各类胁迫并与上述富集GO条目的DEG息息相关。

植物可能会利用次生代谢产物作为防御非生物胁迫的机制（Shatrujeet et al.，2018），皮刺是植物防御的一种方式，它的形成与一些特定的次生代谢产物积累有关（Warnkar et al.，2021；Xiao et al.，2023），包括黄酮类化合物、萜类化合物和生物碱（Zhang et al.，2021a）。关于植物枝刺发生和次生代谢产物的相关性，目前未检索到报道。本研究的RNA-Seq分析结果显示，5组有刺和无刺材料比较组的DEG共同显著富集的KEGG通路是“类黄酮生物合成”“二萜生物合成”“苯丙烷生物合成”“芪类、二芳基庚烷和姜辣素生物合成”。类黄酮生物合成通路中的26个DEG在ThoCK vs. TleCK组的有刺材料中表达上调，说明这些基因可能响应高Suc促进黑果枸杞枝刺发生。注释到二萜生物合成通路的共同DEG（*GA3ox1*），在5个比较组的无刺材料中均上调，有刺材料均下调，该DEG与赤霉素合成有关，说明赤霉素可能响应低Suc抑制黑果枸杞枝刺发生。注释到该通路的四甲基十六碳四烯醇合酶基因（*GES*）的表达情况则正好相反，在5个比较组的无刺材料中均下调，有刺材料均上调，说明该基因可能响应高Suc促进黑果枸杞枝刺发生。单独或者联合GA3ox1高表达、*GES*低表达（或敲除）有望用于培育无刺黑果枸杞。苯丙烷类合成可产生大量的次生代谢产物，如黄酮类化合物和木质素（Homas，2010）。注释到苯丙烷生物合成通路的共有DEG（*LFAP*）在4个比较组的无刺材料中表达上调，其注释为木质素形成阴离子过氧化物酶，可催化木质素合成。说明低Suc可能通过加速木质素合成来抑制黑果枸杞枝刺发生，木质素含量（m/m）应该与枝刺发生负相关。综上，推测本研究的黑果枸杞无性系枝刺发生可能与高类黄酮、低木质素积累和低赤霉素合成量，以及相关基因的表达水平有关，且这些基因的表达可能均受Suc的调控。

转录因子作为转录激活因子或抑制因子（Seo et al.，2015），在植物细胞代谢、器官构成及环境应答等多种生物学过程中发挥重要作用（李芳蕊 等，2022）。Zhang等（2021b）发现bHLH，MYB，WRKY等发育相关转录因子在茄子（*Solanum melongena* L.）皮刺的发育过程中特异性的上调或下调。蔷薇（*Rosa multiflora*）中NAC，MYB和WRKY等几个与次生代谢相关转录因子在皮刺中表达上调（Zhang et al.，2021a）。本研究Venn图中33个共有差异转录因子中的NAC和WRKY类转录因子较多，NAC转录因子基因在5个比较组的无刺材料中均上调，而WRKY转录因子基因则均下调，由此我们推测低Suc可能通过下调WRKY、上调NAC转录因子来抑制黑果枸杞枝刺发生。联合或者单独上调转录因子NAC表达、降低WRKY表达（或者敲除）有望培育出无刺或少刺黑果枸杞。目前亦无NAC和WRKY转录因子影响植物枝刺的报道。这些推测性结论仍需进行转基因试验来验证。TCP转录因子由于其广泛参与调控植物的生长发育过程和多种激素信号转导途径而备受关注（冯志娟 等，2018）。本研究中，RNA-Seq结果发现3个关键比较组2个共同的DEG，被预测为TCP转录因子家族，且在无刺样品中均下调。这提示我们2个TCP转录因子的低表达或者敲除有望用于培育无刺黑果枸杞。前人研究发现柑橘（*Carrizo citrange*）两个TCP类转录因子基因*TI1*和*TI2*成功编辑之后产生的*ti1*突变体、*ti2*突变体和*ti1 ti2*双突变体，三种突变体分别导致约10%，6%和100%枝刺向侧枝转变（Zhang et al.，2020a）。这再次证明本研究发现的两个TCP基因的低表达或者敲除可用于培育无刺或者少刺黑果枸杞。

植物激素是植物感受外部环境变化、调节自身生长状态、抵御不良环境及维持生存必不可少的信号分子（资丽媛 等，2022），在植物的生长过程中发挥着重要作用，促进植物生命活动正常进行（王镓钡 等，2023）。本研究发现，4个有刺和无刺比较组的DEG显著富集在植物激素信号转导KEGG通路。5组比较组共有的196个DEG中3个分别注释到此通路的茉莉酸、生长素和水杨酸的信号通路。其中水杨酸相关（*PR-1*）和生长素相关（*SAUR*）DEG的在各类无刺样品表达上调，茉莉酸相关DEG（*JAZ*）则表达下调。这说明生长素、茉莉酸、水杨酸可能响应Suc含量（m/m）变化影响黑果枸杞枝刺发生；单独或者联合通过调控*JAZ*低表达、*PR-1*和*SAUR*高表达很可能达到有效抑制黑果枸杞枝刺发生的效果。另外，本课题组研究发现外源生长素IAA处理可以抑制黑果枸杞枝刺发生，水杨酸含量（m/m）与其枝刺发生也呈负相关（王钦美 等，2023）。前人研究发现水杨酸和茉莉酸对植物防御起关键作用（Mohd et al.，2020; Wang et al.，2020），枝刺也属于植物的防御性器官（Yang et al.，2022）[1932]。这说明Suc可能通过低表达*SAUR*介导的低IAA信号来促进黑果枸杞枝刺发生，低Suc通过高表达*SAUR*介导的高IAA信号来抑制黑果枸杞枝刺发生；水杨酸和*PR-1*可能具有类似的机制，而茉莉酸及*JAZ*也可能参与了Suc影响黑果枸杞枝刺发生事件。

叶绿体差异表达基因分析显示有刺和无刺材料（顶芽）之间的cpDEG主要参与光合作用、叶绿体基因的转录和翻译。本研究中有刺黑果枸杞枝条单簇叶片数量显著高于无刺枝条。叶片是光合作用的器官，数量较多的叶片使植物总体光合作用增强。较无刺茎顶芽（TleCK），有刺茎顶芽（ThoCK）光合作用KEGG通路9个差异基因有8个表达上调，证明叶片发育原始阶段，有刺材料的光合强度可能已经显著强于无刺材料。多叶片导致的总体光合作用增强和顶芽光合作用KEGG通路上调，极可能是有刺茎顶芽Suc（光合产物）含量显著高于无刺茎顶芽的原因。9个差异基因包括4个cpDEG和5个细胞核DEG，这也提示我们顶芽细胞核和叶绿体基因的表达调控共同决定了黑果枸杞枝刺的发育和有无。细胞核和叶绿体基因的表达存在交互调控，可能涉及细胞核到叶绿体的顺行信号和叶绿体到细胞核的逆行信号（Oh et al.，2014）。有研究结果发现基因表达调控影响光合作用，进而影响植物的生长发育（Li et al.，2022）。因此，推测基因表达和光合作用的差异引起的Suc含量（m/m）差异影响了黑果枸杞刺原基的发育进而导致黑果枸杞出现有刺和无刺两种类型的植株。但是，按照本研究的分析方法，增施外源Suc后无刺变有刺材料和减少内源Suc后有刺变无刺材料与相应对照之间的cpDEG，与有刺和无刺对照之间的cpDEG并无重叠。这说明增施外源或者减少内源Suc的处理并非简单通过逆转叶绿体相关cpDEG的表达来达到逆转刺表型的目的，这种表型逆转可能存在更加复杂的机制。增施外源Suc后无刺变有刺材料（ThoSuc）的光合作KEGG通路有2个叶绿体基因和1个细胞核基因表达下调，说明外源Suc处理后内源Suc的增加可能会使黑果枸杞顶芽光合作用适当减弱。增施外源Suc的处理除了显著促进黑果枸杞枝刺发生，还显著增加了新发枝条单簇的叶片数量。这证明虽然外源

Suc处理可能并没有使顶芽光合作用增强，但是增加的叶片数量会使整个植株的光合作用增强，进而导致更多的Suc运输到顶芽。*rpoC2*表达叶绿体RNA聚合酶PEP的β″亚基（Chen et al.，1995），其在TheCK vs. ThoSuc表达下调可能预示着只含有PEP类启动子的叶绿体基因表达也会随之下调（Legen et al.，2022）。但是本研究仅检测到另外2个光合作用相关基因*psaB*、*petB*在ThoSuc表达显著下调。这提示我们这2个光合叶绿体基因可能只含有PEP类启动子，而不含NEP类启动子（Lerbs-mache，2011）。参照前人的研究结果（沙建川 等，2020；Kasai et al.，2008），我们采用黑暗联合去叶处理来降低有刺黑果枸杞的内源Suc含量（m/m）。结果显示黑暗联合去叶显著降低了黑果枸杞新发茎的枝刺发生，甚至使其完全无刺。与有刺对照相比，黑暗去叶处理后无刺枝条顶芽只有一个注释到光合作用KEGG通路的叶绿体基因表达显著下调，另外还有两个叶绿体核糖体蛋白基因表达显著变化（表4–11），这说明黑暗联合去叶处理抑制枝刺发生可能与光合作用以及叶绿体蛋白翻译有关。综上所述，我们建立Suc影响黑果枸杞枝刺发生的机理模型（图4–11）：多叶高光合或者外源Suc处理导致的顶芽高Suc，通过图中路径促进黑果枸杞枝刺发生；反之，少叶低光合或者去叶导致的顶芽低Suc，则抑制黑果枸杞枝刺发生。本研究属于上游性研究，要最终揭示Suc影响黑果枸杞枝刺发生机理，还有大量工作需要进行。课题组目前正在进行黑果枸杞的稳定遗传转化，已经获得几个基因的稳定转化株系。今后我们将在本研究发现的基础之上，继续开展单基因或者多基因的联合转化实验。另外，内源Suc以及各类激素的测定也需要继续开展。

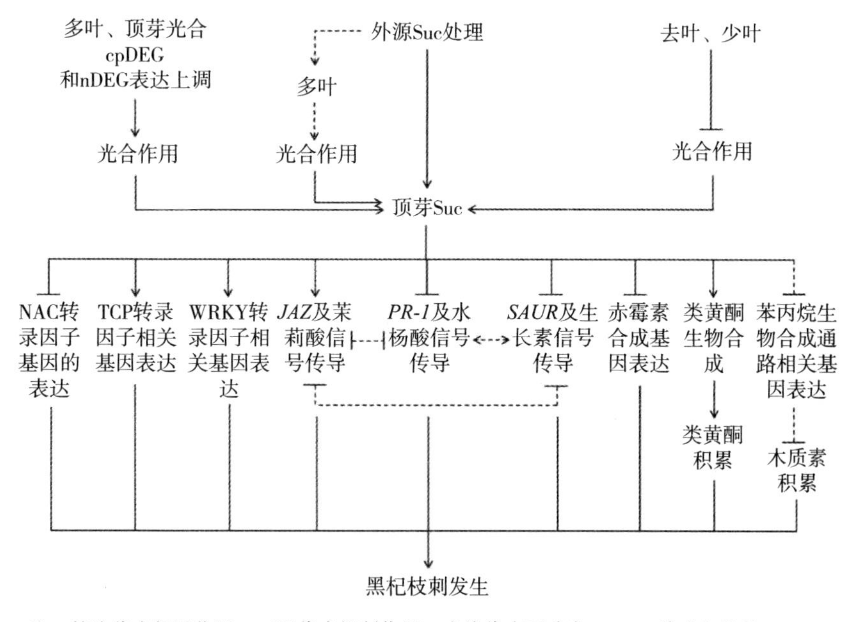

注：箭头代表促进作用，三通代表抑制作用，虚线代表不确定。nDEG代表细胞核DEG。

图4–11　Suc影响黑果枸杞枝刺发生的机制模型

4.3.2 结论

本研究通过RNA-Seq发现黑果枸杞5个有刺和无刺比较组DEG共同显著富集在9个GO条目和4个KEGG通路，5组比较组共有的DEG是196个，其中较多转录因子基因被预测为NAC和WRKY家族。5组比较组有3个共有DEG注释在植物激素信号转导KEGG通路，分别参与生长素、茉莉酸和水杨酸信号传导。3个关键比较组共有2个DEG被预测为TCP转录因子基因，这3个比较组均有cpDEG被注释到光合作用KEGG通路。我们推测温室内黑果枸杞组培无性系盆栽可能通过上调顶芽光合KEGG通路基因（包括叶绿体和细胞核基因）表达，通过多叶导致的较强的光合作用来提高顶芽Suc含量（m/m）；顶芽高Suc含量（m/m）通过促进类黄酮生物合成和抑制木质素积累、上调WRKY、TCP转录因子相关基因的表达、上调*JAZ*并影响茉莉酸信号传导，下调赤霉素合成基因表达和NAC转录因子基因的表达，下调*PR-1*和*SAUR*并影响水杨酸和生长素信号传导来促进可见枝刺的发生。本研究为揭示更深层次的黑果枸杞枝刺发生机理和培育其无刺优良品种奠定了基础。

第5章　生长素IAA抑制黑果枸杞组培无性系枝刺发生机理探索

本章基于前几章的研究，继续探索生长素3–吲哚乙酸（IAA）对黑果枸杞移栽组培无性系枝刺发生的影响，并探索了影响机理。

采用移栽之后置于玻璃温室内的黑果枸杞有刺和无刺植株茎的顶芽为试验材料，内源激素测定结果显示无刺茎顶芽的IAA含量（m/m）极显著高于有刺茎顶芽的。依据内源IAA测定结果设置浓度梯度，对有刺枝条的顶芽施用外源生长素IAA；对无刺枝条的顶芽施用生长素拮抗剂PCIB。结果显示：有刺枝条在施加0.57 μmol/L的外源IAA后，枝刺发生率由对照组的79.84%降至17.45%；无刺枝条在施加13.2 μmol/L的PCIB后，枝刺发生率由对照组的0%上升为72.75%。可见IAA显著抑制黑果枸杞枝刺发生。

取ThoCK（对照有刺顶芽）、TleCK（对照无刺顶芽）、TleIAA（经IAA处理后有刺变无刺枝条顶芽）、ThoPCI（生长素抑制剂PCIB处理后无刺变有刺枝条顶芽）4种样品进行RNA-Seq分析。结果显示：ThoCK vs. TleCK，ThoCK vs. TleIAA，TleCK vs. ThoPCI 3个比较组共有差异基因（DEG）457个，3个比较组的DEG共同显著富集GO条目为对激素的响应、对生长素的响应等，共同显著富集的KEGG路径为类黄酮生生物合成、苯丙素物合成、芪类、二芳基庚酸和姜辣素的生物合成和α–亚麻酸代谢。3个比较组的共有DEG有5和6个分别注释在植物激素信号转导和淀粉和蔗糖代谢两条KEGG路径。从3个比较组共同DEG中选7个进行RT-qPCR验证，结果显示RNA-Seq结果可靠。有刺和无刺材料之间的差异转录因子分析发现TCP4可能是响应低IAA促进枝刺发生的重要转录因子。叶绿体差异基因（cpDEG）分析显示3组有刺和无刺比较组共有3个参与光合作用KEGG路径的cpDEG，且均在无刺材料下调。这说明IAA可能通过抑制这3个叶绿体基因的表达进而抑制光合作用来达到抑制枝刺发生的目的。

本章研究丰富了IAA影响植物发育理论，具有较为重要的理论意义。同时为揭示黑果枸杞枝刺发育机理、培育更加适应生产的黑果枸杞无刺类型奠定了基础，具有长期应用前景。

5.1 材料与方法

5.1.1 试验材料

本章所用材料是由课题组保存的黑果枸杞组培无性系，保存于辽宁省林木遗传育种与培育重点实验室。将根部粗壮的黑果枸杞组培苗进行移栽驯化获得盆栽苗，移栽使用基质为沈阳农业大学凡宇园艺育苗营养基质（专利号ZL03133591.8；pH 6.5 ~ 6.8；N，P，K总含量≥12 g/kg；含水量≤40%；有机质含量≥40%；硅≥0.3 g/kg），使用前在121℃条件下灭菌40 min并放置一夜降温。移植时在盆中先放入1/3盆的基质，加入适量的水使基质湿润但是不结块，再将基质加入到盆的1/2。在基质中挖出约5 cm宽、6 ~ 7 cm深的小坑，将根部洗干净的组培苗用1 g/L多菌灵浸泡30 min进行移栽。移栽后用上述浓度的多菌灵浇灌至盆底渗水。将移栽进盆中的组培苗用扎孔透气的一次性塑料杯倒扣，放入温室（温度25 ± 1℃；湿度64 ± 1%；光周期13 ~ 15 h光照/9 ~ 11 h黑暗）进行缓苗。缓苗期间每2 ~ 3 d浇一次水，每次每盆浇水量在100 ~ 130 mL，7 ~ 12 d依据苗的状态将塑料杯揭开。

缓苗后将试验材料放置于日光温室（41° 49′ 25″ N；123° 34′ 10″ E，78.5 m a.s.l.），试验在2022年5 ~ 9月进行，该时间段为日间气温30 ± 5 ℃，夜间气温21 ± 5 ℃，每日光照时长为12 ~ 15 h。每3 d浇水一次，每次每盆浇水量在100 ~ 130 mL，定期对长势不良枝条进行修剪。在此环境培养下该无性系盆栽植株出现有刺和无刺两种类型。此处无刺植株整株无肉眼可见枝刺，有刺植株接近顶芽的1 ~ 3个茎节无刺，但随着生长发育所有的茎节都会长出刺。这两种类型植株是本研究的原始试验材料。

5.1.2 内源激素含量测定

在课题组前期研究中观察到，有刺植株的第一茎节刺原基发育程度已经明显高于无刺植株第一茎节的刺原基，又因为植物基因表达和生理差异往往先于表型差异，因此，要探究黑果枸杞枝刺发生相关基因和代谢物等应该选用比第一茎节发育程度更低的顶芽作为试验材料（Li et al.，2023）。本研究取上述无刺［图5–1（A）］和有刺［图5–1（B）］植株顶芽为试验材料，探索与枝刺发生相关的激素。

使用高效液相色谱–串联质谱（HPLC-MS）法测定有刺和无刺枝条顶芽的内源激素——玉米素（ZT）、生长素（IAA）、赤霉素（GA3）、脱落酸（ABA）、水杨酸（SA）和茉莉酸（JA）的含量。试验设置3次生物学重复。使用the Waters® ACQUITY UPLC® H-Class System and Xevo® TQD进行测定。每类样品的每次生物重复用100 mg。样品在液氮中充分研磨。之后，用预冷的80%（v/v）甲醇（含1 m mol/L BHT）匀浆，在4 ℃条件下避光浸提12 h。然后在离心机4 ℃条件下4 000 r/min离心15 min，分离上清

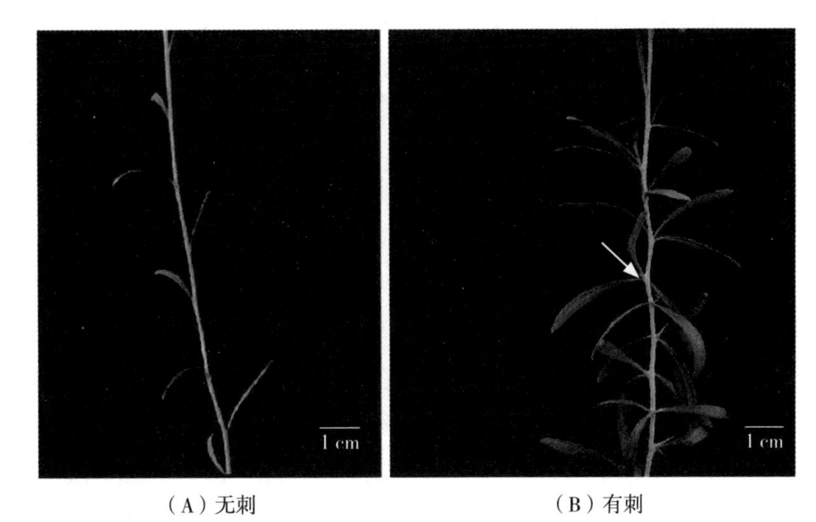

（A）无刺　　（B）有刺

注：白色箭头指示枝刺。

图5–1　黑果枸杞无刺和有刺植株茎

液；在沉淀中加入0.2 mL预冷的80%（v/v）甲醇（含1 m mol/L BHT）进行二次抽提（2 h）；将两次抽提的上清液合并并定容至1 mL。将定容后的上清液用去离子水1:1稀释，用直径25 mm孔径为0.22 μm的有机相滤器进行过滤。按照每样品进样1 mL的标准进行检测。本测定的色谱–质谱条件如下。

（1）色谱条件。

色谱柱：Agilent Eclipse C18（2.1 mm × 50 mm，1.8 μm）；

流动相A泵溶液：0.01% 甲酸水，B泵溶液：甲酸；

洗脱条件：0 ~ 10 min（15% ~ 57.5% B）；10 ~ 15 min（57.5% ~ 100% B）；15 ~ 16 min（100% ~ 15% B）；16 ~ 21 min（15% B）；

流速：0.3 ml/min；

色谱柱温度：30 ℃；

进样体积：3 μL。

（2）质谱参数。

采集模式：在多反应离子监测（MRM模式）下，用正离子模式（ESI+）和负离子模式（ESI–）两种方法，各类激素具体质谱参数见表5–1。

表5–1　不同内源激素在MRM模式下的质谱参数

激素	离子模式	定量离子对/（$m\cdot z^{-1}$）	碰撞电压/v	方法
ZT	ESI+	220>148	15	1
IAA	ESI+	176>130	15	1
GA3	ESI–	345>143	30	2
ABA	ESI–	263>153	10	2
SA	ESI–	137>93	22	2
JA	ESI–	209>59	10	2

方法1：电喷雾离子源；正离子模式（ESI+）；毛细管电压0.8 kV；锥孔电压20 V；脱溶剂温度650 ℃；脱溶剂气流速1000 L/Hr；锥孔反吹气3 L/Hr。

方法2：电喷雾离子源；负离子模式（ESI–）；毛细管电压2.2 kV；锥孔电压25 V；脱溶剂温度650 ℃；脱溶剂气流速1000 L/Hr；锥孔反吹气3 L/Hr。

5.1.3 生长素IAA处理有刺枝条

内源激素测定显示无刺枝条顶芽生长素IAA含量（m/m）显著高于有刺枝条顶芽的，推测IAA抑制黑果枸杞可见枝刺的产生。因此，我们用IAA处理有刺枝条的顶芽，以验证IAA是否抑制黑果枸杞可见枝刺形成。根据内源IAA测定结果，选用浓度为1.14，0.57，0.11 μmol/L的IAA处理有刺植株枝条顶芽。由移液枪每次吸取10 μL不同浓度梯度的生长素IAA滴加在每个有刺枝条顶芽处，每日14～16时进行添加；对照植株以同样的方法在顶芽处添加等量蒸馏水。试验设置3次生物学重复，每类植株每次重复至少3盆（灌木多枝条）。按照上述方法处理15 d时，统计处理组和对照组新发茎的枝刺产生率，将两组材料新发茎的枝刺产生率进行对比分析。

5.1.4 生长素拮抗剂PCIB处理无刺枝条

内源生长素IAA测定结果显示有刺枝条顶芽IAA含量显著低于无刺枝条顶芽的，因此对无刺黑果枸杞顶芽施用PCIB，以验证低生长素是否促进枝刺产生。无刺植株顶芽施用PCIB的浓度为0.132，1.32，13.2，26.4 μmol/L。由移液枪每次吸取10 μL不同浓度梯度的PCIB滴加在每个无刺枝条顶芽处，每日14～16时进行添加。试验重复、对照、处理时间和指标测量统计同上述IAA处理。

5.1.5 RNA-Seq

上述试验发现外源施加IAA显著抑制黑果枸杞盆栽植株可见枝刺的发生，外源PCIB处理显著促进其可见枝刺的发生。为了进一步探索生长素及其拮抗剂影响黑果枸杞枝刺发生的机理，本研究选用IAA处理后有刺变无刺枝条的顶芽（TleIAA）、PCIB处理后无刺变有刺枝条的顶芽（ThoPCI）、有刺对照枝条顶芽（ThoCK）、无刺对照枝条顶芽（TleCK）为材料，进行RNA-Seq比较分析。此处的TleIAA指的是IAA处理后新发的完全无刺茎的顶芽；ThoPCI指的是PCIB处理后新发的完全有刺茎的顶芽。实验设置3次生物学重复，每类材料每次重复采用大约50个顶芽。材料液氮冷冻后保存在–80 ℃，用干冰保存运输送往Nanjing Personal Gene Technology Company Limited（南京，中国）进行RNA-Seq分析。

5.1.5.1 RNA准备、文库构建和组装

使用Invitrogen TRlzol试剂，按照使用说明提取4种黑果枸杞顶芽总RNA，之后进行总RNA质量检测，其完整性采用RNA专用琼脂糖电泳和Agligent 2100 Bioanalyzer鉴

定。通过Oligo（dT）磁珠富集总RNA中带有PolyA结构的mRNA，采用离子打断的方式，把RNA打断到长度300 bp左右的片段。以RNA为模板，使用6碱基随机引物和逆转录酶合成cDNA第一链，并以其为模板进行第二链cDNA的合成。在文库构建完成后，使用PCR扩增文库片段以富集，再根据片段的大小进行文库选择，文库的大小在300 ~ 400 bp范围内。通过Agligent 2100 Bioanalyzer对文库进行质检，再对文库总浓度及文库有效浓度进行检测。根据文库的有效浓度及文库所需的数据量，把含有不同Index序列（每个样品加上不同的Index，然后依据Index区分每个样品的下机数据）的文库按照比例进行混合。混合后的文库都稀释至2 nmol/L，之后通过碱变性，形成单链文库。各类样品在RNA抽提、纯化、建库后，使用第二代测序技术（NGS），基于IlluminaHiSeq测序平台，对这些文库进行双末端（PE）测序。

将每组样品经过上机测序后得到的图像文件由测序平台自带软件转化生成FASTQ的原始数据，即下机数据。之后对每个样品的下机数据分别进行统计，下机数据使用软件Cutadapt 1.16，设置至少10 bp Overlap（AGATCGGAAG），允许20% 的碱基错误率的参数进行过滤分析，将带接头、长度小于50 bp、序列平均质量在Q20以下的Reads读数去除，得到高质量序列使用Trinity 2.5.1软件（默认参数）从头拼接从而得到转录本序列。然后对转录本进行聚类，选择最长的转录本作为Unigene。

5.1.5.2　功能注释和差异表达分析

对得到的Unigene进行基因功能注释，分别注释到Nr（NCBI non-redundant protein sequences），GO（Gene Ontology），KEGG（Kyoto Encyclopedia of Genes and Genome），eggNOG（evolutionary genealogy of genes: Non-supervised Orthologous Groups），Swiss-Prot，Pfam数据库中。

使用转录组表达定量软件RSEM，以转录本序列为参考，分别将每个样品的Clean Reads比对到参考序列上。然后统计每个样品比对到每一个Unigene上的Reads数，并计算每个Unigene的FPKM值。基于上述FPKM值，利用R语言cor函数进行计算，得到任何两个样品的皮尔逊相关性系数（r）来评估本研究所有样本的相关性（Schulze et al. 2012）。Principal Components Analysis（PCA）通过将高维数据降至二、三维进行线性变化，并保持各方差的最大特征从而降低数据复杂程度。使用R语言的DESeq软件包，根据表达量对各样品进行PCA，PCA可以把相似的样本聚到一起，距离越近表明样本间相似性越高。

将过滤后的序列比对到Unigene，从而获得每个Unigene的Reads Count数，在以上基础上对样品进行差异表达分析。对基因表达进行差异分析使用了软件DESeq 1.32.0，差异基因（DEG）筛选条件为$|\log_2^{\mathrm{FoldChange}}|>1$，且显著性$P<0.05$。以上为无参RNA-Seq分析。因为黑果枸杞叶绿体基因组数据已经公开，我们前期研究推测光合作用与黑果枸杞枝刺的发生有关（Li et al. 2023），且叶绿体是高等植物光合作用的场所。因此，本研究还针对黑果枸杞叶绿体基因组进行了有参RNA-Seq分析：将测序

Clean Read比对到黑果枸杞叶绿体参考基因组，将表达差异倍数$|\log_2^{FoldChange}|>1$且显著性$P<0.05$的叶绿体基因筛选为叶绿体差异基因（cpDEG）。

对DEG进行GO和KEGG的富集分析，从而判定其主要参与的生物学功能及代谢通路。本研究使用topGO 2.32.0（默认参数）对DEG进行GO富集分析，利用在GO条目注释的DEG对每个条目的基因进行列表和数目计算，并使用超几何分布计算P-value，$P<0.05$的GO terms 是DEG显著富集的GO terms。使用软件KOBAS 3.0计算KEGG中DEG的富集程度，依据DEG的KEGG富集结果，筛选其中$P<0.05$的通路为DEG显著富集的KEGG通路。

5.1.6 RT-qPCR

用于验证RNA-Seq准确性的实时荧光定量PCR材料与生物学重复均与RNA-Seq完全相同。根据TINGEN植物组织RNA提取试剂盒（Cat.#DP452；Lot#x0929）的说明书进行RNA的提取与纯化。所提取的RNA通过琼脂糖凝胶电泳和ScanDrop进行总RNA的检测，确保RNA的完整性及浓度。使用Vazyme反转录试剂盒【HiScript® ⅡQ RT SuperMix for PCR（+gDNA wiper）】，以质量达标的RNA为模板，按照说明书反转录合成第一条cDNA链。基于RNA-Seq结果，选用在4类材料中表达无显著差异的ubiquitin gene（*UBQ*）（Zeng et al. 2014）作为内参基因；筛选7个有代表性的DEG进行定量PCR验证。使用Primer Premier 5软件设计所有引物，并在安升达公司（中国北京）合成。内参及被检测基因信息和引物等详见表5–2。将上述4种顶芽的第一链cDNA作为模板，按照SYBR® GreenSupermix（诺唯赞，中国苏州）的说明进行RT-qPCR试验。采用$2^{-\Delta\Delta Ct}$法计算基因的相对表达量（Wang et al. 2018b）[282]。

表5–2　用于RT-qPCR的基因和引物序列

基因	基因注释和缩写	引物	产物长度/bp	筛选依据
TRINITY_DN7942_c0_g1	Beta-glucosidase 11 β-葡萄糖苷酶11 （*BGL11*）	F：5' GACCGATGCCAGTGAGAC 3' R：5' CGTAAATAGGTGGATTGC 3'	81	淀粉和蔗糖代谢KEGG
TRINITY_DN13638_c0_g1	Small auxin-up protein 58 小生长素上调蛋白58 （*SAUR58*）	F：5' TCCACTCTTCACGCAATT 3' R：5' TCAACGTAGCGAAACTCT 3'	111	植物激素信号转导KEGG
TRINITY_DN18252_c0_g1	Carbonic anhydrase，chloroplasticisoform X1 碳酸酐酶，氯塑异构体X1 （*CA-CPX1*）	F：5 'TGGAGGTATCAAGGGTCT 3' R：5' AGGTTTGTCTCCGTGTTC 3'	127	差异基因
TRINITY_DN65576_c0_g1	Auxin-binding protein生长素结合蛋白（*ABP19a*）	F：5' TCAGTAGCCCAACACCAG 3' R：5' CCACCAAGAACTCCCTTC 3'	133	差异基因

表5-2（续）

基因	基因注释和缩写	引物	产物长度/bp	筛选依据
TRINITY_DN354_c2_g1	Branched-chain-amino-acid aminotransferase 2 支链氨基酸氨基转移酶2（*OsBCAT2*）	F：5' CAATAGCCAGAGGAACAA 3' R：5' ACAGGAGCAACACCAACT 3'	163	MYB差异转录因子
TRINITY_DN71477_c0_g	Lysosomal Pro-X carboxypeptidase-like 溶酶体Pro-X羧肽酶样（*LYSPro-XCPs*）	F：5' AGTGAAACAAGCATGGGATG 3' R：5' ATGTGGACGAGGTGGGAC 3'	159	NAC差异转录因子
TRINITY_DN10188_c0_g1	Protein indeterminate-domain 5，chloroplastic-like isoform X1蛋白质不确定结构域5，类叶绿体异构体X1（*PID5*）	F：5' CAGCATCAACCACCTCAG 3' R：5' GCTACTAAATCCTCCACTC 3'	90	差异转录因子
TRINITY_DN451_c0_g1	Ubiquitin domain-containing protein DSK2b-like 含泛素结构域的DSK2b样蛋白（*UBQ*）	F：5' GCTGAGGCGTATGTATGA 3' R：5' AGAACCAGTAGTTGGAGGA 3'	166	内参

5.1.7　统计分析

采用SPSS 20.0软件的配对样本T检验（$P<0.05$）对处理材料新发茎的枝刺发生率进行显著性分析，新生茎枝刺发生率=（新生茎节长刺数/新生茎节数）×100%。使用SPSS 20.0软件的独立样本T检验对测定的各类内源激素进行显著性分析（$P<0.05$，0.01）。对RT-qPCR的各项数据使用Microsoft Office Excel进行数据整理和初步分析。之后，使用SPSS 20.0单因素方差分析的LSD方法进行多重比较（$P<0.05$）。基因相对表达量热图使用GraphPad Prism 8进行绘制。

5.2　结果与分析

5.2.1　内源激素含量

本研究共测定了6种内源植物激素，结果显示无刺枝条顶芽的生长素IAA含量极显著（$P<0.01$）高于有刺枝条顶芽的，无刺枝条顶芽的SA含量（m/m）显著（$P<0.05$）高于有刺枝条顶芽，ABA含量（m/m）无显著差异（表5-3）。ZT的含量太低并不具有统计分析意义，GA_3和JA未被检测到。

表5–3　黑果枸杞有刺和无刺枝条顶芽内源激素水平

种类	IAA（$ng \cdot g^{-1}$ FW）	SA（$ng \cdot g^{-1}$ FW）	ABA（$ng \cdot g^{-1}$ FW）
有枝刺	5.38 ± 0.62^{bB}	9.56 ± 2.51^{bA}	37.33 ± 5.01^{aA}
无枝刺	11.43 ± 0.87^{aA}	37.42 ± 8.58^{aA}	28.61 ± 4.91^{aA}

注：表中数据为3次重复试验的平均值 ± 标准误，标注不同大写字母的同一列数据之间差异极显著（$P<0.01$），标注不同小写字母的同一列数据之间为显著差异（$P<0.05$）。

5.2.2　外源IAA和PCIB对枝刺发生的影响

IAA处理15 d的结果显示，所有IAA处理组新发茎的发刺率均极显著低于对照组；0.57 μmol/L IAA处理后新发茎节发刺率由对照的79.84%下降到17.46%，下降最显著；1.14 μmol/L IAA处理后新发茎的刺发生率高于0.57 μmol/L IAA处理组的（表5–4），且处理后的新生刺比对照组更为粗壮。由此可见，适当浓度的IAA抑制黑果枸杞可见枝刺的发生，但并非浓度越高对可见枝刺的抑制越强；抑制黑果枸杞可见枝刺发生的最佳外源IAA浓度为0.57 μmol/L。因此，这之后均采用0.57 μmol/L的IAA对黑果枸杞有刺材料处理。结果显示IAA处理的新发茎发刺率（19.25 ± 6.29%）极显著（$P<0.01$）低于水处理的对照组（79.84 ± 9.66%）。这也再次验证了0.57 μmol/L对黑果枸杞枝刺发生的极显著抑制效果。值得一提的是，经0.57 μmol/L IAA处理后，69.20%的枝条新发茎变为完全无刺状态。IAA处理后变为完全无刺的茎顶芽用于后续RNA-Seq分析。

表5–4　不同浓度生长素IAA处理对黑果枸杞枝刺发生的影响

IAA浓度	新发茎的枝刺发生率/%
CK（水）	79.84 ± 2.16^{A}
0.11 μ mol/L	49.84 ± 2.63^{B}
0.57 μ mol/L	17.46 ± 6.46^{B}
1.14 μ mol/L	21.54 ± 2.18^{B}

无刺枝条被13.2 μmol/LPCIB处理后，其新发茎的出刺率（72.75 ± 8.55%）极显著（$P<0.01$）高于清水处理的对照组（0 ± 0%）。这说明PCIB显著促进了黑果枸杞可见枝刺的发生。生长素抑制剂PCIB对黑果枸杞枝刺发生的促进作用间接性证明生长素对黑果枸杞可见枝刺的发生有抑制作用。PCIB处理后，最高50%的无刺枝条新发茎呈现完全有刺的状态。PCIB处理后变成完全有刺的茎顶芽用于后续RNA-Seq分析。

5.2.3　黑果枸杞RNA-Seq

5.2.3.1　文库构建、测序和组装

采用TleCK，ThoCK，TleIAA和ThoPCI 4种试验材料，重复3次，共制备了12个cDNA文库，并进行测序分析。每个样品的Q30值均达到90%以上，Clean Data和Clean Read的占比均在90.53%以上。对测序数据进行拼接，一共得到单基因77 181个，总长

度可达84 614 166 bp，其中最大长度可达17 042 bp。转录本和单基因的GC百分比分别达到39.15%和38.41%。

5.2.3.2　功能注释

本研究中在所有数据库中都被注释到的单基因数目有6 046个，占单基因总数的7.83%；其中被注释到Nr数据库的单基因数目最多，达36 521个，占总单基因数的47.32%。本研究的单基因在Nr数据库中注释的结果显示，与辣椒（*Capsicum annuum*）的同源序列最多，占注释到Nr数据库单基因总量的12.53%（图5–2），其余显示同源基因较多的物种包括：美花烟草（*Nicotiana sylvestris*）6.6%；野生烟草（*N. attenuata*）12.41%；绒毛烟草（*N. tomentosiformis*）7.21%；烟草（*N. tabacum*）6.99%。黑果枸杞为茄科木本植物，本次RNA-Seq测到的黑果枸杞单基因注释也主要分布在Nr数据库的茄科物种。

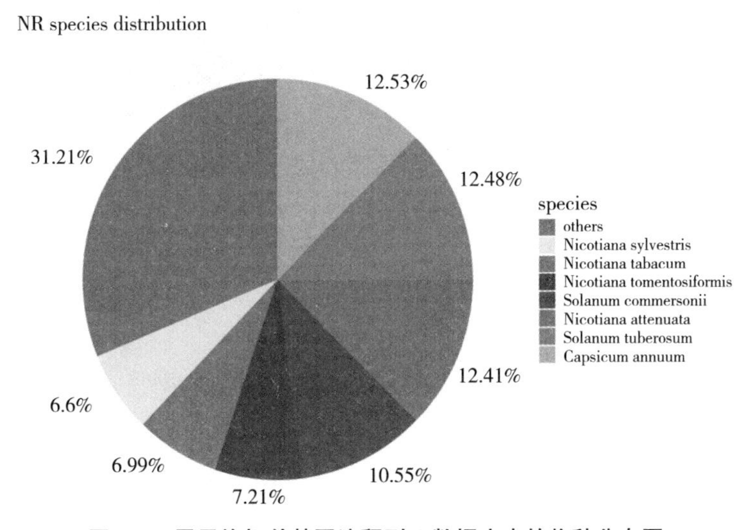

图5–2　黑果枸杞单基因注释到Nr数据库中的物种分布图

5.2.3.3　差异表达分析

（1）样品相关性。

本研究的12个样品的皮尔逊相关系数显示所有样品聚为4类，每类样品的3次生物学重复均优先聚为一类（图5–3），说明本研究试验的重复性非常好。PCIB处理样品自成一类，其他3类样品被聚为一大类。这说明PCIB处理样品与其他3类样品基因表达的差异较大。对本研究的12个样品进行PCA分析，发现12个样品聚集为4簇，每类样品优先聚为一簇。这同样说明本研究的试验重复性非常可靠。第一主成分（PC1）在数据中的方差贡献率为77%，反映出PCIB处理材料与其他三类材料差异较大；第二主成分（PC2）的方差贡献率为13%，反映出IAA处理材料与其他三类材料差异较大（图5–4）。

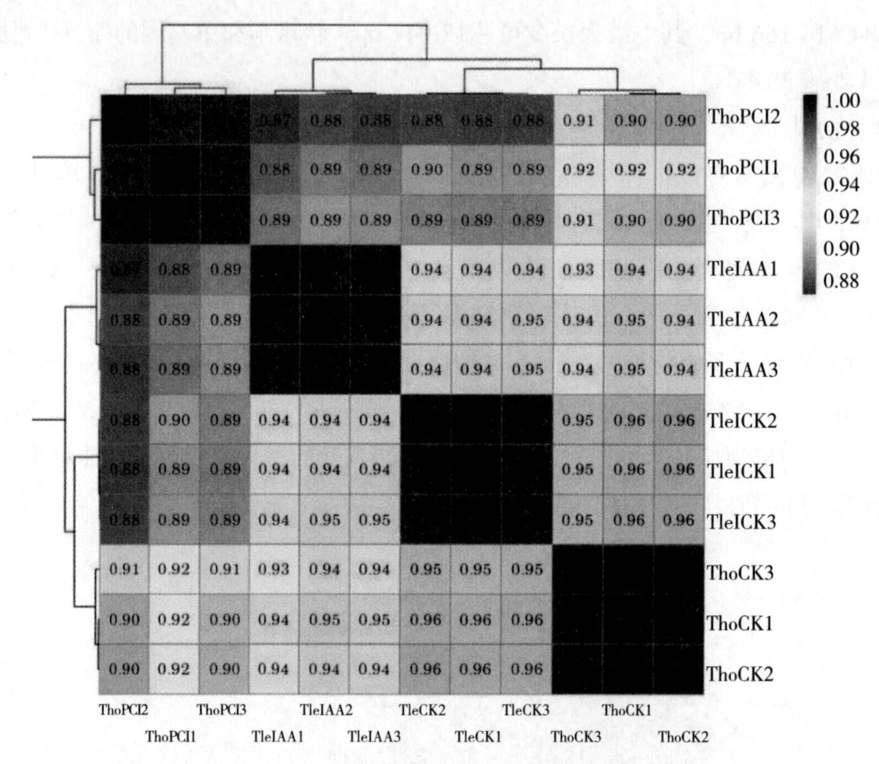

图5-3　基于RNA-Seq基因表达水平的黑果枸杞12个样品相关性

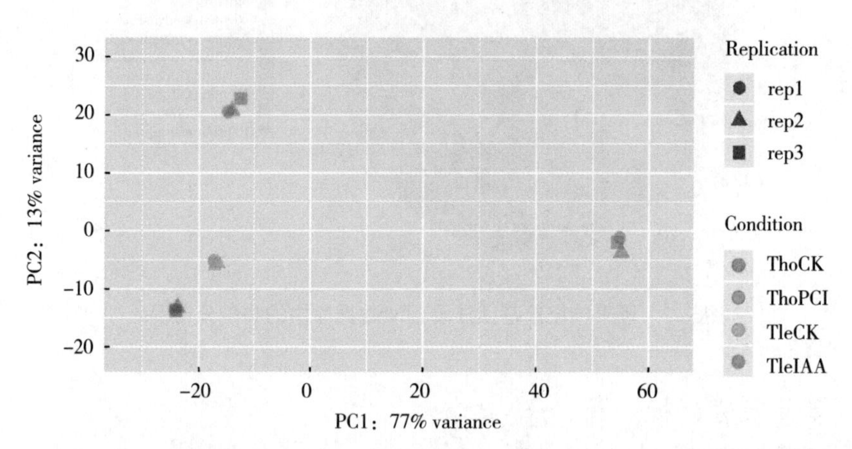

注：横坐标为第一主成分，纵坐标为第二主成分。在图中不同形状分别代表3次生物学重复，不同颜色代表不同分组。

图5-4　黑果枸杞12个样品PCA图

（2）差异表达基因（DEG）。

为了研究需要，3个有刺和无刺比较组（ThoCK vs. TleCK、ThoCK vs. TleIAA和TleCK vs. ThoPCI）的DEG被重点关注。结果显示TleCK vs. ThoPCI的DEG数量最多（10 175）；ThoCK vs. TleIAA的DEG数量最少（4141）。ThoCK vs. TleCK有5 005个DEG，其中3 596个DEG在TleCK中上调，1 409个DEG下调；ThoCK vs. TleIAA有4 141个DEG，其中有1 029个DEG在TleIAA下调，3 112个上调；TleCK vs. ThoPCI有10 175

个DEG，其中有3 950个DEG在ThoPCI上调，6 225个下调（表5–5）。

表5–5　黑果枸杞4种材料间DEG数目统计

对照组	比较组	上调表达基因	下调表达基因	DEG数目
ThoCK	TleCK	3 596	1 409	5 005
ThoCK	TleIAA	3 112	1 029	4 141
ThoPCI	TleCK	6 225	3 950	10 175

通过对3个有刺和无刺比较组的韦恩图统计可见（图5–5），ThoCK vs. TleCK和ThoCK vs. TleIAA两组间共同DEG有1269个；ThoCK vs. TleCK和TleCK vs. ThoPCI两组间共同DEG有2 402个；ThoCK vs. TleIAA和TleCK vs. ThoPCI两组间共同DEG有1 332个；其中457个DEG为3个比较组共有。这些共有DEG与黑果枸杞可见枝刺的发生具有更强的相关性，本研究将在进一步分析中关注这457个DEG。值得注意的是这个457个DEG中被预测为转录因子的DEG有75个，分布于28个转录因子家族，其中NAC（8个）、WRKY（6个）、ERF（6个）、MYB（3个）和MYB_related（8个）家族中的转录因子数量最多，G2-like家族的2个转录因子均在3个比较组的有刺材料中上调。此外，本研究3组比较组共有DEG中的TCP家族基因有3个，其中*TCP4*在有刺材料中的表达都上调，*TCP10*在有刺材料中的表达都下调（表5–6）。

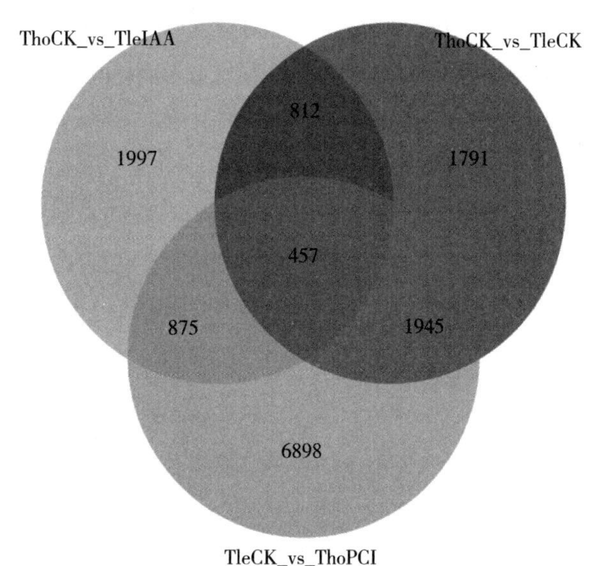

图5–5　基于黑果枸杞RNA-Seq的3个比较组的DEG的韦恩图

表5–6　黑果枸杞3三个比较组共有DEG里的TCP类转录因子

ID	基因	ThoCK vs. TleCK	ThoCK vs. TleIAA	ThoPCI vs. TleCK
TRINITY_DN3988_c0_g1	*TCP4*	下调	下调	下调
TRINITY_DN10015_c0_g1	*TCP10*	上调	上调	上调
TRINITY_DN5586_c1_g1	*TCP12*	上调	上调	下调

注：上调、下调代表在比较组的后者中表达情况。

（3）DEG的GO富集。

GO数据库主要分为Biological process（BP），Cellular component（CC）和Molecular function（MF）3类。结果显示以上3个比较组的DEG共同显著富集在105个GO条目，包括BP的82个GO条目，CC的5个GO条目和MF的18个GO条目。3个比较组的DEG共同显著富集在对激素的响应、对内源性刺激的响应和对刺激的响应等GO条目，值得注意的是在转录调控活性和DNA结合的转录因子活性两个条目中，3个比较组的DEG也有显著富集。

（4）DEG的KEGG富集。

ThoCK vs. TleCK有990个DEG注释到KEGG数据库，共涉及114条KEGG路径，其中显著富集的KEGG路径有20条，可归为代谢路径和遗传信息处理路径两大类。被DEG最显著富集（P值最小）的KEGG路径为类黄酮生物合成（Flavonoid biosynthesis，ko00941），共富集26个DEG，其中1个在TleCK上调，25个在TleCK下调。DEG数量最多的显著富集KEGG路径是核糖体（Ribosome，ko03010），富集的57个DEG均在无刺材料（TleCK）上调，且均为核糖体蛋白基因。

ThoCK vs. TleIAA的617个DEG注释到KEGG数据库，共涉及103条KEGG路径，其中显著富集的KEGG路径有13条，分为代谢路径、环境信息处理路径、遗传信息处理路径和有机系统路径4大类。DEG富集最显著的是植物–病原体相互作用（Plant-pathogen interaction，ko04626）KEGG路径，共富集40个DEG，其中38个在TleIAA上调，2个在TleIAA下调。DEG数量最多的显著富集KEGG路径为植物–病原体相互作用和植物激素信号转导（Plant hormone signal transduction，ko04075），都富集了40个DEG，植物激素信号转导路径有24个DGEs在TleIAA上调，16个DEG在TleIAA下调。

TleCK vs. ThoPCI有2 161个DEG注释到KEGG数据库的123条KEGG路径，其中显著富集的KEGG路径有37条，分为代谢路径、环境信息处理路径、遗传信息处理路径和有机系统路径4大类。被DEG最显著富集的KEGG路径为类苯丙酸生物合成（Phenylpropanoid biosynthesis，ko00940）路径，共富集79个DEG，其中61个DEG在ThoPCI上调，18个在ThoPCI下调。DGEs数最多的显著富集KEGG路径为核糖体（Ribosome，ko03010），共有124个DEG，均注释为核糖体蛋白基因；在有刺材料（ThoPCI）下调DEG数（79）多于上调DEG数（45）。

以上3组共同富集的KEGG路径有5条，分别为类黄酮生物合成（Flavonoid biosynthesis，ko00941）、苯丙素生物合成（Phenylpr-opanoid biosynthesis，ko00940）、芪类、二芳基庚酸和姜辣素的生物合成（Stilbenoid，diarylheptanoid and gingerol biosynthesis，ko00945）、二萜类生物合成（Diterpenoid biosynthesis，ko00904）和α–亚麻酸代谢（Alpha-Linolenic acid metabolism，ko00592），而3个比较组的共同DEG分布在除了α–亚麻酸代谢路径上的四条路径中（表5–7）。3个比较组有13个共同DEG注释在这4条KEGG代谢路径上（表5–7），其中在苯丙素生物合成和二萜类生物合成路径上的共同DEG有3个，分别注释为beta-glucosidase（*BGL*）、feruloyl-CoA 6–hydroxylase（*F6H*）和gibberellin–44 dioxygenase（*GA20ox*），3个基因在各比较组的有刺材料中均下调（表5–8）。

表5–7　黑果枸杞3个比较组的DEG共同显著富集的KEGG路径

路径ID	路径	共同DEG数
ko00941	Flavonoid biosynthesis	4
ko00940	Phenylpropanoid biosynthesis	9
ko00945	Stilbenoid，diarylheptanoid and gingerol biosynthesis	3
ko00904	Diterpenoid biosynthesis	2
ko00592	alpha-Linolenic acid metabolism	0

表5–8　黑果枸杞3个比较组的共同显著富集的KEGG路径上的共同DEG

路径ID	基因注释和缩写	ThoCK vs. TleCK	ThoCK vs. TleIAA	ThoPCI vs. TleCK
类黄酮生物合成 ko00941	Shikimate O-hydroxycinnamoyltransferase 莽草酸O–羟基肉桂酰转移酶（*HCT*）	下调	上调	上调
	Flavonoid 3',5'-hydroxylase 类黄酮3'，5'–羟化酶（*CYP75A*）	下调	上调	上调
	Shikimate O-hydroxycinnamoyltransferase 莽草酸O–羟基肉桂酰转移酶（*HCT*）	下调	上调	下调
	Shikimate O-hydroxycinnamoyltransferase 莽草酸O–羟基肉桂酰转移酶（*HCT*）	下调	上调	上调
苯丙素生物合成 ko00940	Beta-glucosidase β–葡萄糖苷酶（*BGL*）	下调	下调	下调
	Feruloyl-CoA 6-hydroxylase 铁酰辅酶A 6–羟化酶（*F6H*）	下调	下调	下调
	Peroxidase 过氧化物酶（*POD*）	上调	上调	下调
	Shikimate O-hydroxycinnamoyltransferase 莽草酸O–羟基肉桂酰转移酶（*HCT*）	下调	上调	上调
	Peroxidase 过氧化物酶（*POD*）	上调	上调	下调
	Cinnamyl-alcohol dehydrogenase 肉桂醇脱氢酶（*CAD*）	下调	上调	下调
	Peroxidase 过氧化物酶（*POD*）	上调	上调	下调
	Shikimate O-hydroxycinnamoyltransferase 莽草酸O–羟基肉桂酰转移酶（*HCT*）	下调	上调	下调
	Shikimate O-hydroxycinnamoyltransferase 莽草酸O–羟基肉桂酰转移酶（*HCT*）	下调	上调	上调
	Shikimate O-hydroxycinnamoyltransferase 莽草酸O–羟基肉桂酰转移酶（*HCT*）	下调	上调	上调
芪类、二芳基庚酸和姜辣素的生物合成 ko00945	Shikimate O-hydroxycinnamoyltransferase 莽草酸O–羟基肉桂酰转移酶（*HCT*）	下调	上调	下调
	Shikimate O-hydroxycinnamoyltransferase 莽草酸O–羟基肉桂酰转移酶（*HCT*）	下调	上调	上调
	Shikimate O-hydroxycinnamoyltransferase 莽草酸O–羟基肉桂酰转移酶（*HCT*）	下调	上调	上调

表5-8（续）

路径ID	基因注释和缩写	ThoCK vs. TleCK	ThoCK vs. TleIAA	ThoPCI vs. TleCK
二萜类生物合成 ko0090	Geranyllinalool synthase 香叶芳樟醇合酶（*GES*）	下调	下调	上调
	Gibberellin-44 dioxygenase 赤霉素-44双加氧酶（*GA20ox*）	下调	下调	下调

注：表中上调、下调均为比较组后者的表达情况。

3个关键比较组注释在淀粉和蔗糖代谢KEGG路径中的共同DEG共6个（表5-9），注释到植物激素信号转导KEGG路径中的共同DEG共5个，分别注释在生长素、水杨酸和茉莉酸信号转导路径上（表5-10）。其中淀粉和蔗糖代谢路径中的*INV3*，*BGL11*

表5-9　黑果枸杞3个比较组注释在淀粉和蔗糖代谢KEGG路径上的共有DEG

路径ID	基因注释和缩写	ThoCK vs. TleCK	ThoCK vs. TleIAA	ThoPCI vs. TleCK
Starch and sucrose metabolism ko00500	Probable trehalose-phosphate phosphatase J 可能的海藻糖磷酸磷酸酶J（*TPPJ*）	上调	上调	下调
	Beta-amylase 1 β-淀粉酶1（*BAM1*）	上调	上调	下调
	Beta-fructofuranosidase，insoluble isoenzyme 1 β-呋喃果糖苷酶，不溶性同工酶1（*INV1*）	上调	上调	下调
	Glucan endo-1,3-beta-glucosidase 5-like 葡聚糖内-1,3-β-葡糖苷酶5-样（*E135*）	上调	上调	下调
	Polypepetide with reverse transcriptase and RNaseH domains 具有逆转录酶和RNaseH结构域的多（*INV3*）	下调	下调	下调
	Beta-glucosidase 11 β-葡萄糖苷酶（*BGL11*）	下调	下调	下调

注：表中上调、下调均为与前者相比后者的表达情况。

表5-10　黑果枸杞3个比较组注释在植物激素信号传导KEGG路径上的共有DEG

路径ID	基因注释和缩写	ThoCK vs. TleCK	ThoCK vs. TleIAA	ThoPCI vs. TleCK	激素信号通路
Plant hormone signal transduction ko04075	Auxin-responsive protein *SAUR36*-like 生长素响应蛋白*SAUR36*类（*SAUR36*）	上调	上调	下调	Auxin
	PR1 protein precursor PR1 蛋白前体（*PRB1*）	上调	上调	下调	SA
	Small auxin-up protein 58 小生长素上调蛋白58（*SAUR58*）*	下调	下调	下调	Auxin
	Transcription factor MYC2-like 转录因子MYC2类（*bHLH14*）	下调	下调	下调	JA
	Hypothetical protein H5410_010061 假定蛋白H5410_010061（*AX15A*）	下调	下调	上调	—

注：上调、下调均为与前者相比后者的表达情况。

（表5–9）和植物激素信号转导路径中的*SAUR58*（早期生长素响应基因）、*bHLH14*（表5–10）在各个比较组的无刺材料中都表现为下调。

无参RNA-Seq分析发现ThoCK vs. TleCK，ThoCK vs. TleIAA和TleCK vs. ThoPCI组分别有4个，2个和24个细胞核DEG，均注释到光合KEGG路径。无参RNA-Seq分析除了发现上述注释到光合KEGG路径的细胞核DEG外，还发现了一些注释到该路径的叶绿体DEG。这些叶绿体DEG下文简称cpDEG。综合无参和有参RNA-Seq结果，发现ThoCK vs. TleCK，ThoCK vs. TleIAA和TleCK vs. ThoPCI组分别有8，3和11个注释到光合作用KEGG路径上的cpDEG。值得注意的是ThoCK vs. TleCK和ThoCK vs. TleIAA组注释到光合作用KEGG路径上的所有cpDEG均在无刺材料表达下调（图5–6）。此外，本研究的有参RNA-Seq分析还发现3个比较组共有27个没有注释到光合KEGG路径的cpDEG。

3个有刺和无刺比较组共有的cpDEG为5个，其中*psbA*，*psbC*和*psbE* 3个注释在光合作用KEGG路径上且在3个比较组无刺材料均下调，而表达叶绿体RNA聚合酶PEP β″亚基的*rpoC2*（郑祎，2020）则在无刺材料上调，*rbcL*在3个比较组的无刺材料中下调（表5–11）。

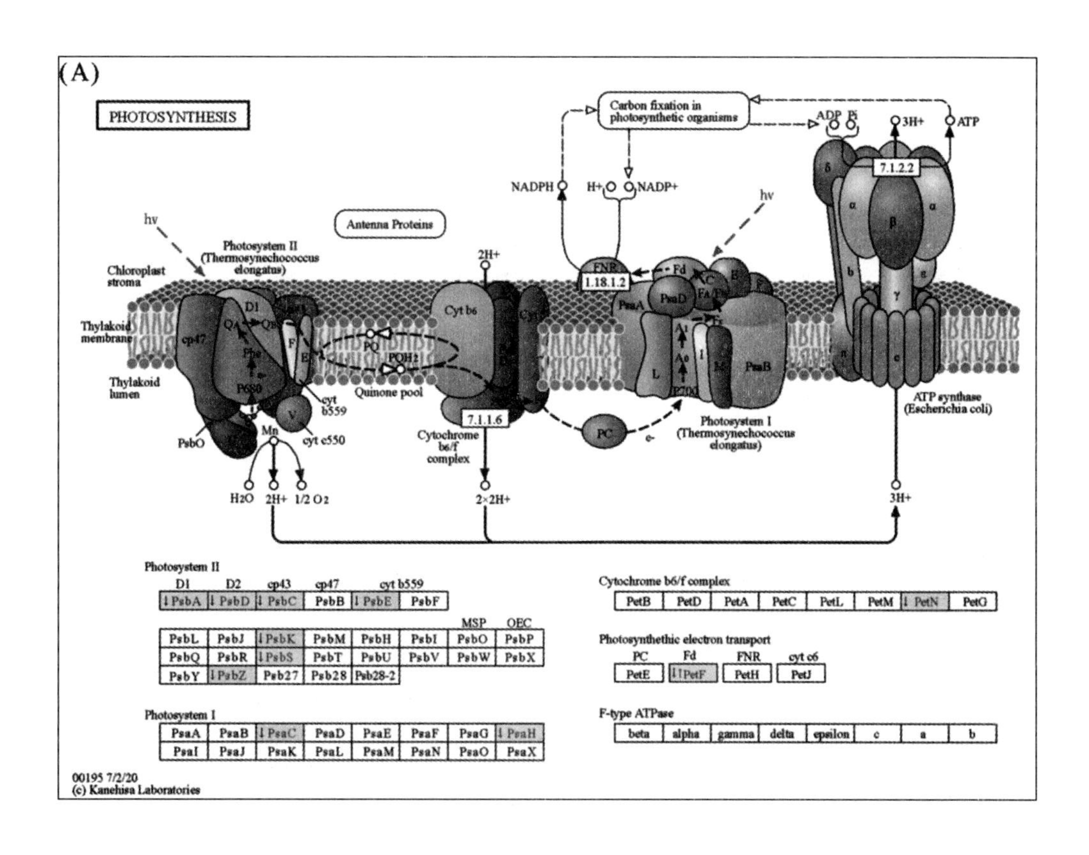

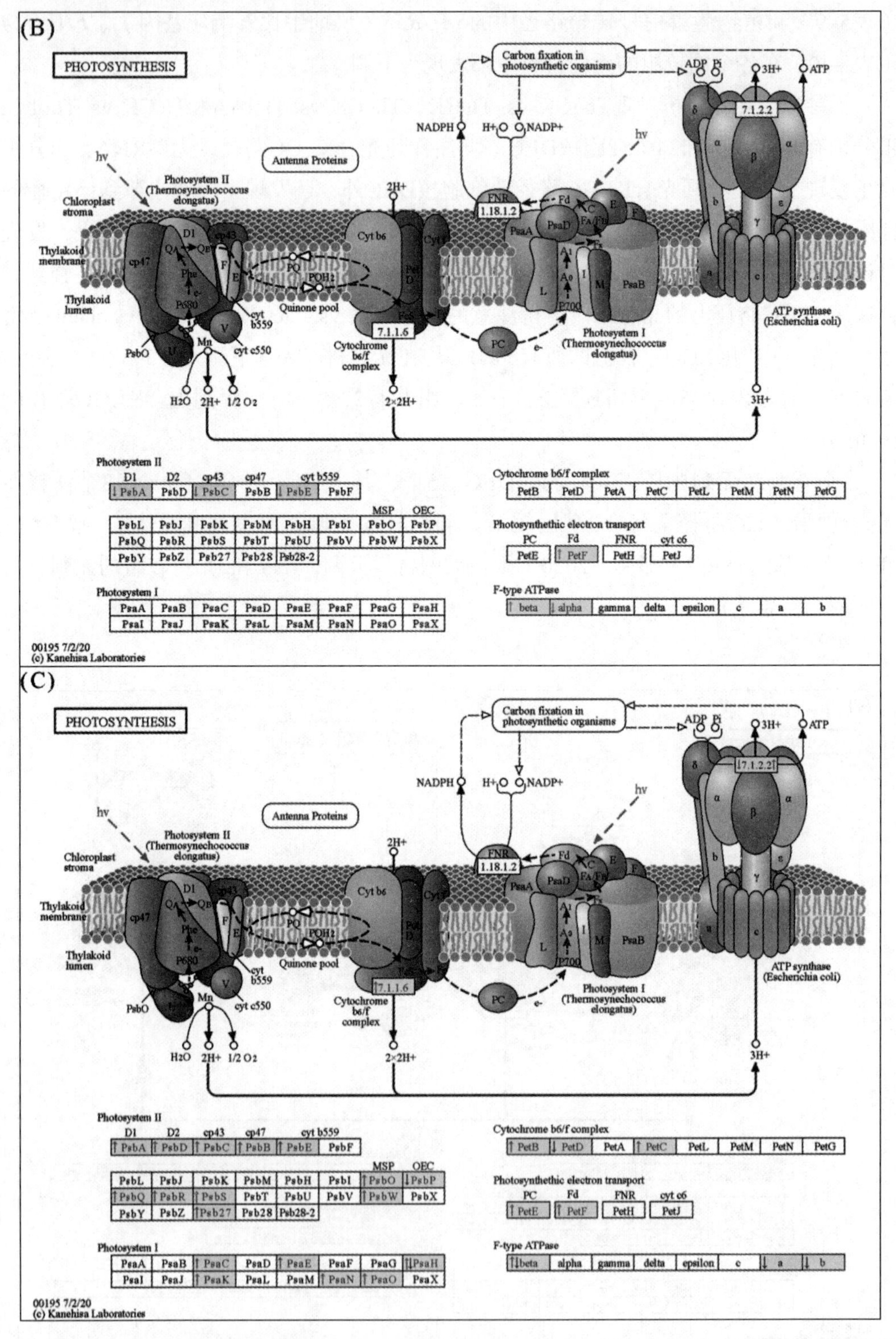

注：（A）（B）（C）分别表示ThoCK vs. TleCK，ThoCK vs. TleIAA，TleCK vs. ThoPCI的光合作用KEGG路径。浅灰框表示核DEG，深灰框表示cpDEG。向上的箭头表示对比组中后者的基因上调，向下的箭头表示对比组中后者的基因下调。

图5-6　黑果枸杞3个比较组的注释到光合KEGG路径的细胞核DEG和cpDEG

表5-11　黑果枸杞3个比较组共有的cpDEG

基因缩写	ThoCK vs. TleCK	ThoCK vs. TleIAA	ThoPCI vs. TleCK	KEGG路径
psbA	下调	下调	下调	Photosynthesis
rpoC2	上调	上调	上调	—
psbC	下调	下调	下调	Photosynthesis
rbcL	下调	下调	下调	—
psbE	下调	下调	下调	Photosynthesis

注：上调和下调代表在比较组的后者的表达情况。

5.2.4　RT-qPCR

根据RT-qPCR的结果，所验证的7个DEG在3个比较组样品中的表达［图5-7（B）至图5-9（B）］与RNA-Seq中的基因表达差异［图5-7（A）至图5-9（A）］情况一致，表明本研究的RNA-Seq试验结果准确可靠。

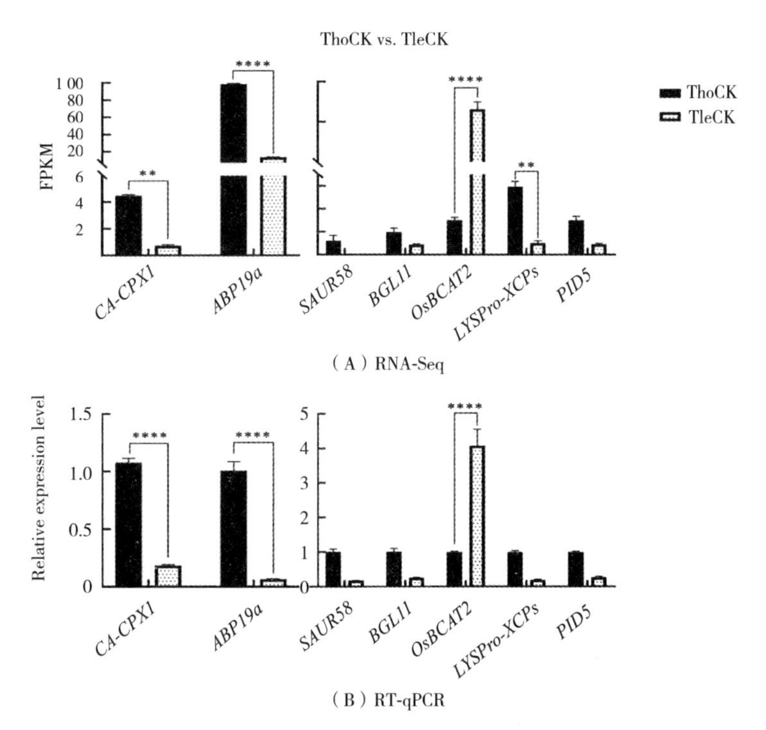

注：**和****分别代表在$P<0.01$和0.0001水平差异显著。

图5-7　RNA-Seq和RT-qPCR揭示7个DEG在ThoCK和TleCK中的表达水平

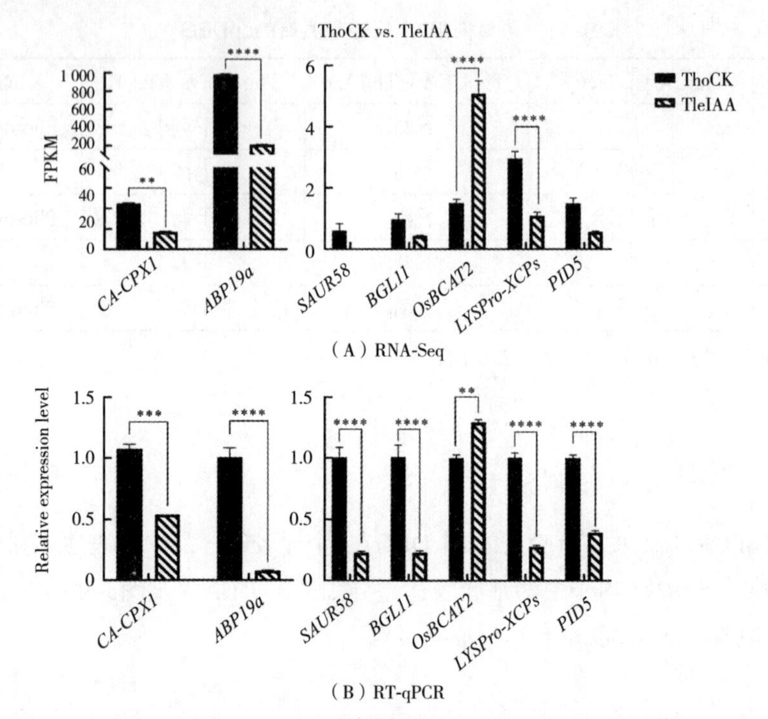

（A）RNA-Seq

（B）RT-qPCR

注：**，***和****分别代表在$P<0.01$，0.001和0.0001水平差异显著。

图5-8 RNA-Seq和RT-qPCR揭示7个DEG在ThoCK和TleIAA中的表达水平

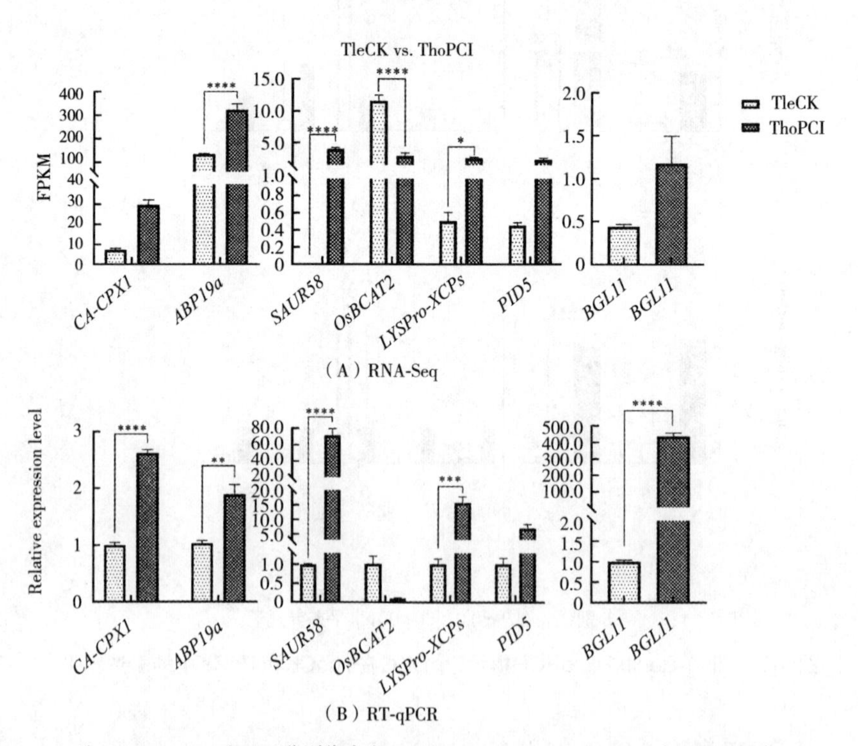

（A）RNA-Seq

（B）RT-qPCR

注：*，**，***和****分别代表在$P<0.05$，0.01，0.001和0.0001水平差异显著。

图5-9 RNA-Seq和RT-qPCR揭示7个DEG在TleCK和ThoPCI中的表达水平

5.3　讨论和结论

5.3.1　讨论

吲哚-3-乙酸（IAA）被认为是大多数植物中的关键生长素（Woodward et al.，2005），它在植物的各个部位和生长阶段有着重要作用，尤其在植物形态的控制和调节（Benková et al.，2003；Bohn-Courseau I，2010）、顶端优势等方面（Kepinski et al.，2005），而IAA对植物枝刺发生的影响机制尚不清楚。我们之前的研究发现，要挖掘与黑果枸杞枝刺发生相关的关键基因和代谢物，应选择无叶顶芽（即茎尖）为试验材料（Li et al.，2023）。此外，植物生长素经典梯度模型显示IAA在顶芽合成，通过极性运输的方式分布于整个植物中（CasanovaSáez et al.，2021）。因此，本研究选用无刺和有刺黑果枸杞顶芽为试验材料进行了内源激素测定。结果显示无刺枝条顶芽IAA的含量（m/m）显著高于有刺枝条顶芽的，顶芽内源IAA的含量（m/m）与该枝条可见枝刺的发生呈负相关。这为本研究后续外源施加IAA提供了浓度范围参考，也提示我们IAA可能抑制该无性系黑果枸杞盆栽枝刺发生。

依据测定的内源IAA含量（m/m），我们设置了不同的IAA浓度梯度，对有刺枝条顶芽进行处理。处理15 d时的结果显示，0.57 μmol/L的IAA处理使新生茎节的发刺率显著降低，由对照的79.84%下降至17.46%。此外，在0.11 μmol/L的IAA处理下，其发刺率相较于对照组也显著降低，但是枝刺反而更加粗壮。这些结果表明，并非顶芽施用的IAA浓度越高对黑果枸杞枝刺发生的抑制作用越明显。这与先前报道（CasanovaSáez et al.，2021）中提到的植物对生长素反应的阈值模型结果不谋而合，生长素对植物的调控并不是绝对的负调控或者正调控，而是在一定阈值范围内进行的，超过阈值范围这种调控可能会向着相反的方向进行。PCIB作为生长素拮抗剂（auxin antagonist），能够作用于顶芽并抑制顶芽处IAA的合成及运输（Morris et al.，2005；Oono et al.，2003；Chabikwa，2019）。为了从另一个角度证明生长素IAA对黑果枸杞可见枝刺发生的抑制作用，我们对内源IAA含量（m/m）较高的无刺枝条的顶芽施加了生长素拮抗剂PCIB。结果显示13.2 μmol/L的PCIB处理显著提高了无刺枝条新发茎节的发刺率。这进一步说明IAA对黑果枸杞可见枝刺发生有抑制作用。

此外，本研究发现黑果枸杞顶芽SA的含量（m/m）与枝刺的发生也呈负相关。激素在植物中的调节作用并不单一，不同激素间也存在交互作用；植物激素通过动态调控影响植物生长并且在植物生长过程中多种激素在通路上互相作用，对植物生长进行调控（Pan et al.，2020；Zhang et al.，2020b）。本研究中，虽然生长素IAA与SA均与黑果枸杞可见枝刺的发生呈负相关，但是在枝刺发生过程中两者之间具体互作机制还需要进一步研究探索。

本研究在确定生长素IAA抑制黑果枸杞枝刺发生的基础之上，进一步通过RNA-Seq挖掘IAA调控黑果枸杞枝刺发生相关的关键基因。结果发现3组有刺和无刺顶芽比较组（ThoCK vs. TleCK，ThoCK vs. TleIAA和TleCK vs. ThoPCI）的DEG显著富集在对激素的响应、对内源性刺激的响应和对刺激的响应等GO条目和类黄酮生物合成、苯丙素生物合成、芪类、二芳基庚酸和姜辣素的生物合成、二萜类生物合成、α-亚麻酸代谢5条KEGG路径。而α-亚麻酸是在拟南芥中，JAs合成的3条途径中十八烷途径的起始（Ruan et al.，2019），说明JA的激素合成也可能受到了IAA调控的影响。

3组比较组共有457个DEG，其中包括75个转录因子DEG，分布在28个转录因子家族。共有转录因子DEG包含3个TCP家族的基因，其中*TCP4*在各个比较组的有刺材料中都相对于无刺材料上调。因此，推测*TCP4*响应低IAA促进黑果枸杞枝刺的发生。同时TCP家族的*TCP10*在3个比较组中的表达趋势与TCP4截然相反，因此我们推测*TCP10*可能响应高IAA抑制黑果枸杞枝刺的发生。TCP家族蛋白主要通过植物分生组织参与调控植物生长发育的过程和生理生化信号传导，与植物侧生分生组织发育有着密切联系（Baulies et al.，2022；Tatematsu et al.，2008）。并且在柑橘（*Citrus*）中编码一个Ⅱ类的TCP家族转录因子的基因*TI1*（*THORN IDENTITY1*）在之前的研究中被认为在刺的转化中起重要作用，同时*TI2*（*THORN IDENTITY2*）作为与TI1密切相关的Ⅱ类TCP家族旁系同源物，其表达方式与*TI1*相似，并也在影响刺组织特征中起作用（Zhang et al.，2020a）。另外，本研究这75个转录因子中数量最多（即6个转录因子以上）的是NAC，WRKY，ERF，MYB和MYB_related家族转录因子，表明这些家族的转录因子可能积极响应IAA信号并参与枝刺发生的调控。值得注意的是，在ThoCK vs. TleCK和ThoCK vs. TleIAA两个比较组中我们可以观察到上述NAC，WRKY等5个家族的大部分转录因子在无刺材料中上调；但在ThoPCI vs. TleCK比较组中，大部分转录因子却在有刺材料（ThoPCI）中上调。PCIB处理组特殊的原因可能是PCIB不仅能够通过降低内源IAA影响基因表达而促进枝刺发生，PCIB自身也可能对基因表达造成其他影响。而本研究中3个比较组共有的5个cpDEG中有4个在无刺材料中下调（表5-11），其中*psbA*，*psbC*，*psbE*是编码光和系统Ⅱ的叶绿体基因，*rbcl*基因编码叶绿体中RuBisCO亚基在光合作用中起着重要的调节作用。这4个cpDEG在有刺顶芽表达水平的上调很可能是对低IAA处理的响应。3个比较组共有的cpDEG *rpoC2*则在无刺材料中上调，*rpoC2*是编码PEP核心酶β"亚基的叶绿体基因（Williams et al.，2014）。PEP影响部分叶绿体基因的表达，我们之前针对大花君子兰的研究结果也表明*rpoC2*缺失突变导致的PEP功能缺陷引发了28个cpDEG表达显著下调，并且其中包括了*psbA*，*psbC*，和*rbcl*。因此，推测本研究中在无刺材料中*rpoC2*的表达上调可能响应高IAA信号并且负调控了叶绿体基因*psbA*，*psbC*，*psbE*和*rbcl*的表达。

本研究发现IAA抑制黑果枸杞枝刺发生，我们课题组还研究发现蔗糖通过能量和信号双重作用促进黑果枸杞枝刺发生（Li et al.，2023）。IAA是重要的植物激素，参与植物激素信号转导KEGG路径。蔗糖是植物光合作用产物，参与淀粉和蔗糖代谢KEGG路径，且是植物体碳水化合物运输的主要形式（Stein etal.，2019）。因此本研究首先关注了不同比较组之间的DEG在以上两个KEGG路径的注释情况。

3个比较组的5个共有DEG注释到植物激素信号转导KEGG路径，其中*SAUR58*（参与生长素信号路径）表达水平在有刺材料中上调且显示出与枝刺发生正相关，推测该基因响应低IAA促进黑果枸杞枝刺发生。*SAUR*（Small auxin-up RNA）家族是对生长素早期反应的基因家族，*SAUR*家族的多个基因在甜瓜（Cucumis melo L.）中参与生长素信号路径作用从而调节植株发育（Tian et al.，2022）。Ouyang（2015）等研究发现，富集在植物激素信号转导KEGG路径上的生长素诱导基因（*ARF*）和*SAUR*的上调可能产生了更高的IAA水平从而调节其材料芽的伸长。然而，本研究结果显示在顶芽的RNA-Seq分析中，*SAUR58*在各个比较组的有刺材料中都表现为上调，这证明SAUR58可能响应低生长素且促进枝刺的发生。在这5个DEG中*bHLH14*（参与JA信号路径）也在各个比较组的有刺材料中上调。*bbHLH14*是bHLH亚类IIId转录因子之一，在拟南芥中作为转录抑制因子负调控JA响应（Qi et al. 2015）。JA是高等植物中发现的内源生长调节物质，参与重要生长和发育过程的调节（Wasternack et al.，2013），JA可以诱导气孔打开，抑制Rubisco生物合成（Ruan et al.，2019），因此*bHLH14*在有刺材料中上调也可能会促进Rubisco的生物合成，这与叶绿体基因*rbcl*在有刺材料中上调的趋势一致，这与DEG显著富集在α-亚麻酸代谢等KEGG路径的结果暗示了在黑果枸杞顶芽中IAA信号和JA信号可能相互串联影响枝刺的发生。

本研究中3个比较组的6个共有DEG注释到淀粉和蔗糖代谢KEGG路径，其中*BGL11*表达水平在有刺材料中上调，显示出与枝刺发生正相关。推测该基因也响应低IAA促进了黑果枸杞枝刺发生。*BGL11*表达产物位于淀粉和蔗糖代谢KEGG路径，且蔗糖是促进黑果枸杞枝刺发生的信号物质（Li et al.，2023），因此，推测在调控黑果枸杞枝刺发生过程中，生长素信号也可能位于蔗糖信号的上游，且蔗糖促进黑果枸杞枝刺的发生。

5.3.2 结论

黑果枸杞无刺茎顶芽的IAA含量（m/m）极显著高于有刺茎顶芽。0.57 μmol/L的外源IAA显著抑制有刺黑果枸杞新发茎的枝刺发生，13.2 μmol/L的PCIB显著促进无刺黑果枸杞新发茎的枝刺发生。ThoCK，TleCK，TleIAA，ThoPCI 4种样品RNA-Seq分析显示3个有刺和无刺比较组的共有DEG为457个，3个比较组的DEG共同显著富集GO条目为对激素的响应、对生长素的响应等，共同显著富集的KEGG路径为类黄酮生生物合成、苯丙素物合成、芪类、二芳基庚酸和姜辣素的生物合成和α-亚麻酸代谢。3个比较组的共有DEG有5和6个分别注释在植物激素信号转导和淀粉和蔗糖代谢两条KEGG路径。RT-qPCR验证RNA-Seq结果可靠。差异转录因子分析发现TCP4可能是响应低IAA促进枝刺发生的重要转录因子。cpDEG分析显示3组有刺和无刺比较组共有3个参与光合作用KEGG路径的cpDEG，且均在无刺材料下调。这说明IAA可能通过抑制这3个cpDEG的表达进而抑制光合作用来抑制枝刺发生。

第6章　基于稳定遗传转化探索*LrSUS*对黑果枸杞枝刺发生的影响

蔗糖促进黑果枸杞枝刺发生，蔗糖合酶是能催化蔗糖分解和合成双向反应的酶。课题组前期通过RNA-Seq发现一个蔗糖合酶基因（*LrSUS*）与黑果枸杞枝刺发育有关。本研究克隆黑果枸杞*LrSUS*的CDS全长，构建其过表达载体和RNAi载体，采用农杆菌介导法获得稳定的*LrSUS*超表达及抑制表达转基因黑果枸杞。形态观察发现*LrSUS*抑制表达植株在组培瓶内表现出植株矮小和根系生长缓慢的特点，移栽后均无法成活；*LrSUS*超表达植株在组培瓶内表现出主根数量及根长增加且植株生长迅速，*LrSUS*超表达植株移栽之后表现为可见枝刺的发生显著增强，叶长、叶宽、茎直径明显变大，并且光合速率及糖含量也显著上升。以*LrSUS*超表达和对照植株的茎和叶为材料，通过RNA-Seq对比分析探索*LrSUS*超表达促进植株生长和枝刺发生的机理。本研究揭示了黑果枸杞*LrSUS*基因的功能，并探索了*LrSUS*促进黑果枸杞生长、抽茎和枝刺发生的机理，为培育无刺黑果枸杞奠定基础。

6.1　材料与方法

6.1.1　植物材料

试验所用的植物材料为黑果枸杞组培无性系，保存在辽宁省林木遗传育种与培育重点实验室的组培间内。该无性系植株培养于1/2MS培养基，培养基含MS干粉4.74 g/L、蔗糖40 g/L、琼脂4.5 g/L，pH为5.8。培养温度为25 ± 1 ℃，光照强度为2000 lx，光周期为16 h光照/8 h黑暗。取该无性系移栽盆苗茎节作为材料，用于RNA提取和*LrSUS*基因克隆。黑果枸杞无性系健康幼嫩叶片作为遗传转化的受体。

6.1.2　*LrSUS*的克隆和分析

采用康为世纪（中国，北京）RNA提取试剂盒（CW0597S），按照说明书操作，提取黑果枸杞茎节中的总RNA。并采用Solarbio（中国，北京）反转录试剂盒（M1701）合成第一链cDNA。根据前期RNA-Seq（王皓，2020）测得的*LrSUS*序列设计引物进行基因CDS序列克隆，经测序发现PCR得到缺乏3′端的CDS序列。根据所获得的序列设计3′ RACE引物*SUS*-3′ RACE-F和*SUS*-3′ RACE-R（表6–1），通过PCR获得*LrSUS*基因3′ 端序列。将其3′ 端序列与上述5′ 序列拼接获得该基因完整CDS序列。根据完整CDS序列设计引物*SUS*-F和*SUS*-R（表6–1）进行PCR获得基因全长CDS序列。PCR反应获得基因全长CDS的反应体系为25 μL，包括0.25 μL Taq，2.5 μL 10 × Taq PCR buffer（中科瑞泰，RTS3102），0.5 μL 10 mM dNTP（中科瑞泰，RTN3202–01），1 μL正向引物（10 μM），1 μL反向引物（10 μM），100 ng cDNA和ddH$_2$O。PCR使用以下程序：95 ℃ 5 min；95 ℃ 30 s，55.6 ℃，30 s，72 ℃ 2 min，35个循环；72 ℃ 5 min；12 ℃保存。

获得*LrSUS*基因的CDS全长后，我们对该基因进行了简单生物信息学分析。采用在线网站（https://web.expasy.org/protparam/）对LrSUS蛋白进行分子量和等电点预测。

表6–1 本章研究用到的引物

引物名称	引物序列（5′ 到3′ ）	应用
SUS-3′ RACE-F	GGGAAACACTGCTCAACG	3′ RACE
SUS-3′ RACE-R	GACTCGAGTCGACATCGATTTTTTTTTTTTTTTTT	
SUS-F	ATGGCAGCCAGTAGTCTTAGCA	*LrSUS* CDS全长PCR
SUS-R	TAAATCCCAGATAATGTCATCACTT	
Npt II-F	CAGGTCCCCAGATTAG	过表达植株DNA鉴定
Npt II-R	GAAGAACTTGCTTTTGAT	
ATA5-F	CAGGTCCCCAGATTAG	抑制表达植株DNA鉴定
ATA5-R	GAAGAACTTGCTTTTGAT	
SUS-qRT-F	AAGTGTCTTTGGAGGAGTT	稳定转化植株基因表达水平鉴定
SUS-qRT-R	GTGTGTGGGAGTATGTGTC	
Actin-qRT-F	CCGACCTGGACCTTACACTCA	稳定转化植株基因表达水平鉴定
Actin-qRT-R	GGAAAACCTGCGAAGACCC	

6.1.3 载体构建

利用*NdeI*和*EcoRI*酶切位点，将*LrSUS*的完整CDS连接到载体pRI101-AN，以获得其超表达载体pRI101-*LrSUS* [图6–1（A）]。载体pRNAi-E是以pRI101-AN为原始载体，中间插入内含子构建而成（宋梦如 等，2017）。根据*LrSUS*基因序列设计一段300 bp的特异序列（表6–2），分别将其正向序列及反向序列插入到载体pRNAi-E中以获得该基因的RNAi载体pRNAi-*LrSUS* [图6–1（B）]。

6.1.4 农杆菌介导的黑果枸杞稳定遗传转化

我们前期研究发现以黑果枸杞一个无性系的叶片切块为外植体，在不含有任何

表6-2　用于构建pRNAi-*LrSUS*载体的300 bp序列

序列描述	序列（5′ 到3′ ）
300 bp特异的正向序列	ACTTGCACTAGCTGTACGTCCAAGGCCCGGTGTGTGG GAGTATGTGTCACTGAATCTTAAGACAAAGAAAGTGG CTGAATTGAGCATCCCCAAATACCTTCAATTGAAAGA GAACGCTGTCGATGAAAGTGGAAACGTCTTGGAAATG GATTTTGAGCCATTTACTACTGTAACTCCTCCAAAGAC ACTTTCTGACTCCATTGGTAATGGTTTGGAGTTTCTTA ATCGCCATATTGCTTCAACAATGTTCCATGACAAGGAG ATTGCCAAGTGCCTCCTTGACTTTCTCAGACAGCATAA

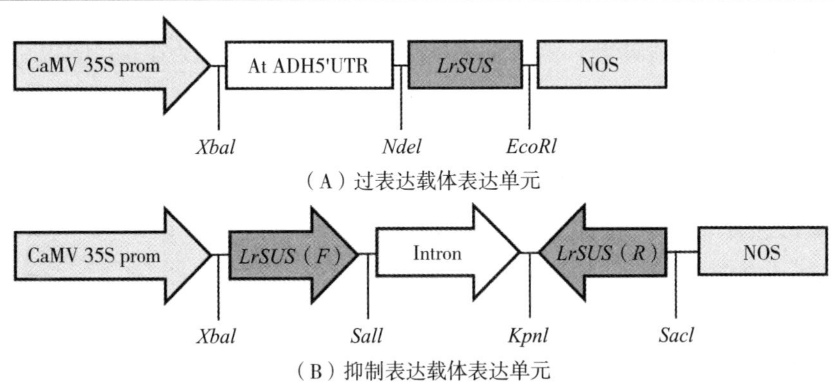

图6-1　*LrSUS*过表达载体pRI101-*LrSUS*（A）和抑制表达载体pRNAi-*LrSUS*（B）的表达单元

PGR的MS培养基，其外植体切口先生根，然后在根的基部生芽。即叶片外植体在无PGR的培养基上可以通过直接器官发生快速获得植株。基于此直接器官发生体系，我们建立了黑果枸杞稳定遗传转化体系。

6.1.4.1　抗生素浓度的筛选

取黑果枸杞组培苗的叶片尖端为外植体，叶背面朝上接种到含有不同浓度卡那霉素（Kan）（1，2，3，4，5，6，7，8，9，10，15，20，25，30，35，40，50，100 mg/L）的MS培养基中进行培养。一个月后统计观察黑果枸杞叶尖外植体的生长状况。选取能够完全抑制直接器官发生的Kan最低浓度作为筛选培养基中的Kan浓度。

取100 μL LBA4404农杆菌菌液，均匀涂布在添加50 mg/L Rif的YEP固体培养基上，将蘸取不同浓度头孢噻肟钠（Cef）溶液（100，150，200，250，300，350，400，450，500 mg/L）的无菌滤纸片放置在上述YEP培养基中，28 ℃倒置培养1 d，观察抑菌圈的大小，选择抑菌圈较大且明显的为最适Cef浓度。

6.1.4.2　外植体预培养

取黑果枸杞组培苗的叶片尖端为外植体，叶背面朝上接种到MS培养基中（含MS干粉4.74 g/L、蔗糖40 g/L、琼脂4.8 g/L，pH5.8）。并在与植物材料部分条件相同的组培室内进行1 d的预培养。

6.1.4.3　农杆菌侵染液的制备

使用冻融法（Holsters et al.，1978）将重组载体（pRI101-*LrSUS*，pRNAi-*LrSUS*）转

移到LBA4404农杆菌菌株中。将其置于含有利福平Rif（50 mg/L）和Kan（50 mg/L）的固体YEP培养基上，在28 ℃培养2 d从而获得单克隆菌落。将单克隆菌落置于含有相同抗生素的YEP液体培养基中。在28 ℃下，以180 r/min震荡培养至OD600为0.4 ~ 0.6。将上述菌液在4 ℃条件下，以5000 r/min离心5 min，弃上清液，并将菌体重悬于加入100 μmol/L乙酰丁香酮（AS）的等体积MS液体培养基。冰上放置1 h后将菌液用于遗传转化。

6.1.4.4　侵染和共培养

将预培养完的外植体浸入上述菌液中侵染。设置侵染时间为15 min。侵染结束后，将叶尖外植体置于无菌滤纸以去除多余菌液。叶背朝上接种到共培养培养基中（添加MS干粉4.74 g/L、蔗糖40 g/L、琼脂4.8 g/L、100 μmol/L AS，pH5.8），暗培养2 ~ 3 d至外植体周围长出农杆菌。

6.1.4.5　筛选培养

用含有500 mg/L Cef的无菌水清洗外植体5 ~ 6次，用无菌滤纸吸干。叶背面朝上接种到选择培养基（添加MS干粉4.74 g/L、蔗糖40 g/L、琼脂4.8 g/L、3 mg/L Kan、300 mg/L Cef，pH5.8）中培养。

外植体在选择培养基中每7 d继代进行筛选。待抗性芽长至5 cm左右时，剪取2 cm左右抗性芽的上部分，接种到1/2MS生根培养基中（添加MS干粉2.37 g/L、蔗糖20 g/L、琼脂4.8 g/L、5 mg/L Kan、300 mg/L Cef，pH5.8）。筛选培养的温度、光照等条件同植物材料部分。

6.1.5　转化植株DNA提取与鉴定

获得该基因超表达和抑制表达载体转化的抗性植株之后，采用瓶内微扦插的方法对其进行扩大培养，并移栽为容器苗，具体方法如下。待无性系组培苗茎生长至≥5 cm时，将带有顶芽的长约3 cm茎段剪下接种到含有抗生素（5 mg/L Kana+300 mg/L Cef）的无任何PGR的1/2MS固体培养基中生根。待植株生根且茎高长到≥5 cm，再剪切上部3 cm带顶芽茎接种于上述含有抗生素的生根培养基中。通过这样反复剪切的方法将*LrSUS*超表达植株扩繁，待一个转化株系植株达到3株时，使用CTAB法分别提取组培瓶内转化及对照株系的茎和叶的基因组总DNA。通过1%凝胶电泳和NanoDrop one超微量分光光度计（Thermo）测定DNA质量和浓度。以质量达标的DNA作为模板，通过PCR验证外源基因是否整合黑果枸杞基因组。超表达载体转化植株所用PCR引物组合为NptⅡ-F和NptⅡ-R（表6–1）；抑制表达载体转化植株所用PCR引物组合为ATA5-F和ATA5-R（表6–1）。进行PCR验证的反应体系为25 μL，包括0.25 μL Taq，2.5 μL 10 × Taq PCR buffer（中科瑞泰，RTS3102），0.5 μL 10 mM dNTP（中科瑞泰，RTN3202–01），1 μL正向引物（10 μM），1 μL反向引物（10 μM），100 ng DNA和ddH$_2$O。PCR使用以下程序：95 ℃ 5 min；95 ℃ 30 s，55.6 ℃ 30 s，72 ℃ 2 min，35个循环；72 ℃ 5 min；12 ℃保存。

6.1.6　成功转化植株*LrSUS*基因表达分析

使用TIANGEN（中国，北京）的RNA 提取试剂盒（DP432）分别提取组培瓶内超表达和抑制表达载体转化植株及对照植株的茎和叶总RNA。分别通过1%凝胶电泳和NanoDrop one超微量分光光度计（Thermo）确认RNA质量和浓度。使用Solarbio（中国，北京）反转录试剂盒（M1701）对质量达标的RNA进行反转录得到cDNA用于qRT-PCR分析。以*Actin*基因为内参基因，以测定*LrSUS*基因在两种转化植株和对照植株茎和叶中的相对表达水平。使用Primer Premier 5.0软件分别设计引物*Actin*-qRT-F，*Actin*-qRT-R，*SUS*-qRT-F，*SUS*-qRT-R。qRT-PCR反应体系为20 μL，包含10 μL 2X SYBR® Premix Ex Taq Ⅱ，0.5 μL正向引物（10 μmol/L），0.5 μL反向引物（10 μmol/L）和20 μg cDNA。充分混合后，置于实时荧光定量PCR仪（qTOWER3 G touch）中。使用以下循环条件进行反应：95 ℃ 30 s；95 ℃ 20 s，55 ℃ 30 s，72 ℃ 30 s，45个循环；Melt（溶解曲线）15 s。通过qRT-PCR获得Ct值，采用$2^{-\Delta\Delta Ct}$法（Li et al.，2022）进一步计算各种材料茎和叶中*LrSUS*基因的相对表达水平。

6.1.7　瓶内稳定转化植株表型测定

采用上述相同微扦插方法，将验证成功的稳定转化*LrSUS*超表达、抑制表达植株以及对照植株的茎接种到抗性生根培养基，接种培养基30 d时观察生长情况。过表达和抑制表达植株在抗性生根培养基生长，对照植株在不含Kan和Cef的1/2 MS培养基生长。40 d时使用游标卡尺测定瓶内超表达、抑制表达及对照黑果枸杞植株不定根长度、茎长、茎直径；肉眼观察主根数量。每组试验进行3次重复，每类材料每次重复用6株瓶内植株。

6.1.8　稳定转化植株移栽及表型测定

选择长势良好并且发育程度相近的*LrSUS*超表达、抑制表达及对照黑果枸杞植株自然光驯化后，用自来水冲洗干净并保证根系无损害，将其移栽后用扎孔保鲜膜覆盖（Gao et al.，2021），置于25 ± 2 ℃的温室内。待植株开始抽新枝时，转移到日光室温中培养，日光温室温度为30 ± 5 ℃/20 ± 5 ℃（白天/晚上），光周期为13 ~ 15 h光照/9 ~ 11 h黑暗。移栽40 d时统一测定其生长数据。使用钢卷米尺（2 m量程）测量枝长；使用游标卡尺测定茎直径、顶芽粗、叶片长、叶片宽，其中叶长和叶宽选择3片位于枝条中间部分的完全展开的主叶片测定；肉眼观察枝刺数、新生枝条数及枝条木质化程度（茎灰白为木质化）并以百分比记录。每组试验进行3次重复。

6.1.9　超表达植株蔗糖合酶（SUS）活性测定

移栽14 d之后，所有*LrSUS*基因抑制表达植株均死亡。为了揭示高表达*LrSUS*对黑果枸杞蔗糖合酶活性影响，我们采用Solarbio蔗糖合成酶活性检测试剂盒（BC0580）测定移栽之后的超表达及对照植株的SUS活性。分别取移栽的置于日光温室40 d的超表达和对照植株幼嫩未木质化的茎（去掉刺）及其上完全展开的叶片进行SUS活测定。试验设置3次生物学重复。按照上述试剂盒的说明书进行操作。

6.1.10 超表达植株糖含量测定

为了揭示黑果枸杞*LrSUS*超表达对蔗糖（Suc）、葡萄糖（Glc）和果糖（Fru）含量是否有显著影响，采用高效液相色谱法（HPLC）测定了黑果枸杞*LrSUS*超表达及对照植株的Suc，Fru，Glc含量。分别称取约0.1 g未木质化茎段及完全展开的叶片，在液氮下研磨成粉末，加入1.25 mL浓度为80%的乙醇，匀浆，室温下过夜浸提，将提取物在8 000 g离心10 min，取上清液，用0.45 μm针头过滤器（有机相）过滤。将样品于高效液相色谱仪（安捷伦1290高效液相色谱仪）检测（Li et al.，2023）。试验设置3次生物学重复，每类样品每次重复取3枝的材料混样。

6.1.11 超表达植株光合参数测定

本研究发现*LrSUS*超表达促进黑果枸杞根、茎、叶生长和枝刺的发生；*LrSUS*超表达植株茎和叶的Suc，Glc和Fru等光合产物的含量（m/m）均显著高于未转基因对照。这提示我们*LrSUS*超表达可能通过促进光合作用来促进黑果枸杞根、茎、叶生长和枝刺发生。因此，以移栽的黑果枸杞*LrSUS*超表达及对照植株为试验材料，于晴天的上午8:30～11:00进行光合指标测定。利用GFS-3000光合荧光测定系统（WALZ，德国）测定光合气体交换参数，包括净光合速率（Pn）、蒸腾速率（Tr）、气孔导度（Gs）、胞间CO_2浓度（Ci）。试验设置3次生物学重复，每类植株每次重复用6株。

6.1.12 RNA-Seq分析

选择日光温室长势良好的超表达及对照盆栽植株各3株，分别选取植株幼嫩未木质化的茎段及其上完全展开的叶片作为试验材料。试验设置3次生物学重复，共计12个样品。每类样品每次重复0.1 g。用液氮速冻后储存于–80 ℃冰箱中。在Illumina NovaSeq高通量测序平台上对合格的cDNA文库进行测序（Li et al.，2023）。使用Trinity（Grabherr et al.，2011）软件对测序数据进行序列组装并对RNA-Seq文库进行质量评估。利用FPKM值表示对应Unigene的表达丰度（Trapnell，2010）。采用DESeq2（Love，2014）进行样品组间的差异表达分析，获得不同的两类材料之间的差异表达基因集。在差异表达分析过程中采用了公认有效的Benjamini-Hochberg方法对原有假设检验得到的显著性P值（P-value）进行校正，并最终采用校正后的P值，即*FDR*作为差异表达基因（DEG）筛选的关键指标。为了识别样本间DEG，将*FDR*＜0.05且Fold Change（FC）≥2作为DEG的筛选标准。对DEG进行GO（Ashburner，2000）和KEGG

（Grabher et al.，2011）富集分析，以判定DEG主要参与哪些生物学功能或通路。DEG的GO富集分析通过topGO R软件包的Kolmogorov-Smirnov测试，本研究将KS＜0.05且DEG数大于预期数的GO条目认定为显著富集的GO条目。使用KOBAS（Mao et al.，2005）软件计算KEGG通路中DEG的富集程度，选取$P<0.05$的通路为显著富集的KEGG通路。

为了验证RNA-Seq数据分析结果的准确性，选择注释到淀粉蔗糖代谢、植物昼夜调节、MAPK信号通路、糖酵解/糖异生，以及植物激素信号转导KEGG通路上且表达水平较高的10个DEG用于qRT-PCR验证（表6-3）。参照前期的研究（Li et al., 2022），选用表达稳定且在各类样本间无显著差异的甘油醛-3-磷酸脱氢酶基因（*GAPDH*）为内参基因。使用Primer5 Premier 5.0设计特异性引物（表6-3）。*GAPDH*基因正反向引物序列分别为5'-TTCCTTCAGATTCCTCCTTCA-3'和5'-TTCCTTCAGATTCCTCCTTCA-3'。

表6-3　用于验证黑果枸杞RNA-Seq结果准确性的qRT-PCR引物列表

基因ID	引物序列（5′ 到3′）	基因注释
BMW_Unigene_098890	AGAGTTGTACTATGCTGGAA TCATCAATCATTGGGAG	Trehalose-6-phosphate synthase 海藻糖-6-磷酸合成酶
BMW_Unigene_017149	ACTTTGATTTCAAGAGGGAC ATGACAGACGGCAGAATG	Nucleoprotein 核蛋白
BMW_Unigene_108499	CACAAACCCAATCGTCTC CGGTTGGCTGCTCTATCT	Alkaline endochitinase 碱性内切蛋白酶
BMW_Unigene_22830	CTGCCGTGGAGGTTATG TCAAGGGAGCATTGTTAT	Endoglucanase 内切葡聚糖酶
BMW_Unigene_106724	TGCCTAAGAGGAAGATTG AAACCGCACTGAAATCG	Glucosidase 葡糖苷酶
BMW_Unigene_107059	GCCTCAAGTTCACTCACATTC GGTCATCCTCAGTAGTTTCGTCT	Phosphoenolpyruvate carboxykinase 磷酸烯醇丙酮酸羧激酶
BMW_Unigene_105405	TTGGTGGCGTTCATCGG CGTTTCTTCCTTGGTATTCCCT	Abscisic acid receptor PYR/PYL family 脱落酸受体PYR/PYL家族
BMW_Unigene_00939	TGGTTTGGCCGTTGTGG CCCTCCAGTCATTTCCCTTATTTT	Alcohol dehydrogenase 乙醇脱氢酶
BMW_Unigene_86954	GGTCCTGCTGTATCCTCT ATTCTGCTTGCCCGTAG	Ethylene receptor 乙烯受体
BMW_Unigene_11797	TTGGTGGTGAACATAGGT AGTATTTCCTTCAGGCACA	Abscisic acid receptor PYR/PYL Family 脱落酸受体PYR/PYL家族
BMW_Unigene_133876	AATCGGAACCTCAGCATG TTTTCGCTTCCAGTGTCTA	Peroxidase 过氧化物酶
BMW_Unigene_91965	GGTTGTGGCGATGTGGCA TACCTCGGAGATAAGTTCCTGTT	β-Xylosidase 木糖苷酶

6.1.13 数据统计分析

采用Excel 2010对黑果枸杞稳定转化的组培植株的不定根数量、平均不定根长度（总不定根长度/根的总数量）、茎长和茎直径，叶尖外植体遗传转化后的生根率（生根外植体数/外植体总数×100%），以及黑果枸杞盆栽苗的出刺率（刺数/总茎节数×100%）、平均茎节长（枝长/总茎节数）、木质化程度（枝条已木质化长度/总长度×100%）、平均叶长（叶长总和/叶数量）、平均叶宽（叶宽总和/叶数量）进行统计。采用SPSS 20.0的多重比较对平均不定根数量和长度、茎长、茎直径、Glc含量（m/m）、Fru含量（m/m）、Glc含量（m/m）进行显著性分析（$P<0.01$），单样本T检验对qRT-PCR结果进行显著性分析（$P<0.01$），配对样本T检验对SUS活性、出刺率、叶长、叶宽、枝条直径、枝长、顶芽粗、平均茎节长、木质化程度、Pn、Tr、Gs和Ci进行显著性分析（$P<0.05$）。

6.2 结果

6.2.1 *LrSUS*基因的克隆及序列分析

采用RACE方法从黑果枸杞成功克隆*LrSUS*基因全长CDS，共2 412 bp。ProtParam分析显示LrSUS蛋白由803个氨基酸残基组成，分子式为$C_{4132}H_{6451}N_{1083}O_{1203}S_{29}$，分子质量为91.5 kDa。其理论等电点为6.16（<7），属于酸性蛋白。

6.2.2 农杆菌介导黑果枸杞稳定遗传转化

6.2.2.1 Kan浓度筛选

在本研究中，将黑果枸杞叶尖背面朝上接种到含有不同浓度Kan的培养基中进行培养。在不添加Kan的对照组及Kan浓度为1 mg/L或2 mg/L时，7 d后黑果枸杞叶尖外植体开始生根，14 d后生根率达到最大，最高可达到100%［图6–2（A）］，28 d后开始生芽［图6–2（B）］，生芽率分别为52.2.2%，35.56%，36.82%。当Kan浓度为3 mg/L时，10 d后开始生根，生根率为18.89%，但在根长到1 cm左右时停止生长，根伸长受到抑制，后续无任何芽体产生，且外植体叶尖逐渐变黄死亡［图6–2（C）］。当浓度大于3 mg/L时，外植体生根率和生芽率为零，且逐渐变黄死亡［图6–2（D）］。因此，在本研究中，3 mg/L Kan浓度被认为是黑果枸杞遗传转化中抑制非抗性芽的最佳浓度。

6.2.2.2 Cef浓度筛选

Cef常用于农杆菌介导的遗传转化，从而抑制共培养后不必要的农杆菌生长。然而在一定浓度范围内也会对植物造成伤害（Zhang et al.，2000）。在本研究中，将蘸取不同浓度的Cef无菌滤纸片放置在含有LBA4404的具Rif抗性的YEP培养基中1 d后观

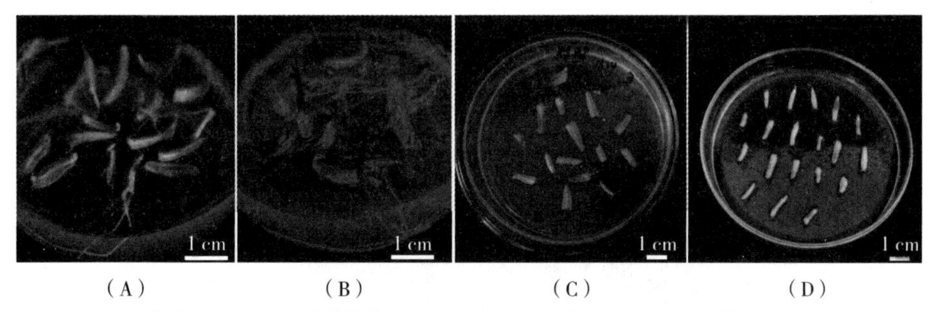

注：（A）—接种14 d的生根叶尖外植体（对照）；（B）—接种28 d生根外植体出芽（对照）；（C）—在含3 mg/L Kan抗性培养基上接种30 d的叶尖外植体；（D）—在含大于3 mg/L Kan 抗性培养基上接种30 d的叶尖外植体。

图6–2　黑果枸杞叶尖外植体Kan浓度筛选

察。结果表明，当Cef的浓度≤250 mg/L时，无菌滤纸片周围抑菌圈较小，不能有效抑制农杆菌的生长。而当Cef的浓度≥300 mg/L时，无菌滤纸片周围的抑菌圈较为明显，能有效地抑制农杆菌的生长。因此，300 mg/L Cef被认为是抑制农杆菌LBA4404生长的最佳抗生素浓度。

6.2.2.3　抗性植株的获得

侵染后黑果枸杞叶尖在MS培养基上生长［图6–3（A）］。7 d后开始生根［图6–3（B）］，14 d时生根率可达最高。在筛选培养20 d后叶尖外植体开始生芽［图6–3（C）］，待其芽足够高时将其剪下移入生根培养基中，转基因植株能够在抗性培养基上正常生长。

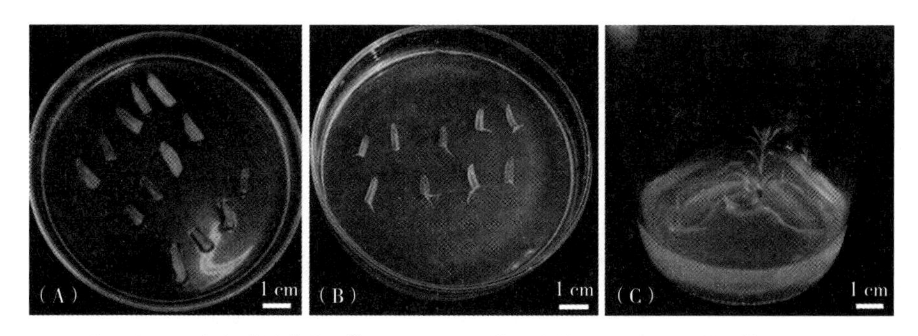

注：（A）—新的共培养外植体；（B）—7 d筛选培养后生根的叶尖外植体；（C）—20 d筛选培养产生的抗性植株。

图6–3　黑果枸杞叶尖外植体的稳定遗传转化

6.2.3　稳定转化植株的DNA鉴定

以DNA为模板的PCR试验发现在超表达和抑制表达转基因植株中分别出现4500 bp［图6–4（A）］和807 bp［图6–4（B）］扩增产物，而在非转基因对照植株中没有扩增产物，这证明了*LrSUS*成功整合到黑果枸杞基因组。并将获得的超表达和抑制表达植株分别命名为SUS-OE和SUS-IE。

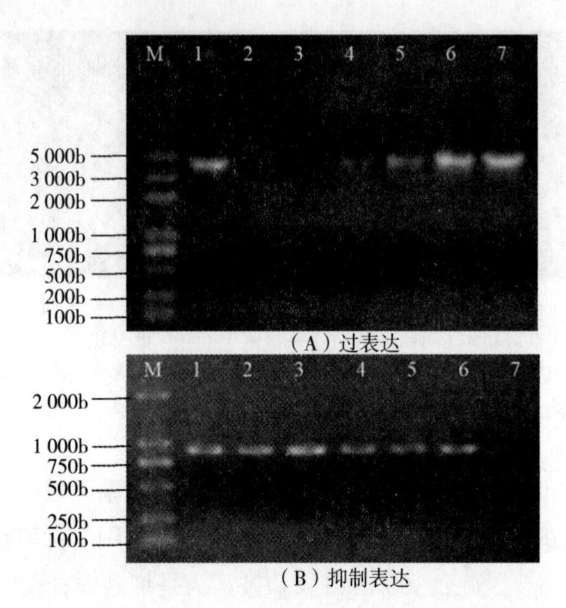

（A）过表达

（B）抑制表达

注：M，DL2，000 DNA Plus Marker；（A）和（B）的1，阳性对照（质粒）；（A）的2和3，阴性对照（非转化植株）；（A）的4~7，转基因植株；（B）的2~6，转基因植株；（B）的7，非转基因阴性对照。

图6-4　黑果枸杞*LrSUS*过表达和抑制表达转基因植株的DNA检测

6.2.4　稳定转化植株*LrSUS*表达检测

利用qRT-PCR分析检测转化植株。结果表明SUS-OE中*LrSUS*基因表达水平明显高于对照，在叶中其表达量较茎中更高，为未转基因叶（Control）的23.13倍［图6-5（A）］。在SUS-IE中*LrSUS*基因表达水平明显低于对照，在茎中其表达量最低，为未转基因茎（Control）的0.09倍［图6-5（B）］。这些结果表明我们已成功获得*LrSUS*基因超表达及抑制表达的转基因黑果枸杞植株。

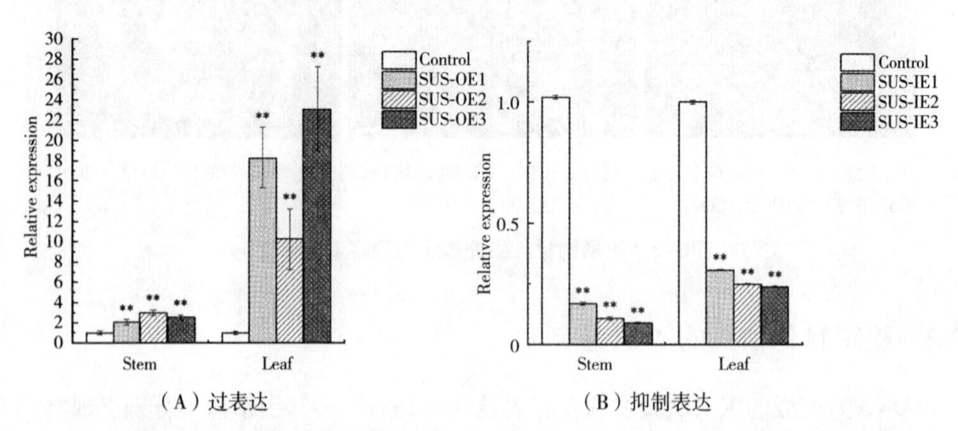

（A）过表达　　（B）抑制表达

注：SUS-OE1-3，3个*LrSUS*过表达植株；SUS-IE1-3，3个*LrSUS*抑制表达植株。**在0.01水平显著差异。

图6-5　瓶内过表达和抑制表达黑果枸杞植株内*LrSUS*基因的相对表达水平

6.2.5　移栽前后稳定转化植株的表型变化

切含顶芽茎段，在含有Kan的培养基上培养30 d时，超表达植株生长迅速（图6–6右），而抑制表达植株则表现为整株（包括根系）生长缓慢（图6–6中），对照死亡（图6–6左）。对比在不含Kan培养基上的对照植株和含Kan培养基上的超表达和抑制表达植株，发现超表达植株不定根数量及根长较对照显著增加，茎长和茎直径无显著差异（表6–4）；抑制表达植株的主根数量、根长、茎长及茎直径四项指标均显著低于对照植株（表6–4）。这说明*LrSUS*超表达能够促进黑果枸杞组培植株根的生长，该基因低表达能够显著抑制黑果枸杞组培植株根和茎的生长。超表达及对照植株移栽14 d后均存活，且正常抽枝生长。抑制表达植株移栽14 d左右均死亡。与移栽的对照相比，移栽的超表达植株的叶长［图6–7（A）］、叶宽［图6–7（A）］、出刺率［图6–7（B）］、茎直径明显更大（表6–5）。顶芽基部直径、平均茎节长、枝长4项指标均无显著差异（表6–6）。除此之外，超表达植株的平均新生枝条数明显高于对照植株［17 vs. 9.33，图6–7（C）］。

图6–6　在抗性生根培养基上对照（左）、*LrSUS*抑制表达（中）和超表达（右）茎的生长状态

表6–4　瓶内*LrSUS*过表达、抑制表达和对照黑果枸杞植株的生长参数

植株类型	不定根数量	不定根长度/mm	茎长/cm	茎直径/mm
对照	11.01 ± 1.15^{B}	19.64 ± 0.79^{B}	15.58 ± 1.26^{A}	1.96 ± 0.14^{A}
过表达	14.33 ± 0.33^{A}	23.24 ± 1.12^{A}	16.07 ± 0.54^{A}	2.16 ± 0.14^{A}
抑制表达	3.80 ± 0.73^{C}	7.83 ± 1.07^{C}	7.05 ± 0.58^{B}	1.36 ± 0.14^{A}

注：表中数值代表3次重复的平均值 ± 标准误；标注不同字母的每列数据之间差异极显著（$P<0.01$）。

表6–5　移栽的*LrSUS*过表达和对照黑果枸杞植株的4种显著差异的生长指标

植株类型	出刺率/%	叶长/mm	叶宽/mm	茎直径/mm
过表达	10.35 ± 2.76^{a}	30.69 ± 0.75^{a}	2.91 ± 0.054^{a}	1.51 ± 0.047^{a}
对照	2.16 ± 1.23^{b}	25.57 ± 0.78^{b}	2.56 ± 0.088^{b}	1.27 ± 0.063^{b}

注：表中数值代表3次重复的平均值 ± 标准误；标注不同字母的每列数据之间差异显著（$P<0.05$）。

表6-6 移栽的*LrSUS*过表达和对照黑果枸杞植株的4种差异不显著的生长指标

植株类型	出刺率/%	枝条长/cm	茎节长/cm	顶芽直径/mm
过表达	63.04 ± 2.51[a]	12.59 ± 0.73[a]	0.47 ± 0.014[a]	0.97 ± 0.045[a]
对照	53.73 ± 19.72[a]	11.29 ± 1.61[a]	0.43 ± 0.022[a]	0.91 ± 0.036[a]

注：表中数值代表3次重复的平均值 ± 标准误；表中每列数据之间均无显著差异（$P<0.05$）。

图6-7 黑果枸杞*LrSUS*超表达（右）和对照（左）的植株（C）、枝条（B）和叶片（A）的代表性例图

6.2.6 超表达植株蔗糖合酶总活性无显著变化

移栽后蔗糖合酶总活性测定结果表明，*LrSUS*超表达和对照植株茎中蔗糖合酶活性明显高于叶片中的；与对照植株相比，超表达植株茎和叶中的蔗糖合酶活性略高，但并不具有统计学意义（表6-7）。

表6-7 转基因*LrSUS*过表达和对照黑果枸杞的SUS活性

植株类型	SUS activities of leaves/（$U \cdot g^{-1} \cdot min^{-1}$）	SUS activities in stems/（$U \cdot g^{-1} \cdot min^{-1}$）
过表达	1141.59 ± 23.26[b]	2899.79 ± 15.35[a]
对照	1097.88 ± 11.03[b]	2823.33 ± 30.59[a]

注：表中数值代表3次重复的平均值 ± 标准误；表中每列数据之间均无显著差异（$P<0.05$）。

6.2.7 *LrSUS*超表达植株各类糖含量及光合指标的变化

在移栽植株茎和叶中，*LrSUS*超表达植株的Suc，Glc及Fru含量（m/m）显著增加（表6–8）。这提示我们*LrSUS*超表达植株光合速率可能升高。光合指标测定结果显示*LrSUS*超表达植株的Pn，Tr，Gs及Ci均显著高于对照植株（表6–9）。以上结果提示我们*LrSUS*可能通过提高光合作用和糖含量来促进黑果枸杞枝刺发生。

表6–8　黑果枸杞*LrSUS*超表达及对照植株糖含量

样品	Suc/（mg·g^{-1}）	Glc/（mg·g^{-1}）	Fru/（mg·g^{-1}）
对照叶片	1.78 ± 0.75^{D}	0.29 ± 0.06^{C}	0 ± 0.00^{C}
超表达叶片	4.18 ± 0.16^{C}	1.26 ± 0.05^{B}	1.13 ± 0.15^{B}
对照茎	6.88 ± 0.22^{B}	0.64 ± 0.06^{C}	0.35 ± 0.13^{C}
超表达茎	8.52 ± 0.39^{A}	1.88 ± 0.07^{A}	2.91 ± 0.31^{A}

注：表中数值代表3次重复的平均值 ± 标准误；标注不同字母的每列数据之间差异极显著（$P<0.01$）。

表6–9　移栽的*LrSUS*超表达及对照黑果枸杞的光合参数

植株类型	Pn/（μmol·m^{-2} s^{-1}）	Tr/（mmol·m^{-2} s^{-1}）	Gs/（mol·m^{-2} s^{-1}）	Ci/（μmol·mol^{-1}）
对照	5.55 ± 0.23^{b}	1.36 ± 0.08^{b}	0.0516 ± 0.0029^{b}	315.23 ± 8.73^{b}
超表达	8.51 ± 0.77^{a}	1.96 ± 0.07^{a}	0.0832 ± 0.0042^{a}	450.09 ± 12.89^{a}

注：表中数值代表3次重复的平均值 ± 标准误；标注不同字母的每列数据之间差异显著（$P<0.05$）。

6.2.8 RNA-Seq揭示超表达和对照植株之间的DEG

结果显示RNA-Seq数据质量达标，可以用于后续各类分析。RNA-Seq分析共进行4组比较，超表达和对照植株叶片比较组合（LWT vs. LSUS）中共有477个DEG，其中有343个DEG在LSUS表达上调，134个DEG表达下调；超表达和对照植株茎比较组合（SWT vs. SSUS）中共有242个DEG，163个DEG在SSUS上调，79个DEG下调。可以看出，超表达植株茎和叶中均有较多上调基因。qRT-PCR结果显示10个DEG的表达趋势与RNA-Seq的一致（图6–8），证明本研究RNA-Seq结果可靠，可以继续用于后续分析。

DEG的GO富集分析显示，在LWT vs. LSUS中，有52个生物学过程的GO条目被DEG显著富集，主要集中在激素代谢过程、糖酵解过程等；在细胞组分中，膜的组成成分和质膜的组成成分两个GO条目被DEG显著富集；有28个分子功能的GO条目被DEG显著富集，主要包括与ADP结合、β–半乳糖苷酶活性、核糖核酸酶活性和纤维素酶活性等。在SWT vs. SSUS中，有40个生物学过程的GO条目被DEG显著富集，主要集中在激素代谢过程、β–葡聚糖代谢过程等。

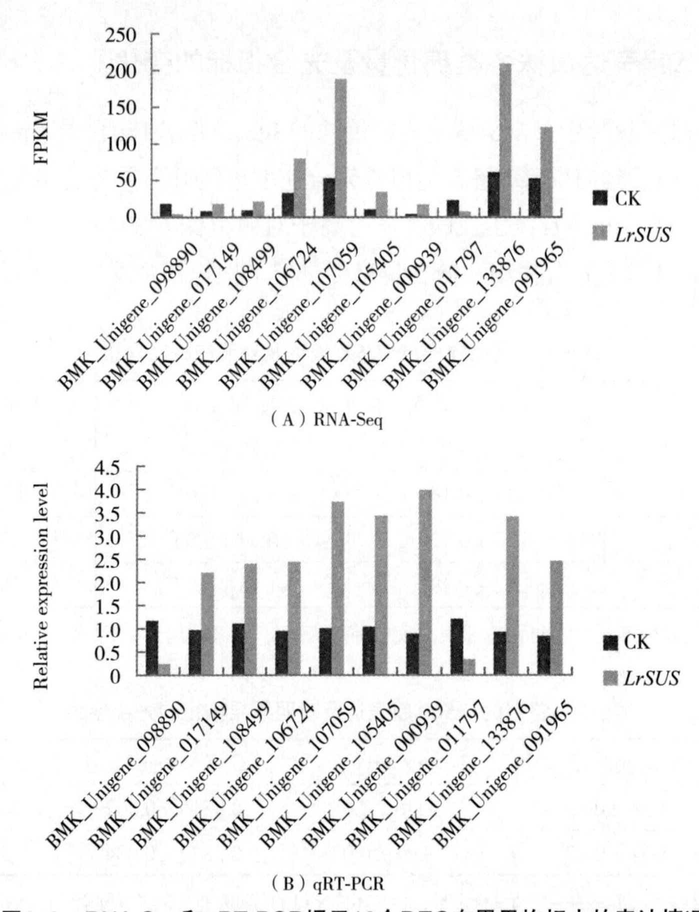

（A）RNA-Seq

（B）qRT-PCR

图6–8 RNA-Seq和qRT-PCR揭示10个DEG在黑果枸杞中的表达情况

此外，叶（表6–10）和茎（表6–11）的两个比较组共有23个DEG注释到与转录因子相关GO条目，这些DEG注释到*Transcription factor activity*，*protein binding*和*Nucleic acid binding transcription factor activity*两个GO条目。叶比较组合LWT vs. LSUS的13个转录因子类DEG中的多数（10个）在LSUS上调，只有3个下调；且上调的转录因子DEG包括1个*TCP4*，2个*WRKY3*和1个*WRKY53*，下调的DEG包括1个SigA（表6–10）。茎比较组合SWT vs. SSUS的10个转录因子类DEG中的8个在超表达材料上调，2个下调；上调DEG包括4个乙烯响应转录因子（Ethylene-responsive transcription factor）基因（表6–11）。

为了进一步了解这些DEG的功能，我们对DEG进行KEGG注释及富集分析。*LrSUS*超表达及对照植株叶片之间（LWT vs. LSUS）的DEGs显著富集在7个KEGG代谢路径，植物激素信号转导通路富集最显著（表6–12）。*LrSUS*超表达和对照植株茎（SWT vs. SSUS）之间的DEGs显著富集在4个KEGG代谢路径，最富集的是ABC转运蛋白路径（表6–13）。对比发现，叶之间的DEG（表6–12）和茎之间的DEG（表6–13）显著富集的KEGG代谢路径并无相同。以上结果说明*LrSUS*超表达对黑果枸杞叶片和茎两种器官基因表达的影响不相同。

表6-10　注释到转录因子相关GO条目上的LSUS和LWT之间的DEG

GO条目	DEG ID	基因注释和缩写	在LSUS中表达
Transcription factor activity, protein binding	BMK_Unigene_020123	Protein TIFY 10A 蛋白TIFY 10A（*TIFY10A*）	上调
	BMK_Unigene_087684	BTB/POZ and TAZ domain-containing protein 2 含有BTB/POZ和TAZ结构域的蛋白2（*BT2*）	上调
Nucleic acid binding transcription factor activity	BMK_Unigene_014258	Transcription factor TCP4-like 转录因子TCP4样（*TCP4*）	上调
	BMK_Unigene_018048	AT-hook motif nuclear-localized protein 24 AT-hook基序核定位蛋白24（*AHL24*）	下调
	BMK_Unigene_021099	Ethylene-responsive transcription factor 1B-like 乙烯响应转录因子1B样（*ERTF1B*）	上调
	BMK_Unigene_033926	WRKY transcription factor 53 WRKY转录因子53（*WRKY53*）	上调
	BMK_Unigene_037322	RNA polymerase sigma factor sigA-like RNA聚合酶σ因子sigA样（*SigA*）	下调
	BMK_Unigene_041415	WRKY transcription factor 3 WRKY转录因子3（*WRKY3*）	上调
	BMK_Unigene_042566	Heat shock factor protein HSF8 热休克因子蛋白HSF8（*HSF8*）	上调
	BMK_Unigene_072702	Scarecrow-like protein 23 稻草人样蛋白23（*SCL23*）	下调
	BMK_Unigene_080453	WRKY transcription factor 3 WRKY转录因子3（*WRKY3*）	上调
	BMK_Unigene_088660	AP2/ERF domain-containing protein 包含AP2/ERF结构域蛋白（*AP2/ERF*）	上调
	BMK_Unigene_096072	Heat shock factor protein HSF24 热休克因子蛋白HSF24（*HSF24*）	上调

表6-11　注释到转录因子相关GO条目上的SSUS和SWT之间的DEG

GO条目	DEG	基因注释和缩写	在SSUS中表达
Transcription factor activity, protein binding	BMK_Unigene_119952	BTB/POZ and TAZ domain-containing protein 2 含BTB/POZ和TAZ结构域的蛋白2（*BT2*）	上调
	BMK_Unigene_130208	Protein TIFY 10b TIFY 10b蛋白（*TIFY10B*）	上调
Nucleic acid binding transcription factor activity	BMK_Unigene_017793	Ethylene-responsive transcription factor ABR1-like isoform X2 乙烯响应转录因子ABR1样亚型X2（*ABR1*）	上调
	BMK_Unigene_020620	Ethylene-responsive transcription factor ERF106-like 乙烯响应转录因子ERF106样（*ERF106*）	上调
	BMK_Unigene_030237	Ethylene-responsive transcription factor 1-like 乙烯响应转录因子1样（*ERF1*）	上调
	BMK_Unigene_053122	Putative lysine-specific demethylase JMJD5假定赖氨酸特异性去甲基化酶JMJD5（*LSD*）	上调

表6-11（续）

GO条目	DEG	基因注释和缩写	在SSUS中表达
Nucleic acid binding transcription factor activity	BMK_Unigene_087146	Transcription factor bHLH84-like protein 转录因子bHLH84样蛋白（*bHLH84*）	下调
	BMK_Unigene_089870	Protein ABSCISIC ACID-INSENSITIVE 5 ABSCISIC ACID-INSENSITIVE 5蛋白（*ABI5*）	下调
	BMK_Unigene_090430	Heat stress transcription factor A-6b-like 热应激转录因子A-6b样（*HSF*）	上调
	BMK_Unigene_098054	Ethylene-responsive transcription factor ABR1-like 乙烯响应转录因子ABR1样（*ABR1*）	上调

表6-12　LSUS和LWT之间的DEG显著富集的KEGG路径

Ko_id	KEGG路径	P-value
ko04075	Plant hormone signal transduction	$9.3259E^{-06}$
ko04626	Plant-pathogen interaction	0.0005636
ko00940	Phenylpropanoid biosynthesis	0.001669
ko04016	MAPK signaling pathway-plant	0.003490
ko00945	Stilbenoid，diarylheptanoid and gingerol biosynthesis	0.009395
ko00073	Cutin，suberine and wax biosynthesis	0.01300
ko00604	Glycosphingolipid biosynthesis-ganglio series	0.04101

表6-13　SSUS和SWT之间的DEG显著富集的KEGG路径

Ko_id	KEGG路径	P-value
ko02010	ABC transporters	0.0001578
ko00190	Oxidative phosphorylation	0.002862
ko00909	Sesquiterpenoid and triterpenoid biosynthesis	0.003979
ko00901	Indole alkaloid biosynthesis	0.02504

LSUS与LWT之间的DEG共有23个注释到植物激素信号转导KEGG通路，其中10个DEG在LSUS中上调，13个在LSUS中下调（表6-14）。在这之中的4个DEGs与生长素（AUX）信号转导有关，包括生长素响应蛋白IAA（*GIAA*）、生长素响应因子（*ARF*）和两个生长素响应基因（*SAUR*）；注释在细胞分裂素（CTK）信号转导路径中则只有一个*A-ARR*；注释到赤霉素（GA）信号转导路径的有*GID2*和*DELLA*；注释到脱落酸（ABA）信号转导路径中的有*PYR/PYL*和*PP2C*基因；在水杨酸（SA）信号转导路径中只有一个致病相关蛋白*PR1*基因（表6-14）。此外，还有DEG涉及乙烯（ETH）、油菜素内酯（BR）、茉莉酸（JA）的信号转导（表6-14）。

此外，LrSUS蛋白参与淀粉蔗糖代谢，是既可催化蔗糖合成又可催化蔗糖分解双向反应的酶。因此我们关注了DEG在淀粉蔗糖代谢KEGG路径的注释情况，发现LSUS与LWT之间有8个DEG注释到淀粉蔗糖代谢KEGG通路（图6-9）。其中有两个DEG注

表6-14　黑果枸杞LSUS和LWT之间的注释到植物激素信号转导KEGG路径的DEG

基因ID	基因注释和缩写	在LSUS中表达	信号通路
BMK_Unigene_021336	SAUR family protein SAUR家族蛋白（*SAUR*）	下调	AUX
BMK_Unigene_021282	Auxin response factor 生长素响应因子（*ARF*）	下调	AUX
BMK_Unigene_089302	Auxin-responsive protein IAA 生长素响应蛋白IAA（*GIAA*）	上调	AUX
BMK_Unigene_006212	SAUR family protein　SAUR家族蛋白（*SAUR*）	上调	AUX
BMK_Unigene_084759	F-box protein GID2　F-box蛋白GID2（*GID2*）	下调	GA
BMK_Unigene_072702	DELLA protein　DELLA蛋白（*DELLA*）	下调	GA
BMK_Unigene_063219	Ethylene receptor　乙烯受体（*ETR*）	下调	ETH
BMK_Unigene_086954	Ethylene receptor　乙烯受体（*ETR*）	下调	ETH
BMK_Unigene_074130	EIN3-binding F-box protein EIN3结合F-box蛋白（*EBF*）	下调	ETH
BMK_Unigene_074415	EIN3-binding F-box protein EIN3结合F-box蛋白（*EBF*）	下调	ETH
BMK_Unigene_076251	EIN3-binding F-box protein EIN3结合F-box蛋白（*EBF*）	下调	ETH
BMK_Unigene_021099	Ethylene-responsive transcription factor 1 乙烯应答转录因子1（*ERF1*）	上调	ETH
BMK_Unigene_109990	Protein brassinosteroid insensitive 1 油菜素内酯不敏感蛋白（*BRI1*）	下调	BR
BMK_Unigene_122886	Brassinosteroid insensitive 1-associated receptor kinase 1 油菜素内酯不敏感1相关受体激酶1（*BAK1*）	上调	BR
BMK_Unigene_035763	Protein brassinosteroid insensitive 1 油菜素内酯不敏感蛋白1（*BRI1*）	上调	BR
BMK_Unigene_008772	Xyloglucan:xyloglucosyl transferase TCH4 木葡聚糖:木糖基转移酶TCH4（*TCH4*）	上调	BR
BMK_Unigene_094550	Pathogenesis-related protein 1 病程相关蛋白1（*PR1*）	下调	SA
BMK_Unigene_064809	Two-component response regulator ARR-A family 双组分响应调节子ARR-A家族（*A-ARR*）	上调	CTK
BMK_Unigene_105405	Abscisic acid receptor PYR/PYL family 脱落酸受体PYR/PYL家族（*PYR/PYL*）	上调	ABA
BMK_Unigene_000757	Protein phosphatase 2C 蛋白磷酸酶2C（*PP2C*）	上调	ABA
BMK_Unigene_011797	Abscisic acid receptor PYR/PYL family 脱落酸受体PYR/PYL家族（*PYR/PYL*）	下调	ABA
BMK_Unigene_013072	Jasmonic acid-amino synthetase 茉莉酸-氨基合成酶（*JAR1*）	下调	JA
BMK_Unigene_020123	Jasmonate ZIM domain-containing protein 茉莉酸ZIM结构域蛋白（*JAZ*）	上调	JA

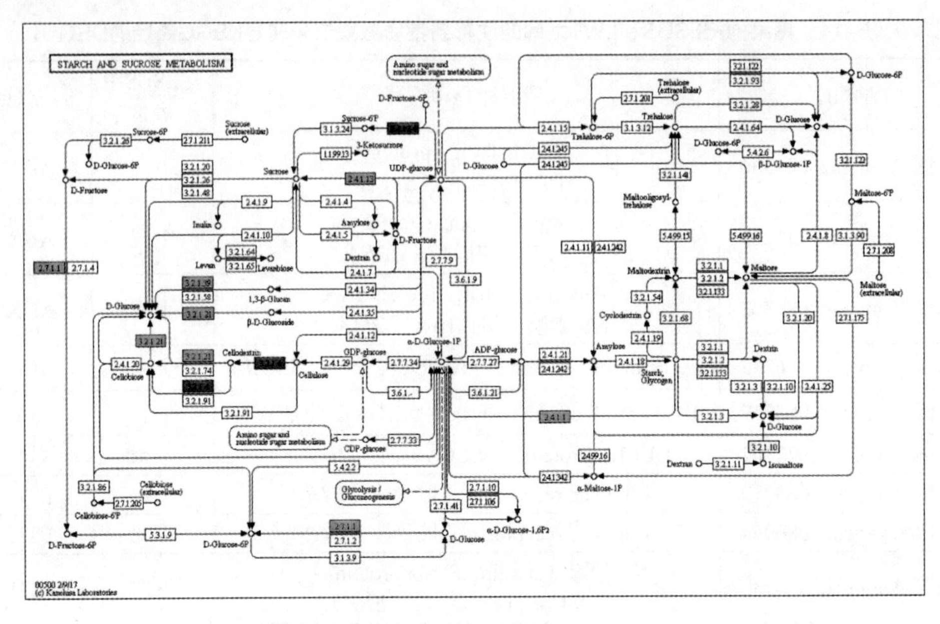

注：深灰代表在LSUS下调、浅灰代表在LSUS上调的DEG。

图6–9　注释到Starch and sucrose metabolism KEGG通路的LSUS和LWT之间的DEG

释为*SUS*，都在LSUS中上调，有2个DEG分别注释为蔗糖磷酸合成酶基因（*SPS*）和内切葡聚糖酶基因（*Eg6*），均在LSUS中下调，其他4个DEG分别为*PYG*，*HXK*，*bglB*和*GN123*，都在LSUS中上调（表6–15）。

表6–15　注释到淀粉蔗糖代谢KEGG通路的LSUS和LWT之间的DEG

基因ID	基因注释	在LSUS的表达	基因缩写
BMK_Unigene_031099	Sucrose-phosphate synthase［EC:2.4.1.14］蔗糖磷酸合成酶	下调	*SPS*
BMK_Unigene_022830	Endoglucanase［EC:3.2.1.4］内切葡聚糖酶	下调	*Eg6*
BMK_Unigene_008867	Sucrose synthase［EC:2.4.1.13］蔗糖合酶	上调	*SUS*
BMK_Unigene_120754	Sucrose synthase［EC:2.4.1.13］蔗糖合酶	上调	*SUS*
BMK_Unigene_106724	Glucan endo-1,3-beta-glucosidase 1/2/3［EC:3.2.1.39］葡聚糖内切-1，3-β-葡萄糖苷酶1/2/3	上调	*GN123*
BMK_Unigene_046822	Beta-glucosidase［EC:3.2.1.21］β-葡萄糖苷酶	上调	*bglB*
BMK_Unigene_109559	Glycogen phosphorylase［EC:2.4.1.1］糖原磷酸化酶	上调	*PYG*
BMK_Unigene_124059	Hexokinase［EC:2.7.1.1］己糖激酶	上调	*HXK*

此外，超表达及对照植株叶片光合测定中发现，超表达植株的净光合速率显著高于对照植株。LSUS与LWT之间有1个DEG注释为ATP合酶的β亚基基因（*atpB*），注释到光合KEGG通路，并在LSUS中上调（图6–10）。该基因编码ATP合酶β亚基，是

光合作用中的重要基因。因此我们猜测超表达*LrSUS*诱导*atpB*基因的上调，提高了黑果枸杞净光合速率。

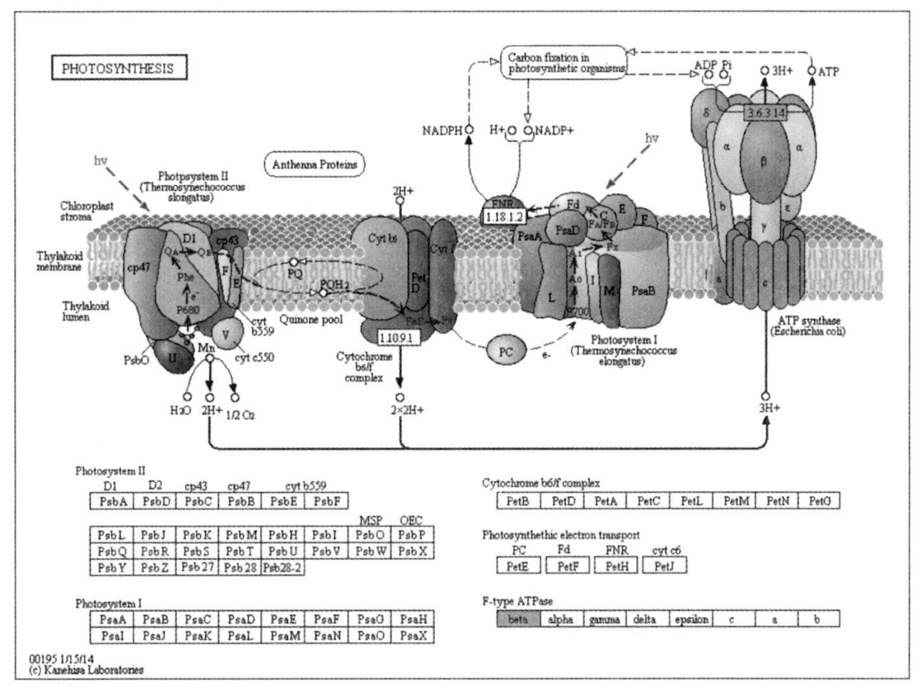

注：灰色代表在LSUS上调的DEG。

图6–10　注释到光合KEGG路径的LSUS和LWT之间的DEG

6.3　讨论和结论

6.3.1　讨论

植物的遗传转化是一种快速、准确、经济的育种方法（Zhang et al.，2012）。SUS是参与蔗糖代谢过程的主要酶之一，广泛存在于植物中，其被认为是光合作用后参与碳源分配的一种重要的酶，在生殖生长、纤维素和淀粉的合成、固氮的建立以及糖信号转导等过程中发挥了重要的调控作用（Wang et al.，2014）。在本章研究中，我们基于特殊的黑果枸杞直接器官发生体系（叶外植体于无PGR直接器官发生），建立了其稳定遗传转化体系；并对通过稳定遗传转化获得的*LrSUS*过表达及抑制表达黑果枸杞植株进行了研究，探究了由此产生的植株表型、蔗糖合酶活性、糖含量和光合指标等的变化。

在植物遗传转化试验过程中，抗生素的浓度对筛选阳性转化体至关重要。前人研究中发现，筛选黑果枸杞愈伤阶段采用的Kan浓度为20 mg·L^{-1}（任红旭 等，2019）。20 mg·L^{-1}的Kan也被用于筛选黑果枸杞抗性芽，其生根阶段则选用较低浓度的Kan

（10 mg·L^{-1}）（王静 等，2020）。而我们在试验中发现，以叶片为受体进行遗传转化时，培养基中添加3 mg·L^{-1}的Kan用于筛选抗性植株（先生根再生芽）；抗性植株带顶芽茎接入生根培养基时，5 mg·L^{-1}的Kan便可成功筛选出阳性植株。本研究使用的Kan筛选浓度较低，也再一次证明黑果枸杞生根阶段较愈伤诱导和出芽阶段对Kan更加敏感（王照红 等，2010）。

对转化植株进行研究发现，与野生型相比，黑果枸杞中*LrSUS*过表达促进了转基因植株的生长发育。组培瓶内的抑制表达植株出现了生长缓慢、植株矮小等特点，移栽后全部死亡。因此，我们无法获得*LrSUS*抑制表达盆栽植株，用于后续表型、SUS活性、光合以及糖含量（m/m）等的测定。据此，我们也确认了*LrSUS*对黑果枸杞植株生长发育的重要性。Hanggi等（2001）发现SUS在发育的玉米（*Zea mays* L.）幼叶中高表达；在烟草中过表达拟南芥（*Arabidopsis thaliana*）*SUS*后进行检测发现了其叶片变得更大更厚（Nguyen et al.，2016）；在棉花（*Gossypium spp*）中发现提高*SUS*的表达可以促进叶片的萌发和伸展（Xu et al.，2012b）；而抑制了*SUS*的转基因番茄中也发现了异常的叶片形态（Goren et al.，2017）。在本研究中发现，超表达*LrSUS*黑果枸杞植株叶片长度及宽度较未转化植株显著变大，这证明*LrSUS*增加了叶片最终的大小。以上研究发现与本研究叶片表型的统计结果一致，说明蔗糖合酶基因对植物叶片生长具有促进作用。

对百日草（*Zinnia elegans*）的研究中也发现高SUS活性会导致木质部细胞壁的厚度增加，这说明SUS可能对植株枝条生长有着明显的促进作用（Salnikov et al.，2001）；前人在烟草（*Nicotiana tabacum*）中过表达杨树（*Populus*）*SUS*基因，发现转基因植株株高增加（Wei et al,. 2015）。这与本研究中超表达植株枝条直径变大、株高增加结论一致。我们还发现过表达*LrSUS*能够提高内源Suc，Glc和Fuc含量（m/m）且促进黑果枸杞根系伸长，这可能是Suc被转运到根伸长区和周围组织后，被蔗糖合酶裂解为Glc，Fuc和UDP–葡萄糖，从而有助于根系生长（Ogawa et al.，2009）。除此之外，对大豆（*Glycine max*）和棉花的研究显示SUS与纤维素合成有着密切关联（Fujii et al.，2010，Salnikov et al.，2003）。并未见任何前人报道关于*SUS*促进枝刺发生，本研究首次发现过表达植物SUS促进枝刺发生和生长。

我们在对黑果枸杞蔗糖合酶活性测定时发现，叶片中SUS总活性显著高于茎段，但在qRT-PCR结果中显示叶片*LrSUS*表达水显著平低于茎段。可见，黑果枸杞中*LrSUS*基因转录水平与SUS总活性并没有呈现正相关。此外，本研究发现超表达*LrSUS*植株和对照植株的SUS活性并没有显著性差异。我们推测上述基因表达和酶总活性不相关的原因可能是黑果枸杞中存在多个蔗糖合酶基因，本研究的*LrSUS*仅是其中之一，并不能对SUS总活性起到决定性作用。SUS除了为细胞的能量代谢和淀粉的合成提供蔗糖分解的产物、为纤维素和胼胝质的合成提供前体物质UDP–葡萄糖（Ruan et al.，2003）以外，质膜结合的SUS还可能为潜在的蔗糖感受器和信号响应器（Lie et al.，

2016），参与植物蔗糖信号通路。此外，我们前期研究发现蔗糖通过能量和信号双重作用促进黑果枸杞枝刺发生（Li et al.，2023）。本研究发现黑果枸杞*LrSUS*超表达植株的Suc，Glc，Fru含量均显著高于对照植株，且其枝刺的发生和生长也显著增强。因此，我们推测*LrSUS*超表达可能通过增强SUC信号和能量供应来促进黑果枸杞枝刺发生。此外，有研究发现SUC含量降低使SUS表达下调（Ruan，2014；Liu et al.，2020）。本研究发现，上调黑果枸杞*LrSUS*表达使SUC含量显著升高。可见，SUC含量和SUS表达呈正相关，且互相影响。在大多数植物中，蔗糖是光合作用的最终产物（O′ Hara et al.，2013）。SUC含量的增加也可能是因为光合作用的增强（Nguyen et al.，2016）。我们对超表达*LrSUS*植株进行了光合指标测定，发现其Pn，Tr，Gs及Ci四项指标均显著提高，表明*LrSUS*超表达显著提高了黑果枸杞的光合能力。超表达植株糖含量的增加可能因为其光合能力的提高。在Nguyen等（2016）的研究中发现，超表达SUS烟草中光合作用和光合作用SUC合成的增强，导致可溶性糖、SUC增及SUS活性强，这与本研究发现光合作用增强及糖含量增加的结果类似。

*LrSUS*超表达促进了黑果枸杞植株的生长和刺的发育发生，且提高了植株糖含量及叶片的光合作用。为了进一步探索这些变化与哪些基因的表达相关，本研究继续采用RNA-Seq分析比较基因超表达植株和对照植株的叶片和茎。发现在超表达与对照植株叶片之间有1个叶绿体基因类DEG注释为*atpB*，且参与光合KEGG通路，并在超表达植株中上调。*atpB*基因编码ATP合酶β亚基，是光合作用不可缺少的重要基因。ATP合酶是生物体内能量代谢的关键酶，参与氧化磷酸化和光合磷酸化反应，广泛存在于叶绿体、线粒体和细菌中（Ni et al.，2003）。这让我们猜测超表达*LrSUS*上调了*atpB*基因表达，进而提高了光合作用使超表达植株糖含量上升。

在本研究中，一个TCP4转录因子DEG在过表达植物中显著上调，其刺的频率显著高于对照植物。先前的研究发现，柑橘的TI1和TI2编码TCP转录因子，是干细胞静止和刺识别所必需的。TI1和TI2功能的破坏导致刺转化为分枝（Zhang et al., 2020a）[2951]。这些说明黑果枸杞高表达*LrSUS*可能通过上调*TCP4*的表达促进其枝刺发生。因此，通过转基因方法降低黑果枸杞*TCP4*的表达或者敲除该基因，也可能导致其刺性状的弱化。WRKY是植物特有的转录因子家族，在植物生长发育、抗逆反应和激素信号转导中发挥重要作用。本研究超表达和对照植株之间也有3个转录因子DEG均被注释为WRKY家族。这说明*LrSUS*可能通过影响这三个*WRKY*转录来调控黑果枸杞枝刺发育。差异转录因子中还有一个RNA聚合酶σ因子基因*SigA*，其表达叶绿体的质体编码RNA聚合酶（PEP）的σ因子，σ因子调节PEP核心酶特异性识别叶绿体基因启动子元件和起始转录能力，进而调控叶绿体基因的表达（Hajdukiewicz et al.，1997）。本研究发现*SigA*在过表达植株叶片显著下调，叶绿体光合KEGG路径的*atpB*在过表达植株叶片中显著上调。因此，我们推测过表达*LrSUS*很有可能通过下调*SigA*来提高叶绿体基因*atpB*表达，进而达到增强光合作用、提高SUC含量（m/m）及促进枝刺的发生的效果。

除此之外，通过RNA-Seq分析发现超表达与对照植株叶片之间的DEG主要富集在植物激素信号转导和植物病原相互作用KEGG通路；在植物激素信号转导路径中的23个DEG参与了AUX，CTK，GA，ABA，ETH，BR和SA信号转导。这些结果说明*LrSUS*超表达也可能通过影响叶片的AUX，CTK，GA，ABA，ETH，BR，SA及其信号转导来促进叶片生长。植物激素与植物生长发育关系密切，在调控植物侧枝发生过程中发挥了重要作用（Thimann et al.，1933）。关于植物激素与黑果枸杞枝刺发生的相关性，未见其他报道。本课题组相关研究发现生长素IAA能够抑制黑果枸杞可见枝刺的产生（专利号：2021114689039）。我们猜测在影响枝刺发生过程中，SUC与激素信号存在关联互作。

在本研究中，*LrSUS*超表达后，SUC含量上升、生长素信号传导路径中*ARF*基因出现下调，并且枝刺发生率显著上升；我们前期研究用外源SUC处理黑果枸杞，并通过RNA-Seq分析发现，*ARF*基因在SUC处理后表达也出现了下调，且植株出刺率显著上升。这两个试验结果均说明在SUC含量上升情况下，生长素信号转导路径的*ARF*出现表达（转录）下调，伴随枝刺发生率显著提高。前人对菊花（*Chrysanthemum morifolium*）（Liu et al.，2022）和草莓（*Fragaria ananassa*）（Jiang et al.，2023）研究发现，蔗糖处理下*ARF*表达均下调，且诱导了菊花芽的生长及草莓成熟。可见，高SUC引起*ARF*低表达在植物中比较常见，而且这个变化不但与芽生长及果实成熟相关还与黑果枸杞枝刺发生存在一定联系。此外，本课题组前期研究发现高SUC（Li et al.，2023）联合低生长素IAA（刘雯，2023）促进黑果枸杞无性系盆栽的枝刺发生。综合这些研究，推*LrSUS*超表达提高SUC含量（m/m），高SUC又通过降低生长素及其信号转导基因ARF的表达来促进黑果枸杞枝刺发生。

我们之前的研究（乔杨 等，2024）和本研究的RNA-Seq分析均发现在SUC含量（m/m）较高且刺发生率较高的情况下，SA信号通路中*PR-1*基因表达均呈现下调，并且这时内源SA的含量明显较低（刘雯，2023）。因此，我们推测超表达*LrSUS*导致的高SUC含量，可能通过下调SA信号转导和*PR-1*表达来促进黑果枸杞枝刺发生。

在超表达与对照植株叶片之间的DEG有3个富集在ABA信号转导路径中，表明在枝刺发生过程中，蔗糖与ABA信号传导之间也存在联系。虽然SUC与ABA信号转导之间的联系在先前的研究中也得到了证实（Finkelstein et al.，2002；Liu et al.，2020；Ruan et al.，2010；Ruan，2014），但是尚未发现该联系与枝刺发育关系的任何报道。本章研究发现与对照植株相比，*LrSUS*过表达黑果枸杞ABA信号转导路径的*PYR/PYL*表达下调，*PP2C*表达上调。PYR/PYL是主要的ABA受体类型，可以感知细胞内的ABA并与PP2C形成复合物调控下游基因的表达（Lee et al.，2011）。因此，推测增加SUC可能通过下调ABA信号转导路径的*PYR/PYL*和上调它下游的*PP2C*来促进黑果枸杞枝刺发生。

综上所述，我们提出并建立了超表达*LrSUS*促进黑果枸杞植株生长及枝刺发生机理的假说模型（图6–11）。并推测超表达*LrSUS*通过促进光合作用来提高黑果枸杞内源SUC含量，其中*LrSUS*对光合作用的促进有可能是通过下调*SigA*进而促进*atpB*的表达来实现。在*LrSUS*促进黑果枸杞植株发育和枝刺发生过程中，可能涉及糖信号和激素信号传导的关联互作。上升的SUC可能通过低AUX信号下调*ARF*表达，通过ABA信号下调*PYR/PYL*上调*PP2C*表达，通过低SA信号下调PR-1的表达，从而促进黑果枸杞植株生长和枝刺发生。除此之外，*TCP4*、*WRKY*等转录因子基因也有可能受*LrSUS*表达影响的SUC信号调控从而影响黑果枸杞枝刺发生。以上各个路径的相互关系还有待更多的研究去证实。

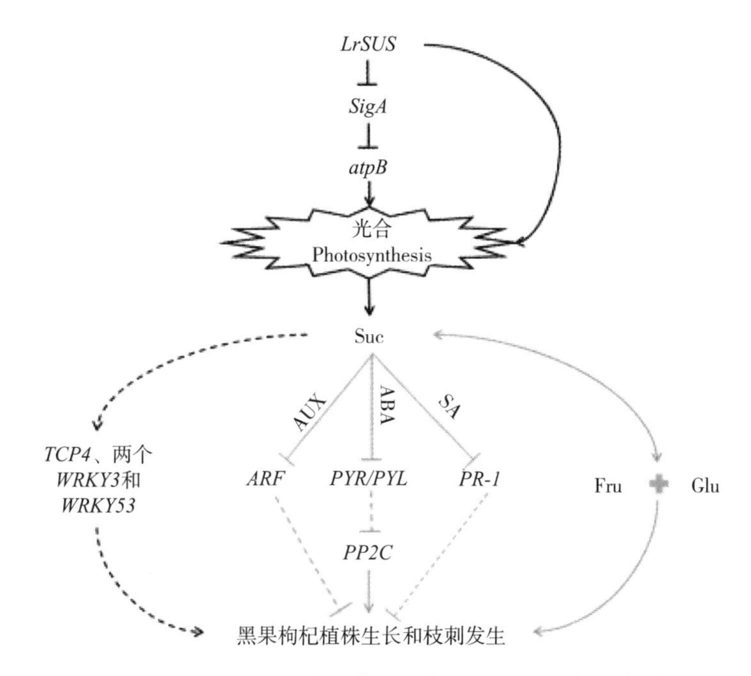

注：中间3条线路代表信号路径，右侧一条线路代表能量路径，箭头代表促进，三通代表抑制，虚线代表不确定。

图6–11　过表达*LrSUS*促进黑果枸杞植株生长和枝刺发生的假说模型

6.3.2　结论

本研究克隆黑果枸杞*LrSUS*的CDS全长并构建其过表达载体和RNAi载体，采用农杆菌介导法获得稳定的*LrSUS*超表达及抑制表达转基因黑果枸杞。*LrSUS*抑制表达植株在组培瓶内表现出植株矮小和根系生长缓慢的特点，移栽后均无法成活。*LrSUS*超表达明显促进黑果枸杞根的发生和生长、叶和茎的生长以及刺的发生。这种促生效果是通过提高光合效率和糖含量（m/m）来实现的。以*LrSUS*超表达和对照植株的茎和叶为材料，通过RNA-Seq对比分析探索*LrSUS*超表达促进植株生长和枝刺发生的机理。

参考文献

戴国礼, 秦垦, 曹有龙, 等, 2013. 黑果枸杞的花部结构及繁育系统特征[J]. 广西植物, 33(1):126-132.
冯志娟, 徐盛春, 刘娜, 等, 2018. 植物TCP转录因子的作用机理及其应用研究进展[J]. 植物遗传资源学报, 19(1):112-121.
黄俊哲, 马宏宇, 李永飞, 等, 2017. 西北地区黑果枸杞抗逆性研究进展[J]. 安徽农业科学, 45: 132-133.
黄铨, 赵勇, 2004. “无刺丰”与“深秋红”沙棘品种的选育及其特征[J]. 沙棘, 17:7-9.
蒋大程,高珊, 高海伦, 等, 2018. 考马斯亮蓝法测定蛋白质含量中的细节问题[J]. 实验科学与技术, 16(4):143-147.
李安节, 柳振峰, 2018. 植物光系统Ⅱ捕光过程的超分子结构基础[J]. 生物化学与生物物理进展, 45(9):935-946.
李芳蕊, 许思佳, 刘霁广, 等, 2022. 转BpTCP10基因抑制表达白桦的耐盐性分析[J]. 中南林业科技大学学报, 42(3):16-25.
李映龙, 单守明, 刘成敏, 等, 2019. 叶面喷施聚谷氨酸对金昌1号红枣光合作用和果实品质的影响[J]. 农业科学研究, 40(4):61-64.
刘静, 施明, 乔改霞, 2019. 枸杞玻璃化组培苗恢复技术[J]. 北方园艺 (3):138-143.
刘雯, 2023. 生长素IAA对黑果枸杞枝刺发生的影响及机理探索[D]. 沈阳：沈阳农业大学.
吕敏, 2014. 蓝莓试管苗玻璃化特性及DNA的MSAP分析[D]. 大连：大连理工大学.
马宗琪, 衣宁, 赵文倩, 等, 2014. 生物学实验中标准曲线的绘制[J]. 实验科学与技术, 12(5):8-10.
孟祥东, 2005. 草莓灰霉病菌比较生物学及生态防治研究[D]. 沈阳：沈阳农业大学.
牟晓玲, 2004. 对不同植物叶绿素a和叶绿素b含量比的测定[J]. 甘肃农业科技 (11):55-56.
彭绍峰, 周子发, 张雁丽, 等, 2013. Ag+在牡丹组织培养中的应用研究[J]. 农业科技通讯 (5):103-104.
乔杨, 刘雯, 李璐佳, 等, 2024. 基于RNA-Seq 探究蔗糖影响黑果枸杞枝刺发生的机理[J]. 经济林研究, 42(1): 126-139.
任红旭, 胡慧霞, 舒庆艳, 2019. 黑果枸杞遗传转化体系建立的方法及其应用: 201510017117.5. [P]. -03-01.
沙建川, 王芬, 贾志航, 等, 2020. 叶果比和摘叶方式对苹果13C同化物向果实转运及果实品质的影响[J]. 植物生理学报, 56(1):93-100.
宋梦如, 陈可钦, 郭运娜, 等, 2017. 一种用于植物基因沉默的新RNAi载体的构建[J]. 沈阳农业大学学报, 48(6):719-724.
汪芳俊, 侯赛男, 徐年军,等, 2015.藻类植物激素研究进展[J]. 植物生理学报, 51(12):2083-2090.
汪贵斌, 曹福亮, 景茂, 等, 2008.水分胁迫对银杏叶片叶肉细胞超微结构的影响[J].南京林业大学学报(自然科学版) (5):65-70.
王皓, 2020. 黑果枸杞枝刺发生机理的初步研究[D]. 沈阳：沈阳农业大学.
王镓钡, 李文莹, 葛畅, 等, 2023. 外源激素对“葡萄桐”雄树开花性状及果实特性的影响[J]. 中南林业科技大学学报, 43(4):20-32.
王静, 唐静, 崔悦婷, 等, 2020. 农杆菌介导的黑果枸杞遗传转化体系的建立[J]. 北方园艺 (1):104-111.
王钦美, 刘雯, 乔杨, 等, 2023. 吲哚乙酸在培育无刺黑果枸杞方面的应用: 202111468903.9. [P]. -08-04.
王照红, 杜建勋, 孙日彦, 等, 2010. Kan浓度对无菌苗生根影响的研究[J]. 北方蚕业, 31(3):27-28.
武延生, 严文培, 张晓丽, 等, 2021. 植物刺的类型与功能辨析[J]. 生物学通报, 56: 13-15.
张松, 温孚江, 朱常香, 等, 2000. 抗生素对大白菜组织培养形态发生的影响[J]. 山东农业大学学报(自然科学版), 31(4): 385-388.

郑祎, 张卉, 王钦美, 等, 2020. 大花君子兰叶绿体基因组及其特征[J]. 园艺学报, 47(12): 2439-2450.

资丽媛, 林浴霞, 傅若楠, 等, 2022. 植物激素转运研究进展[J]. 植物生理学报, 58(12):2238-2252.

AHMED M, IQBAL A, LATIF A, et al., 2020. Over expression of a sucrose synthase gene indirectly improves cotton fiber quality through sucrose cleavage[J]. Frontiers in plant science, 11:476251.

ALBERTE R S, THORNBER J P, FISCUS E L, 1977. Water stress effects on the content and organization of chlorophyll in mesophyll and bundle sheath chloroplasts of maize[J]. Plant physiol, 59:351-353.

ASHBURNER M, BALL C A, BLAKE J A, et al., 2000. Gene ontology: tool for the unification of biology[J]. Nature genet, 25:25-29.

BAKIR Y, ELDEM V, ZARARSIZ G, et al., 2016. Global transcriptome analysis reveals differences in gene expression patterns between nonhyperhydric and hyperhydric peach leaves[J]. Plant genome, 9(2):12-15.

BARBIER F, LUNN J E, BEVERIDGE C A, 2015a. Ready, steady, go! A sugar hit starts the race to shoot branching[J]. Current opinion in plant biology, 25: 39-45.

BARBIER F, PÉRON T, LECERF M, et al., 2015b. Sucrose is an early modulator of the key hormonal mechanisms controlling bud outgrowth in Rosa hybrida[J]. Journal of experimental botany, 66:2569-2582.

BARKER L, KUHN C, WEISE A, et al., 2000. SUT2, a putative sucrose sensor in sieve elements[J]. The plant cell, 12:1153-1159.

BAULIES J L, BRESSO E G, GOLDY C, et al., 2022. Potent inhibition of TCP transcription factors by miR319 ensures proper root growth in Arabidopsis[J]. Plant molecular biology, 108(1): 93-103.

BENKOVÁ E, MICHNIEWICZ M, SAUER M, et al., 2003. Local, efflux-dependent auxin gradients as a common module for plant organ formation[J]. Cell, 115(5): 591-602.

BHOJWANI S S, DANTU P K, 2013. Somaclonal variation[J]. Plant tissue culture: an introductory Text, (1): 141-154.

BOHN-COURSEAU I, 2010. Auxin: a major regulator of organogenesis[J]. Comptes rendus biologies, 333(4): 290-296.

BOLGER A M, LOHSE M, USADEL B, 2014. Trimmomatic: a flexible trimmer for Ilumina sequence data[J]. Bioinformatics, 30 (15):2114-2120.

BONIN A, BELLEMAIN E P, POMPANON F, et al., 2004. How to track and assess genotyping errors in population genetics studies[J]. Molecular ecology, 13(11): 3261-3273.

BRADFORD M M, 1976. A rapid and sensitive method for the quantitation of microgram quantities of protein utilizing the principle of proteindye binding[J]. Analytical. biochemistry, 72(1/2): 248-254.

RODRÍGUEZ LÓPEZ C M, WETTEN A C, WILKINSON M J, 2010. Progressive erosion of genetic and epigenetic variation in callus-derived cocoa (Theobroma cacao) plants[J]. The new phytologist, 186(4): 856-868.

CASANOVA-SÁEZ R, MATEO-BONMATÍ E, LJUNG K, 2021. Auxin metabolism in plants[J]. CSH perspect Biol , a039867.

CHABIKWA T G, BREWER P B, BEVERIDGE C A, 2019. Initial bud outgrowth occursi ndependent of auxin flow from out of buds[J]. Plant physiol, 179(1): 55-65.

CHE P, LALL S, HOWELL S H, 2007. Developmental steps in acquiring competence for shoot development in Arabidopsis tissue culture[J]. Planta, 226(5): 1183-1194.

CHEN H K, FENG Y, WANG L, et al., 2015. Transcriptome profiling of the UV-B stress response in the desert shrub Lycium ruthenicum[J]. Molecular biology reports, 42(3):639-649.

CHEN S, HU N, WANG H, et al., 2022. Bioactivity-guided isolation of the major anthocyanin from Lycium ruthenicum Murr. fruit and its antioxidant activity and neuroprotective effects in vitro and in vivo[J]. Food funct, 13: 3247-3257.

CHEN S L, PENG Y, ZHOU H, et al., 2014. Research advances in trehalose metabolism and trehalose-6-phosphate signaling in plants (in China)[J]. Plant physiol, 50: 233-242.

CHEN Z, SCHERTZ K F, MULLET J E, et al., 1995. Characterization and expression of rpoC2 in CMS and fertile lines of sorghum[J]. Plant molecular biology, 28:799-809.

CHINCINSKA I A, LIESCHE J, KRUGEL U, et al., 2008. Sucrose transporter StSUT4 from potato affects flowering, tuberization, and shade avoidance response[J]. Plant physiol, 146:515-528.

CICHORZ S, GOŚKA M, MAŃKOWSKI D R, 2018. Miscanthus × giganteus: Regeneration system with assessment of genetic and epigenetic stability in long-term in vitro culture[J]. Ind crops prod, 116: 150-161.

COKUS S J, FENG S, ZHANG X, et al., 2008. Shotgun bisulfite sequencing of the Arabidopsis genome reveals DNA methylation patterning[J]. Nature, 452: 215-219.

CORREA L D R, TROLEIS J, MASTROBERTI A A, et al., 2012. Distinct modes of adventitious rooting in Arabidopsis thaliana[J]. Plant biol (stuttgart, germany), 14: 100-109.

CUI Y X, ZHOU J G, CHEN X L, et al., 2019. Complete chloroplast genome and comparative analysis of three Lycium (Solanaceae) species with medicinal and edible properties[J]. Gene rep, 17:100464-100466.

DAI F, LI A, RAO S, et al., 2019. Potassium transporter LrKUP8 is essential for K+ preservation in Lycium ruthenicum, a salt-resistant desert shrub[J]. Genes, 10: 600.

DOIDY J, VAN TUINEN D, LAMOTTE O, et al., 2012. The Medicago truncatula sucrose transporter family: characterization and implication of key members in carbon partitioning towards arbuscular mycorrhizal fungi[J]. Mol plant, 5:1346-1358.

DOMAGALSKA M A, LEYSER O, 2011. Signal integration in the control of shoot branching[J]. Nat rev mol cell biol, 12: 211-221.

DUAN H, DING W, SONG J, et al., 2016. Roles of plant growth substance in callus induction of Achyranthes bidentata[J]. Res plant biol, 6: 6-13.

ESPINEDA C E, LINFORD A S, 1999. The AtCAO gene, encoding chlorophyll a oxygenase, is required for chlorophyll b synthesis in Arabidopsis thaliana[J]. Proc natl acab sci USA, 96:10507-10511.

EVANS D A, 1989. Somaclonal variation-genetic basis and breeding applications[J]. Trends genet, 5: 46-50.

FICHTNER F, BARBIER F F, FEIL R, et al., 2017. Trehalose 6-phosphate is involved in triggering axillary bud outgrowth in garden pea (Pisum sativum L.)[J]. Plant J, 92:611-623.

FINKELSTEIN R R, GIBSON S I, 2002. ABA and sugar interactions regulating development: cross-talk or voices in a crowd?[J]. Curr opin plant biol, 5(1):26-32.

FLOKOVÁ K, TARKOWSKÁ D, MIERSCH O, et al., 2014. UHPLC-MS/MS based target profiling of stress-induced phytohormones[J]. Phytochemistry, 105:147-157.

FU C, LI L, WU W, et al., 2012. Assessment of genetic and epigenetic variation during long-term Taxus cell culture[J]. Plant cell rep, 31: 132-1331.

FUJII S, HAYASHI T, MIZUNO K, 2010. Sucrose synthase is an integral component of the cellulose synthesis machinery[J]. Plant cell physiol, 51:294-301.

GAO H, XIA X, AN L. et al., 2017b. Reversion of hyperhydricity in pink (Dianthus chinensis L.) plantlets by $AgNO_3$ and its associated mechanism during in vitro culture[J]. Plant sci, 254:1-11.

GAO H Y, XU P S, LI J W, et al., 2017a. $AgNO_3$ prevents the occurrence of hyperhydricity in Dianthus chinensis L. by enhancing water loss and antioxidant capacity[J]. In vitro cell developmental biolo, 53(6):561-570.

GAO X, YANG D, CAO D, et al., 2010. In vitro micropropagation of Freesia hybrida and the assessment of genetic and epigenetic stability in regenerated plantlets[J]. J plant growth regul. 29: 257-267.

GAO Y, WANG Q M, AN Q, et al., 2021. A novel micropropagation of Lycium ruthenicum and epigenetic fidelity assessment of three types of micropropagated plants in vitro and ex vitro[J]. Plos one, 16: e0247666.

GARG V, HACKEL A, KUHN C, 2021. Expression level of mature miR172 in wild type and StSUT4-silenced plants of Solanum tuberosum is sucrose-dependent[J]. Int j mol Sci, 22:1455.

GOREN S, LUGASSI N, STEIN O, et al., 2017. Suppression of sucrose synthase affects auxin signaling and leaf morphology in tomato[J]. PLos one, 12(8):e0182334.

GRABHERR M G, HAAS B J, YASSOUR M, et al., 2011. Full-length transcriptome assembly from RNA-Seq data without a reference genome[J]. Nat biotechnol, 29(7):644-652.

GREENWOOD M S, CUI X, XU F, 2011. Response to auxin changes during maturation related loss of adventitious rooting competence in loblolly pine (Pinus taeda) stem cuttings[J]. Physiol plant, 111: 373-380.

GUO D P, ZHU Z J, HU X X, et al., 2005. Effect of cytokinins on shoot regeneration from cotyledon and leaf segment of stem mustard (Brassica juncea var. tsatsai)[J]. Plant cell, tissue organ cult, 83: 123-127.

HAJDUKIEWICZ P T J, ALLISON L A, et al., 1997. Transcription by two distinct RNA polymerases is a general regulatory mechanism of plastid gene expression in higher plants[J]. EMBO J, 16: 4041-4048.

HANGGI E, FLEMING A J, 2001. Sucrose synthase expression pattern in young maize leaves: implications for phloem transport[J]. Planta, 214:326-329.

HASSANNEJAD S, BERNARD F, MIRZAJANI F, et al., 2012. SA improvement of hyperhydricity reversion in Thymus daenensis shoots culture may be associated with polyamines changes[J]. Plant physiol biochem, 51:40-46.

HE C, CHEN X, HUANG H, et al., 2012. Reprogramming of H3K27me3 is critical for acquisition of pluripotency from cultured Arabidopsis tissues[J]. PLos genet, 8: e1002911.

HOLSTERS M, DEWAELE D, DEPICKER A, et al., 1978. Transfection and transformation of Agrobacterium-Tumefaciens[J]. Mol gen genet, 163:181-187.

HU Y, BAI X, YUAN H, 2022. Polyphenolic glycosides from the fruits extract of Lycium ruthenicum Murr and their monoamine oxidase B inhibitory and neuroprotective activities[J]. J agric food chem, 70(26):7968-7980.

HU Y K, BAI X L and YUAN H, 2022. Polyphenolic glycosides from the fruits extract of Lycium ruthenicum Murr and their monoamine oxidase B inhibitory and neuroprotective activities[J]. J agric food chem, 70: 7968-7980.

JIAN Y, WU G L, ZHOU D H, et al., 2019. Effects of shading on carbohydrates of syzygium samarangense[J]. Notulae botanicae horti agrobotanici cluj-napoca, 47(4):1252-1257.

JIANG L Y, CHEN X P, GU X J, et al., 2023. Light quality and sucrose-regulated detached ripening of strawberry with possible involvement of abscisic acid and auxin signaling[J]. Int j mol Sci, 24:5681.

JUAN G, ESTELA R, 2004. Spine production is induced by fire: a natural experiment with three Berberiss pecies[J]. Acta oecol, 26:239-245.

KASAI M, 2008. Regulation of leaf photosynthetic rate correlating with leaf carbohydrate status and activation state of Rubisco under a variety of photosynthetic source/sink balances[J]. Physiol plant, 134:216-226.

KEPINSKI S, LEYSER O, 2005. Plant development: auxin in loops[J]. Current biol, 15(6): 208-210.

KEYTE A L, PERCIFIELD R, LIU B, et al., 2006. Infraspecific DNA methylation polymorphism in cotton (Gossypium hirsutum L.)[J]. J hered, 97: 444-450.

KITIMU S R, TAYLOR J, MARCH T J, et al., 2015. Meristem micropropagation of cassava (Manihot esculenta) evokes genome-wide changes in DNA methylation[J]. Frontiers in plant science, 6(5): 590.

KOUR G, KOUR B, KAUL S, et al., 2009. Genetic and epigenetic instability of Amplification-prone sequences of a noveL B chromosome induced by tissue culture in Plantago Lagopus L[J]. Plant cell rep, 28: 1857-1867.

LANGMEAD B, SALZBERG S L, 2012. Fast gapped-read alignment with Bowtie 2[J]. Nature methods, 9(4):357-359.

LAURA R M VISSER R G, DE KLERK G J, 2010. The hyperhydricity syndrome: waterlogging of plant tissues as a major cause[J]. Propag ornam plants 10:169-175.

LAWLOR D W, PAUL M J, 2014. Source/sink interactions underpin crop yield: the case for trehalose 6-phosphate/SnRK1 in improvement of wheat[J]. Front plant sci,5:418.

LEE E K, JIN Y W, PARK J H, et al., 2010. Cultured cambial meristematic cells as a source of plant natural products[J]. Nat biotechnol, 28: 1213-1217.

LEE S C, LUAN S, 2011. ABA signal transduction at the crossroad of biotic and abiotic stress responses[J]. Plant cell environ, 35:53-60.

LEGEN J, KEMP S, KRAUSE K, et al., 2022. Comparative analysis of plastid transcription profiles of entire plastid chromosomes from tobacco attributed to wild-type and PEP-deficient transcription machineries[J]. Plant j, 31:171-188.

LEMOINE R, LA CAMERA S, ATANASSOVA R, et al., 2013. Source-to-sink transport of sugar and regulation by environmental factors[J]. Front plant sci,4:272.

LENG F, WANG Y, CAO J P, et al., 2022. Transcriptomic analysis of root restriction effects on the primary metabolites during grape berry development and ripening[J]. Genes,13:281.

LERBS-MACHE S, 2011. Function of plastid sigma factors in higher plants: regulation of gene expression or just preservation of constitutive transcription[J]. Plant mol biol, 76:235-249.

LI L, AN Q, WANG Q-M, et al., 2022. The mechanism of bud dehyperhydricity by the method of starvation drying combined with AgNO3' in Lycium ruthenicum[J]. Tree physiol, 42(9):1841-1857.

LI A, HU B Q, XUE Z Y, et al., 2011. DNA methylation in genomes of several annual herbaceous and woody perennial plants of varying ploidy as detected by MSAP[J]. Plant mol biol rep, 29: 784-793.

LI B, DEWEY C N, 2011. RSEM: accurate transcript quantification from RNA-Seq data with or without a reference genome[J]. BMC bioinformatics, 12(1):323-338.

LI F R, XU S J, LIU J G, et al., 2022. Salt tolerance analysis of transgenic Betula platyphylla seedlings with inhibited BpTCP10 expression[J]. Journal of central south university of forestry & technology, 42(3):16-25.

LI L, QIAO Y, QI X, et al., 2023. Sucrose promotes branch-thorn occurrence of Lycium ruthenicum through dual effects of energy and signal[J]. Tree physiol, 43(7): 1187-1200.

LI L, SHEEN J, 2016. Dynamic and diverse sugar signaling[J]. Curr opin plant biol, 33:116-125.

LI L, AN Q, WANG Q M, et al., 2022. The mechanism of bud dehyperhydricity by the method of "starvation drying combined with $AgNO_3$" in Lycium ruthenicum[J]. Tree physiol, 42:1841-1857.

LI Y, YU C, MO R L, et al., 2022. Screening and verification of photosynthesis and chloroplast-related genes in Mulberry by comparative RNA-Seq and virus-induced gene silencing[J]. International journal of molecular sciences, 23(15):8620-8620.

LI Y, ZHOU C, YAN X, et al., 2016. Simultaneous analysis of ten phytohormones in Sargassum horneri by high-performance liquid chromatography with electrospray ionization tandem mass spectrometry[J]. J separation sci, 39(10): 1804-1813.

LIU J Q, LYU M X, XU X X, et al., 2022. Exogenous sucrose promotes the growth of apple rootstocks under high nitrate supply by modulating carbon and nitrogen metabolism[J]. Plant physiol biochem, 192:196-206.

LIU M, JIANG F, KONG X. et al., 2017. Effects of multiple factors on hyperhydricity of Allium sativum L[J]. Scientia horticulturae, 217:285-296.

LIU M, JU Y L, ZHOU M, et al., 2020. Transcriptome analysis of grape leaves reveals insights into response to heat acclimation[J]. Scientia horticulturae, 272: 109554.

LIU W, PENG B, SONG A, et al., 2022. Sucrose-induced bud outgrowth in Chrysanthemum morifolium involves changes of auxin transport and gene expression[J]. Scientia horticulturae, 296: 110904.

LOVE M I, HUBER W, ANDERS S, 2014. Moderated estimation of fold change and dispersion for RNA-seq data with DESeq2[J]. Genome biol, 15:550.

LUO J, BIAN L H, YAO Z W, et al., 2021. Anthocyanins in Lycium ruthenicum Murray reduce nicotine withdrawal-induced anxiety and craving in mice[J]. Neurosci let, 763: 136152.

MA X H, ZHOU Q, HU Q D, et al., 2023. Effects of different irradiance conditions on photosynthetic activity, photosystem II, rubisco enzyme activity, chloroplast ultrastructure, and chloroplast-related gene expression in clematis tientaiensis leaves[J]. Horticulturae, 9(1): 118.

MA Y P, REDDY V R, DEVI M J, et al., 2019. De novo characterization of the Gojiberry (Lycium barbarum L.) fruit transcriptome and analysis of candidate genes involved in sugar metabolism under different CO2 concentrations[J]. Tree physiol, 39: 1032-1045.

MAO X Z, CAI T, OLYARCHUK J G, et al., 2005. Automated genome annotation and pathway identification using the KEGG Orthology (KO) as a controlled vocabulary[J]. Bioinformatics, 21(19): 3787-3793.

MARTIN T, FROMMER W B, SALANOUBAT M, et al., 1993. Expression of an Arabidopsis sucrose synthase gene indicates a role in metabolization of sucrose both during phloem loading and in sink organs[J]. Plant j, 4:367-377.

MASON M G, ROSS J J, BABST B A, et al., 2014. Sugar demand, not auxin, is the initial regulator of apical dominance[J]. Proc natl acad sci, 111:6092-6097.

MENG X W, NIU Y, MA Y J, 2020. Transcriptome sequencing analysis of development of Lycium ruthenicum fruits[J]. J central south univer tech, 1:147-155.

MICHAL R, HAVIVA M, SIMCHA L Y, 2007. Quantitative characterization of the thorn system of the common shrubs Sarcopoterium spinosum and Calicotome villosa[J]. Israel j plant sci, 55(1): 63-72.

MING H, XIAO W J, CUI T T, et al., 2018. Spatio-temporal profiling of abscisic acid, indoleacetic acid and jasmonic acid in single rice seed during seed germination[J]. Analytica chimica acta, 3: 119-127.

MINTEUUIS O, 2004. In vitro rooting of juvenile and mature, Acacia mangium, microcuttings with reference to leaf morphology as a phase change marker[J]. Trees, 18(1): 77-82.

MOND S, QAZI F, TIBOR J, 2021. Multifaceted role of salicylic acid in combating cold stress in plants: a review[J]. J plant growth regul, 40 (2):464-485.

MORRIS S E, COX M C H, ROSS J J, et al., 2005. Auxin dynamics after decapitation are not correlated with the initial growth of axillary buds[J]. Plant physiol, 138(3): 1665-1672.

MURASHIGE T, SKOOG F, 1962. A revised medium for rapid growth and bioassays with tobacco tissue cultures[J]. Physiol plant, 15:473-497.

NGUYEN Q A, LUAN S, WI S G, et al., 2016. Pronounced phenotypic changes in transgenic tobacco plants overexpressing sucrose synthase may reveal a novel sugar signaling pathway[J]. Front plant sci, 6:1216.

NI Z L, WEI J M, 2003. The Structure and catalytic mechanism of ATP synthase[J]. J plant physiol mol biol, 29(5):367-374.

NIELS V D D, GIANNI S, CZEREDNIK A, et al., 2013. Flooding of the apoplast is a key factor in the development of hyperhydricity[J]. Exp bot, 64: 5221-5230.

NISAR T, WANG Z C, SUN L, et al., 2021. Lycium ruthenicum Murray anthocyanins effectively inhibit α -glucosidase activity and alleviate insulin resistance[J]. Food biosci, 41: 100949.

NOTT A, JUNG H S, KOUSSEVITZKY S, et al., 2006. Plastid-to-nucleus retrograde signaling[J]. Annu rev plant biol, 57: 739.

O'HARA L E, PAUL M J, WINGLER A, 2013. How do sugars regulate plant growth and development? New insight into the role of trehalose-6-phosphate[J]. Mol plant, 6(2): 261-274.

OGAWA A, AUDO F, TOYOFUKU K, et al., 2009. Sucrose Metabolism for the development of seminal root in maize seedlings[J]. Plant production science, 12: 9-16.

OH S and MONTGOMERY B L, 2014. Phytochrome-dependent coordinate control of distinct aspects of nuclear and plastid gene expression during anterograde signaling and photomorphogenesis[J]. Front plant science, 5: 171.

OONO Y, OOURA C, RAHMAN A, et al., 2003. p-Chlorophenoxyisobutyric acid impairs auxin response in Arabidopsis root[J]. Plant physiol, 133(3): 1135-47.

OUYANG F, MAO J F, WANG J, et al., 2015. Transcriptome analysis reveals that red and blue light regulate growth and phytohormone metabolism in Norway Spruce [Picea abies (L.) Karst][J]. PloS One, 10(8): e0127896.

PAN R, LIU Y, BUITRAGO S, et al., 2020. Adventitious root formation is dynamically regulated by various hormones in leaf-vegetable sweetpotato cuttings[J]. J plant physiol, 253: 153267.

PIEN S, WYRZYKOWSKA J, FLEMING A J, 2001. Novel marker genes for early leaf development indicate spatial regulation of carbohydrate metabolism within the apical meristem[J]. Plant j, 25:663-674.

PISCHKE M S, HUTTLIN E L, HEGEMAN A D, et al., 2006. A transcriptome-based characterization of habituation in plant tissue culture[J]. Plant physiol, 140: 1255-1278.

QI T, WANG J, HUANG H, et al., 2015. Regulation of jasmonate-induced leaf senescence by antagonism between bHLH subgroup IIIe and IIId factors in Arabidopsis[J]. Plant cell, 27(6): 1634-1649.

QIN Y, YUN D, XU F, et al., 2021. Smart packaging films based on starch/polyvinyl alcohol and Lycium ruthenicum anthocyanins-loaded nano-complexes: Functionality, stability and application[J]. Food hydrocolloid, 119: 106850.

RABOT A, HENRY C, BEN B K, et al., 2012. Insight into the role of sugars in bud burst under light in the rose[J]. Plant cell physiol, 53:1068-1082.

RAMZY A, LIEVE L, ELODIE B, et al., 2009. Pluripotency of Arabidopsis xylem pericycle underlies shoot regeneration from root and hypocotyl explants grown in vitro[J]. Plant j, 57: 626-644.

RATHORE M S, JHA B, 2016. DNA methylation and methylation polymorphism in genetically stable in vitro regenerates of Jatropha curcas L. using methylation-sensitive AFLP markers[J]. Appl biochem biotechnol, 178: 1002-1014.

RUAN J, ZHOU Y, ZHOU M, et al., 2019. Jasmonic acid signaling pathway in plants[J]. Int j mol sci, 20(10): 2479.

RUAN Y L, JIN Y, YANG Y J, et al., 2010. Sugar input, metabolism, and signaling mediated by invertase: roles in development, yield potential, and response to drought and heat[J]. Mol plant, 3(6): 942-955.

RUAN Y L, LLEWELLYN D J, FURBANK R T, 2003. Suppression of sucrose synthase gene expression represses cotton fiber cell initiation, elongation, and seed development[J]. Plant cell, 2003, 15(4): 952-964.

RUAN Y L, 2014. Sucrose metabolism: gateway to diverse carbon use and sugar signaling[J]. Annu rev plant biol, 65(1): 33-67.

SALNIKOV V V, GRIMSON M J, DELMER D P, et al., 2001. Sucrose synthase localizes to cellulose synthesis sites in tracheary elements[J]. Phytochemistry, 57(6): 823-833.

SALNIKOV V V, GRIMSON M J, SEAGULL R W, et al., 2003. Localization of sucrose synthase and callose in freeze-substituted secondary-wall-stage cotton fibers[J]. Protoplasma, 221(3/4):175.

SCHMÖLZER K, GUTMANN A, DIRICKS M, et al., 2016. Sucrose synthase: a unique glycosyltransferase for biocatalytic glycosylation process development[J]. Biotechnol adv, 34: 88-111.

SCHULZE S K, KANWAR R, GÖLZENLEUCHTER M, et al., 2012. SERE: single-parameter quality control and sample comparison for RNA-seq[J]. BMC genomics, 13(1):524.

SEO E, CHOI D, 2015. Functional studies of transcription factors involved in plant defenses in the genomics era[J]. Brief funct genomics, 14(4):260-267.

SHA J C, WANG F, JIA Z H, et al., 2020. Effect of leaf-fruit ratio and leaf-picking methods on translocation of 13C-photoassimilates to fruit and fruit quality in apple[J]. Plant physiol j, 56(1): 93-100.

SHATRUJEET P, RIDHI G, ARCHANA B, et al., 2018. Transcriptome analysis provides insight into prickle development and its link to defense and secondary metabolism in Solanum viarum Dunal[J]. Sci rep, 8(1):1-12.

SHIMA S, MATSUI H, TAHARA S, et al., 2007. Biochemical characterization of rice trehalose-6-phosphate phosphatases supports distinctive functions of these plant enzymes[J]. FEBS J, 274:1192-1201.

ŠIMURA J, ANTONIADI I, ŠIROKÁ J. et al., 2018. Plant hormonomics: Multiple phytohormone profiling by targeted metabolomics[J]. Plant Physiol, 177(2): 476-489.

STEIN O, GRANOT D, 2019. An overview of sucrose synthases in plants[J]. Front plant sci, 10: 95.

STELPFLUG S C, EICHTEN S R, HERMANSON P J, et al., 2014. Consistent and heritable alterations of DNA methylation are induced by tissue culture in maize[J]. Genetics, 198: 209-218.

STROUD H B, DING S A, SIMON S, et al., 2013. Plants regenerated from tissue culture contain stable epigenome changes in rice[J]. Elife, 2: e00354.

SUGIMOTO K, GORDON S P, MEYEROWITZ E M, 2011. Regeneration in plants and animals: Dedifferentiation, transdifferentiation, or just differentiation[J]. Trends cell biol, 21: 212-218.

SUGIMOTO K, JIAO Y, MEYEROWITZ E M, 2010. Arabidopsis regeneration from multiple tissues occurs via a root development pathway[J]. Dev cell, 18: 463-471.

SWARNKAR M K, KUMAR P, DOGRA V, et al., 2021. Prickle morphogenesis in rose is coupled with secondary metabolite accumulation and governed by canonical MBW transcriptional complex[J]. Plant direct, 5(6): e00325.

TATEMATSU K, NAKABAYASHI K, KAMIYA Y, et al., 2008. Transcription factor AtTCP14 regulates embryonic growth potential during seed germination in Arabidopsis thaliana[J]. Plant j, 53(1): 42-52.

THIMANN K V, SKOOG F, 1933. Studies on the growth hormone of plants. Ⅲ. The inhibiting action of the growth substance on bud development[J]. PNAS, 19(7):714-716.

THOMAS V, 2010. Phenylpropanoid Biosynthesis[J]. Molecular plant, 3(1):2-20.

TIAN B, ZHAO J, XIE X, et al., 2021. Anthocyanins from the fruits of Murray improve high-fat diet-induced insulin resistance by ameliorating inflammation and oxidative stress in mice[J]. Food & function, 12: 3855.

TIAN J, JIANG F L, WU Z, 2015. The apoplastic oxidative burst as a key factor of hyperhydricity in garlic plantlet in vitro[J]. Plant cell tissue organ, 120: 571-584.

TIAN Z, HAN J, CHE G, et al., 2022. Genome-wide characterization and expression analysis of SAUR gene family in Melon (Cucumis melo L.)[J]. Planta, 255(6): 123.

TRAPNELL C, WILLIAMS B A, PERTEA G, et al., 2010. Transcript assembly and quantification by RNA-Seq reveals unannotated transcripts and isoform switching during cell differentiation[J]. Nature biotech, 28 (5): 511-515.

TSAI A Y L, GAZZARRINI S, 2014. Trehalose-6-phosphate and SnRK1 kinases in plant development and signaling: the emerging picture[J]. Front plant sci, 5:119.

VANDESTEENE L, RAMON M, LE ROY K, et al., 2010. A single active trehalose-6-P synthase (TPS) and a family of putative regulatory TPS-like proteins in Arabidopsis[J]. Mol plant, 3: 406-419.

WANG F, SANZ A, BRENNER M L, et al., 1993. Sucrose synthase, starch accumulation, and tomato fruit sink strength[J]. Plant physiol, 101:321-327.

WANG H, LI J, TAO W, et al., 2018a. Lycium ruthenicum studies: molecular biology, phytochemistry and pharmacology[J]. Food chem, 240: 759-766.

WANG H Y, SUI X L, GUO J J, 2014. Antisense suppression of cucumber (Cucumis sativus L.) sucrose synthase 3 (CsSUS3) reduces hypoxic stress tolerance[J]. Plant cell environ, 37: 795-810.

WANG J, SONG L, GONG X, et al., 2020. Functions of jasmonic acid in plant regulation and response to abiotic stress[J]. International journal of molecular sciences, 21(4):1446.

WANG L K, FENG Z X, WANG X, et al., 2010. DEGseq: an R package for identifying differentially expressed genes from RNA-seq data[J]. Bioinformatics (Oxford, England), 26(1):136-138.

WANG L, SUN X L, WEISZMANN J, et al., 2017. System-level and granger network analysis of integrated proteomic and metabolomic dynamics identifies key points of grape berry development at the interface of primary and secondary metabolism[J]. Frontiers in plant science, 8:1066.

WANG Q M, CUI J G, DAI H, et al., 2018b. Comparative transcriptome profiling of genes and pathways involved in leaf-patterning of Clivia miniata var. variegate[J]. Gene, 677:280-288.

WANG Q M, WANG L, ZHOU Y, et al., 2016. Leaf patterning of Clivia miniata var. variegata is associated with differential DNA methylation[J]. Plant cell rep, 35(1): 167-184.

WANG Q M, WANG Y, SUN L, et al., 2012. Direct and indirect organogenesis of Clivia miniata and assessment of DNA methylation changes in various regenerated plantlets[J]. Plant cell rep, 31(7): 1283-1296.

WANG Y, FU J, YANG D, 2021. In situ stability of anthocyanins in Lycium ruthenicum Murray[J]. Mol, 26(23): 7073.

WASTERNACK C, HAUSE B, 2013. Jasmonates: biosynthesis, perception, signal transduction and action in plant stress response, growth and development. An update to the 2007 review in annals of botany[J]. Annals of botany, 111(6): 1021-1058.

WEI Z G, QU Z S, ZHANG L J, et al., 2015. Overexpression of poplar xylem sucrose synthase in tobacco leads to a thickened cell wall and increased height[J]. PLos one, 10(3): e0120669.

WILLIAMS-CARRIER R, ZOSCHKE R, BELCHER S, et al., 2014. A major role for the plastid-encoded RNA polymerase complex in the expression of plastid transfer RNAs[J]. Plant physiol, 164(1): 239-248.

WINGLER A, 2018. Transitioning to the next phase: the role of sugar signaling throughout the plant life cycle[J]. Plant physiol, 176: 1075-1084.

WOODWARD A W, BARTEL B, 2005. A receptor for auxin[J]. Plant cell, 17(9): 2425-2429.

WU Y, ZHENG Y, XU W， et al., 2023. Chimeric deletion mutation of rpoC2 underlies the leaf-patterning of Clivia miniata var. variegata[J]. Plant cell rep, 42(9):1419-1431.

WU Y F, LEE S K, YOO Y, et al., 2018. Rice transcription factor OsDOF11 modulates sugar transport by promoting expression of Sucrose Transporter and SWEET genes[J]. Mol plant, 11: 833-845.

XIAO F, ZHAO Y, WANG X R, et al., 2023. Comparative transcriptome analysis of Gleditsia sinensis thorns at different stages of development[J]. Plants-basel, 12(7): 1456.

XU K, LIU J, FAN M, et al., 2012. A genome-wide transcriptome profiling reveals the early molecular events during callus initiation in Arabidopsis multiple organs[J]. Genomics, 100: 116-124.

XU L, HUANG H, 2014. Genetic and epigenetic controls of plant regeneration[J]. Curr top dev biol, 108: 1-33.

XU S M, BRILL E, LLEWELLYN D J, et al., 2012b. Overexpression of a potato sucrose synthase gene in cotton accelerates leaf expansion, reduces seed abortion, and enhances fiber production[J]. Mol plant, 5(2):430-441.

YANG A, QI X, WANG Q M, et al., 2022. The branch-thorn occurrence of Lycium ruthenicum is associated with leaf DNA hypermethylation in response to soil water content[J]. Mol biol rep, 49(3):1925-1934.

YANG R F, ZHAO C, CHEN X, et al., 2015. Chemical properties and bioactivities of Goji (Lycium barbarum) polysaccharides extracted by different methods[J]. J funct foods, 17: 903-909.

ZANG B S, LI H W, LI W J, et al., 2011. Analysis of trehalose-6-phosphate synthase (TPS) gene family suggests the formation of TPS complexes in rice[J]. Plant mol biol, 76:507-522.

ZENG S, LIU Y, WU M, et al., 2014. Identification and validation of reference genes for quantitative real-time PCR normalization and its applications in lyceum[J]. Plos one, 9(5): e97039.

ZHANG F, ROSSIGNOL P, HUANG T, et al., 2020a. Reprogramming of stem cell activity to convert thorns into branches[J]. Curr biol, 30(15): 2951-2961.

ZHANG F, WANG Y, IRISH V F, 2021. CENTRORADIALIS maintains shoot meristem indeterminacy by antagonizing THORN IDENTITY1 in Citrus[J]. Curr biol, 31(10): 2261-2261.

ZHANG G W, SHEN L, ZHENG H Z, et al., 2019. Research advances on sucrose accumulation and sucrose phosphate synthase in seeds of vegetable soybean[J]. Mol breed,17: 5822-5828.

ZHANG H, LIAN Y, YU J, et al., 2022. Eco-friendly pH indicator based on natural anthocyanins from Lycium ruthenicum[J]. J Donghua University (English Edition), 2: 110-114.

ZHANG L, SUN H Y, XU T, et al., 2021b. Comparative transcriptome analysis reveals key genes and

pathways involved in prickle development in Eggplant[J]. Genes, 12(3): 341.
ZHANG Y, ZHAO M J, ZHU W, et al., 2021a. Nonglandular prickle formation is associated with development and secondary metabolism - related genes in Rosa multiflora[J]. Physiol plantarum, 173(3):1147-1162.
ZHANG Y X, TECHATO S, 2012. Callus induction and plantlet regeneration from mature embryos of indica rice (Oryza sativa L.) cultivar Kra Dang Ngah[J]. J Agr sci tech-iran, 8(7): 2423-2433.
ZHAO S, GAO H B, LUO J W, et al., 2020. Genome-wide analysis of the light harvesting chlorophyll a/b binding gene family in apple (Malus domestica) and functional characterization of MdLhcb4.3, which confers tolerance to drought and osmotic stress[J]. Plant physiol biochem, 2020, 154: 517-529.

致　谢

本书相关研究由国家自然科学基金面上项目（32171831）、国家自然科学基金青年基金（31600546）、林木遗传育种国家重点实验室开放基金（K2019202）、辽宁省教育厅科学研究基金（LSNJC202023）和辽宁省自然科学基金面上项目（2023-MS-207）资助，谨致谢忱！

从2017年到2024年，八载春秋。此时的作者内心激动且感动。感谢周永斌教授让我有机会认识并了解黑果枸杞；感谢崔建国教授对我科研道路的引导；感谢我的导师张志宏教授对我方方面面的指导，使我一次次跨过难关；感谢王玉成教授多次无私的帮助，包括研究材料、试验方法和试验设计等。感谢代红艳（师母）教授、陆香君教授、孙晓梅教授、祝朋芳教授、毛洪玉教授、及晓宇教授、张丽杰教授、国会艳老师、李丹丹老师的日常陪伴和鼓励！感谢本学科的吴月亮和邓继峰老师！

特别感谢我的学生高悦、安琴霞、齐新宇、李璐佳、刘雯、乔杨、徐玮蔓、蒋滢月、周昱良、刘雯慧、王佳雯、卢慧芳、周沫、郑祎、杨爱琳、陈文馨、柯海峰和伍祎明。黑果枸杞组培无性系的刺的研究还将持续下去。

感谢我的亲人和家人，义无反顾地支持我走完漫长的求学之路，陪伴我度过无数“挑灯夜读”的时光。感谢我在沈阳的好友李娜和张云鹤，你们的理解和支持，使我更有力量面对一切。

需要感谢的人很多，如有疏漏，敬请谅解！

王钦美

2024年4月20日